新农村快速致富宝典丛书

# 狐健康高效养殖
# 新技术宝典

高明 李兰会 王全英 主编

化学工业出版社
·北京·

# 内容简介

《狐健康高效养殖新技术宝典》全书共九章，包括狐养殖业发展概况、狐的生物学特性和品种、狐养殖场设计与环境安全控制新技术、狐选育与繁殖新技术、狐饲料安全配制加工新技术、狐健康高效饲养管理新技术、狐养殖场卫生防疫新技术、狐的取皮及产品初加工、狐疾病的防治措施。内容上涵盖了狐养殖的全过程，注重实用生产技术的应用，同时阐明了一些狐养殖的基本理论知识，为生产技术的应用提供理论依据，便于养殖户更深入理解狐养殖新技术的作用和目的，更好更准确地应用狐养殖新技术。

《狐健康高效养殖新技术宝典》在编写过程中力求做到系统全面、深入浅出、通俗易懂、实用性和操作性强。本书适合广大养狐专业户、狐养殖场技术人员学习参考，也可供农林院校动物养殖相关专业师生及科研院所的相关科研人员参考。希望本书能为广大狐养殖者高效应用狐养殖新技术并提高经济效益提供帮助。

**图书在版编目（CIP）数据**

狐健康高效养殖新技术宝典/高明，李兰会，王全英主编. —北京：化学工业出版社，2021.10
（新农村快速致富宝典丛书）
ISBN 978-7-122-39908-3

Ⅰ.①狐… Ⅱ.①高… ②李… ③王… Ⅲ.①狐-饲养管理 Ⅳ.①S865.2

中国版本图书馆 CIP 数据核字（2021）第 185019 号

责任编辑：尤彩霞 　　　　　　　文字编辑：邓　金　林　丹
责任校对：刘　颖 　　　　　　　装帧设计：张　辉

出版发行：化学工业出版社（北京市东城区青年湖南街 13 号
　　　　　邮政编码 100011）
印　　刷：北京京华铭诚工贸有限公司
装　　订：三河市振勇印装有限公司
850mm×1168mm　1/32　印张 8¼　字数 231 千字
2022 年 2 月北京第 1 版第 1 次印刷

购书咨询：010-64518888 　　　　售后服务：010-64518899
网　　址：http://www.cip.com.cn
凡购买本书，如有缺损质量问题，本社销售中心负责调换。

定　　价：**59.00 元**　　　　　　　　　版权所有　违者必究

# "新农村快速致富宝典丛书"
## 编委会

主 任 委 员：李艳琴　河北农业大学动物科技学院
副主任委员：陈宝江　河北农业大学动物科技学院
　　　　　　翟向和　河北农业大学动物医学院
委　　　员（按姓氏拼音排序）：
　　　　　　曹洪战　河北农业大学动物科技学院
　　　　　　陈立功　河北农业大学动物医学院
　　　　　　董世山　河北农业大学动物医学院
　　　　　　谷子林　河北农业大学动物科技学院
　　　　　　金东航　河北农业大学动物医学院
　　　　　　李树鹏　河北农业大学动物医学院
　　　　　　刘观忠　河北农业大学动物科技学院
　　　　　　马玉忠　河北农业大学动物医学院
　　　　　　田树军　河北农业大学动物科技学院
　　　　　　田席荣　廊坊职业技术学院

# 丛书序

多年来，养殖业一直作为我国广大农村的支柱产业，在增加农民收入、促进农村脱贫致富方面发挥了积极作用。随着我国城镇化进程的加快和居民生活水平的提高，人们对肉、蛋、奶的消费需求越来越大，对肉、蛋、奶质量安全水平的要求也越来越高。如何指导养殖场（户）生产出高产、优质、安全、高效的畜产品的问题就摆在了畜牧科技工作者的面前。

近两年，部分畜产品行情不是很乐观，养殖效益偏低或是亏损，除了市场波动外，主要原因还是供给结构问题，普通产品多，优质产品少，不能满足消费者对畜产品优质、安全的需要。药物残留、动物疫病、违禁投入品、二次污染等已经成为相关工作者不得不面对、不得不解决的问题。

养殖业要想生存就必须实行标准化健康养殖，走生态循环和可持续发展之路。生态养殖是在我国农村大力提倡的一种生产模式，其最大的特点就是在有限的空间范围内，利用无污染的天然饵料为纽带，或者运用生态技术措施，改善养殖方式和生态环境，形成一个循环链，目的是最大限度地利用资源，减少浪费，降低成本。按照特定的养殖模式进行增殖、养殖，投放无公害饲料，目标是生产出无公害食品、绿色食品和有机食品。生态养殖的畜禽产品因其品质高、口感好而备受消费者欢迎，供不应求。

基于这一消费需求，生态养殖、工厂化养殖逐渐被引入主流农业生产当中，并受到国家相关政府部门高度重视。同时，基于肉、蛋、奶等农产品的消费需求及国家相关政府部门对农业养殖的重视、补贴政策，化学工业出版社与河北农业大学动物科技学院、动物医学院（中兽医学院）等相关专业老师合作组织了"新农村快速致富宝典丛书"。每本书的主编均为科研、教学一线的专业老师，长期深入养殖场（户）进行技术指导，开展科技推广和培训，理论和实践经验较为丰富。每本书的编写都非常注重实用性、针对性和先进性的结合，突出问题导向性和可操作性。根据养殖场（户）的需要展开编写，注重养殖细节，争取每一个知识点都能解决生产中的一个关键问题。本套丛书采取滚动出版的方式，逐年增加新的版本，相信本套丛书的出版会为我国的畜牧养殖业做出应有的贡献。

丛书编委会主任：

河北农业大学动物科技学院　教授

**2017** 年 **7** 月

# 前言

　　狐皮细柔丰厚，色泽鲜艳，皮板轻便，御寒性好，是制裘工业的高档原料，号称"软黄金"，与水貂皮、波斯羔羊皮一同被誉为"世界三大裘皮支柱"，深受消费者喜爱，一直是国际裘皮市场中最畅销的商品之一。

　　近年来，随着改革开放和经济的发展，我国人民的生活水平不断提高，与此同时，已经由吃得饱、穿得暖转变为吃出健康、穿出高档和时尚。特种经济动物养殖，在一些地方已形成局部产业优势，成为当地农民致富奔小康的经济增长点。我国的狐养殖业也发展迅速，养殖数量逐年扩大，养殖区域已扩展至河北、山东、辽宁、黑龙江和吉林等18个省（自治区、直辖市）。我国虽已成为世界第一养狐大国，但在养殖过程中仍然存在一些阻碍产业持续、稳定和高效发展的瓶颈问题，如养殖技术水平相对较低且不平衡、优良种狐数量少、繁殖成活率低等。为了满足广大养殖者对养狐实用技术的需求，提高技术水平，增加经济效益，笔者在总结了近些年养狐技术成果和国内外相关资料的基础上，编著了《狐健康高效养殖新技术宝典》一书。

　　编者虽尽心尽力，但因时间仓促、水平有限，书中不足和疏漏之处在所难免，敬请广大读者批评指正，也请从事教学、科研和实践工作的同行们不吝赐教。

编者

2021 年 3 月

# 目录

## 第七章　狐养殖场卫生防疫新技术 ·········· **170**

## 第八章　狐的取皮及产品初加工 ·········· **187**

# 第一章　概述

## 一、我国狐养殖业发展概况

### 1. 狐养殖业的发展历史

狐属食肉目犬科动物，其两个主要品种为北极狐和银黑狐。自然状态下北极狐主要分布于欧洲、亚洲、北美洲北部及北冰洋地带，银黑狐主要分布于北美洲大陆北部地区。

狐是一种性情温顺、容易饲养的珍贵毛皮动物。狐皮在国内外市场上备受青睐，2010 年以来一张狐皮在国际市场上可以卖到一百多美元，在国内市场上可以卖到 400～600 元（人民币）。狐一年单胎，每胎产仔 6～8 只，养 6 个月即可取皮出售，因此狐养殖业是经济效益较高的特种动物养殖业之一。

狐的人工饲养历史悠久，已有 160 多年的历史。狐的养殖最早开始于加拿大，1860 年由 Dalton 和 Oarton 创办了第一个狐养殖场，使狐养殖业进入商品生产阶段。后来，狐养殖业迅速发展至欧洲、亚洲、美洲等地的许多国家和地区，狐皮已成为世界三大裘皮产业支柱之一。

我国狐养殖业自 20 世纪初，由黑龙江北安县及嫩江流域的当地猎人养赤狐开始，已有 100 多年的历史。我国狐养殖业真正发展是从 1956 年开始的，大发展是在 20 世纪 80～90 年代。当时形成了国营、集体和个体经营一起上的局面，如今有股份制、民营企业、外资独资、合资、家庭养殖等多种经营形式。2018 年我国狐取皮数量达到高峰，达 1739 万张，2019 年和 2020 年取皮数量下滑，2020 年我国狐取皮数量为 1253 万张左右（图 1-1）。取皮数量最大省份为山东省，约占全国狐取皮总量的 44.87%；河北省位居第 2 位，约占 25.14%；辽宁省位居第 3 位，约占 21.79%（图 1-2）。

受 1998 年亚洲金融危机的影响，狐皮价格不断下滑，特别是 1998 年北极狐狐皮价格降到 1996 年年底的 1/4～1/3，即每张 150～200 元（人民币）。直到 2000 年下半年，随着亚洲经济开始复苏，狐养殖业才出现转机。2001 年初，由于狐皮价格回升，种狐数量有所增加，2013 年狐皮价格突破每张 1800 元。狐皮价格一般呈周期性波动。

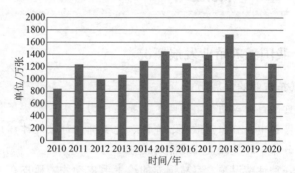

图 1-1　2010—2020 年我国狐取皮数量对比图

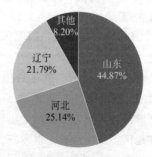

图 1-2　2020 年我国狐取皮数量各省所占比重

## 2. 狐养殖业的现状

北极狐的狐皮具有可随意染色、皮质疏松、皮张延伸率高等特点，是目前全球最受欢迎也是饲养量最多的狐种。

（1）我国狐养殖业现状

我国狐养殖业自改革开放以来发展很快。第一个养狐高峰是在1996年年底，当时全国种狐存栏数达一百多万只，主要是20世纪80年代初由北美洲及苏联引入的小型北极狐及一小部分的银黑狐。由于北极狐养殖数量过剩，1997年北极狐价格大跌，全国除少数大养殖场保持一定数量的种狐外，中、小养殖户纷纷"下马"。1996年至今，国内有很多企业先后从芬兰引入大型北极狐种狐，同时将狐的人工授精技术引入国内。经过10年的发展，北极狐数量猛增，到2006年末，包括芬兰大型的原种北极狐、杂交改良北极狐及本地小型北极狐，总数大大超过了1996年的北极狐数量。银黑狐虽然也有增加，但不到20万只，仅是北极狐的7%。养殖地区扩大到了北方18个省（自治区、直辖市），狐养殖业达到了第二个高峰，从数量和分布情况看，我国已步入世界养狐大国的行列。2006年到2020年狐养殖业稳步发展，2010年到2020年狐每年取皮数量800万～1739万张。

我国在养狐技术方面，也取得了长足的进步。狐的人工授精技术日益普及，远缘杂交即狐属与北极狐属间的杂交在利用人工授精技术方面也进行得很好，生产出的银蓝狐狐皮及金岛狐狐皮颇受皮货商青睐，价格也相当可观，一般均在400～600元/张，远远超过原种北极狐狐皮价格。另外，褪黑激素的应用，可使毛皮提前1.5～2个月成熟，虽然使用褪黑激素的皮比正常季节生长的皮质量差，但因为能节省1.5～2个月的饲料费用，多数养殖场还是采用了这项新技术。

（2）国外狐养殖业现状

芬兰、挪威、丹麦是目前狐养殖业较发达的国家，其中以芬兰最为发达。芬兰以饲养大体形的北极狐而出名。芬兰政府对狐养殖业高度重视，专门设置了国家毛皮动物研究所、毛皮动物饲养学校、毛皮协会等机构和组织，为国内养狐企业提供各种服务；在饲养管理上，全国使用统一的配合饲料，实行工厂化、机械化、专业化、大产业规模养殖。目前国际上一半以上的狐皮都来自芬兰，尤其是近几年的发展更为迅猛。芬兰不仅拥有世界上最优良的北极狐良种，还制定了整套的科学饲养、繁殖育种和机械化皮张加工等技术标准，这些都为芬兰成为养狐大国奠定了坚实的基础。

笔者分析芬兰狐养殖业的成功之道，主要有以下几个方面。

① 严格区划，合理布局　芬兰的狐养殖业走的是产业化、集约化道路。芬兰的狐养殖业相当发达，这与政府的宏观调控和行业规划是分不开的。芬兰政府严格区划，指定专门区域为毛皮动物密集饲养区。同时，在此区域内设立毛皮狐科研中心。该中心为区域内所有的养殖场统一配制饲料，制定免疫程序，提供科学饲养繁育等各方面的服务，解决了养殖户的后顾之忧。因此，芬兰的狐养殖场地理环境、饲养条件趋于一致，所产的狐皮质量也相对一致，在国际毛皮市场上极具竞争力。

② 科学创新的行为选育方法　芬兰多年来一直坚持行为选育的方法，也就是选择性情温顺、体形较大的狐作为种狐。长期坚持行为选育带来了良好的效果，目前芬兰所产狐皮的规格已经显著高于其他国家，高于平均水平；而且狐性情温顺，运动量少，使得饲料报酬高，减少了成本，直接增加了利润。芬兰对北极狐的育种工作非常重视，育种统一在养殖者协会和研究中心指导下进行，各养殖场间按计划经常调换种狐，因此避免了近亲繁殖，保证了狐皮质量。

③ 高转化率饲料的应用　芬兰的饲料配比和我国有很大的差别，其能量饲料以脂肪为主，能量饲料中脂肪和碳水化合物的比例高达2:1，因而提高了能量饲料的消化率和利用率。在科学饲料配比下，满足了狐生长所需的营养水平，保证了毛皮的质量。

所有狐养殖场不同生产时期的日粮配方均由养殖者协会和研究中心提供，由专门的饲料加工厂生产调制并运往各狐养殖场。因而饲料的配比准确、均衡，能从饲料的角度充分发挥狐生长发育的遗传潜能。

同时，芬兰狐养殖场的机械化、自动化程度高，利用先进的设备，每个工人可以饲喂5000多只狐。饲料先被混合加工成黏稠的泥状，工人使用饲喂车将泥状饲料挤压在狐笼网上方或侧方的喂食槽内喂狐，大大提高了工作效率，减少了人工成本。

④ 合理的笼舍设计　芬兰养狐的笼舍较大，一般长约1.0m、宽1.5~2.0m、高约0.8m。繁殖期每个大笼舍只能饲养1只母狐，临产仔前加入长约70cm、宽50cm、高50cm的木制产箱。产箱分过廊和产室两部分，产室底部铺垫细刨花保温，上面压上金属网。产仔分窝以

后取出产箱，如母狐继续留种，则移入种狐群按种狐要求集中饲养；如母狐拟淘汰则留在原窝和一部分留作皮用的幼狐一同饲养至取皮；分窝后拟留种的幼狐也移出集中饲养，而留下的皮用幼狐每 2～4 只养在一个笼舍中。采取这种方法可提高饲养空间的利用率，同时便于机械化饲喂。一笼多养能刺激幼狐食欲，减少饲料浪费。当然这也和其饲料黏稠及狐的性情较温顺有关。

芬兰养殖毛皮狐的笼子均为喷塑防锈，严寒的冬季不会沾冻狐的爪部，也没有污染毛色的现象。而国内养狐的一些笼子防锈处理欠佳，狐身绒毛沾染铁锈的现象时有发生，在这方面我们还应大力改进。

⑤ 先进的狐人工授精繁殖技术　芬兰所有的狐养殖场均采用人工授精技术进行繁殖，并研制出配套的仪器和设备，保证了人工授精的产仔率均在 90％以上。我国也已引进了芬兰狐人工授精的先进技术和设备，并且也在全国推广和应用，取得了良好效果。采用芬兰北极狐与国内本地狐的杂交繁殖技术，也取得了良好的效果。杂交狐继承了芬兰狐体形大而皮毛疏松、皮张延伸性高和性情温顺等优良遗传特性。

⑥ 毛皮狐养殖者协会的组织指导　芬兰毛皮狐养殖者协会的组织指导对芬兰狐养殖业的发展起到了至关重要的作用。在芬兰，若要从事毛皮动物饲养，必须先加入养殖者协会。经协会培训合格后，方被批准为协会成员。狐养殖场的选址、建场、种狐、饲料等问题均由协会负责，协会提供全面服务，饲养者仅出劳动力而已。

协会在各养殖场具有高度的权威性，具有配套的饲料中心、研究中心和信息销售中心等机构，而且具有经济实体作用。所有的狐养殖场对协会都给予高度的支持和尊重。在我国，目前还没有全国统一的组织形式，这是阻碍我国毛皮狐饲养业向集约化、产业化发展的重要原因之一。

⑦ 就近的销售市场　国际裘皮联合会的总部就设在芬兰的邻国丹麦，北欧四国的毛皮狐养殖者协会总部也设在丹麦，这给芬兰毛皮动物制品的销售创造了极其便利的条件。拍卖是芬兰毛皮制品销售的主要方式和渠道，丹麦和芬兰国内都有很多毛皮拍卖市场和拍卖活动，因此在产品促销上很有优势。在我国基本上还是沿袭了毛皮收购的自由市场形式，缺少组织和管理。在这方面，我们应该向芬兰学习，可

以采取拍卖的形式，减少中间环节，防止中间商的垄断和欺诈，同时也可促进皮张加工质量的规范化，便于和国际市场接轨。

综上所述可以看出，芬兰狐养殖业的成功是其科学饲养管理、严格选种选育、产业化经营和养殖者协会集中协调管理、注重高科技投入等综合性统筹的必然结果。这无疑对我国狐养殖业的发展和提高也有很好的借鉴和启迪作用。这需要我国相关部门重视我国狐养殖业目前所存在的问题，加速产业化经营的步伐。

## 二、狐健康高效养殖概念和基本内涵

健康高效养殖，是指将健康的指导思想和观念、科学规范的管理操作流程贯穿于动物养殖的全过程。具体涵盖科学的畜禽场舍设计，严格的生物安全制度，合理的免疫程序，全面平衡的饲料营养，规范使用添加剂，严格执行休药期规定，粪污无害化处理，走产业化、集约化、专业化的道路，利用自动化程度高的先进设备，进行机械化操作等。

狐群健康是实现高效养狐的基础，是保证狐产品安全的前提。狐群高效养殖是目的，因此，要求在保证健康的前提下，对各个环节实施科学管理，提高狐的生产性能和人的劳动生产率。狐健康高效养殖是养狐生产伴随着人类经济、社会发展到一定阶段的必然要求，是确保狐与人的健康、提高狐的生产性能、节约饲料资源、避免对环境造成污染、生产优质狐产品的整个养殖过程。

通过全面满足动物体内多种氨基酸的需求来调节营养平衡，可以提高动物自身免疫力和抗病力，避免一些违禁品的使用和添加，减少畜、禽、水产肉食品金属元素、激素和药物残留，减少对人体健康的危害和环境污染，为人类的健康提供保障。科学规范的管理操作流程可以提高生产效率，取得较高的经济效益，能科学合理地利用资源，减少养殖生产对环境的污染。目前，健康高效养殖已成为世界各国养殖业发展的趋势，我国广大养殖者对此应引起高度重视。

狐健康高效养殖的主要技术要点如下。

① 根据狐健康养殖标准建设和改造狐养殖场地、棚舍、布局、工艺，使之符合生物安全要求，防止疫病从外部传入。

② 根据狐健康养殖标准，建立健全狐疫病防控制度。引种前必须进行疫病检测，防止将疫病引入，以自繁自养为主；对重要疫病要定期检测，科学合理地免疫接种，提高狐免疫力；严格执行全进全出、卫生消毒、病狐隔离、死狐无害化处理制度，防止疫病在群内传播；严格执行门卫消毒制度，严防将疫病带入养殖场内。

③ 根据狐不同生长阶段的营养需要，科学配制全价平衡饲料，特别要注意必需氨基酸、维生素和微量元素的重要作用，消除饲料霉菌毒素的危害，提高狐群体的抗病力。

④ 根据狐健康养殖标准使用健康有机饲料添加剂，减少狐产品的有毒有害物质残留。

⑤ 根据狐健康养殖标准控制畜禽环境，通过改善狐圈舍及环境条件，减少应激，提高抗病力。

⑥ 严格限制人员、动物和工具的流动，相关人员进入生产区必须沐浴、更衣、换鞋、消毒。

⑦ 养殖场内禁止养猫、狗等动物，定期灭鼠、灭蝇，切断疾病传播途径。

⑧ 坚持自繁自养，避免不规范的引进购买而发生疾病传播的可能。

⑨ 采用科学规范的管理操作流程，走产业化、集约化、专业化的道路，利用自动化程度高的先进设备，进行机械化操作，提高工作效率和管理的有效性。

## 三、我国狐养殖业存在的问题

我国狐养殖虽有几十年的发展历程，但却远不如芬兰、美国等发达国家狐饲养水平。目前主要存在以下几个问题。

① 我国狐养殖企业、养殖户科技意识不强，科学饲养水平较低，科技投入较少，养殖方式不合理，利润过低。由于缺乏科学的选育措施，单纯强调数量，对种公狐、母狐的生态特征、生理习性、出生顺序等因素未给予足够重视，而大多是见母就留，甚至近亲繁殖，因此造成了优良遗传特性难以发现，更难以维持，后代个体退化，体形越来越小，直接导致了狐皮质量的下降，所产生的皮张无法参与国际裘皮市场竞争。有的养殖场一直着眼于销售"种"兽赚钱，导致我国狐

养殖业中出现恶性扩种扩繁的经营模式，这种现象必须扭转。因此，需建立狐良种繁育场，制定种兽标准，提高我国狐种兽水平和产品质量。

② 饲料质量差，营养不平衡，导致机体免疫力下降、抗病力降低、疾病增多、死亡率增加。我国养殖狐饲料品种较为单一，一般饲料中的蛋白质、脂肪等营养物质含量相对较低，且营养相对不平衡，满足不了狐生长、发育、繁殖及换毛等的营养需要。即使是进口的优良种兽，随着饲养进程也会出现体形变小、被毛粗糙无光等现象，从而影响生产性能。我国应加强狐饲料管理，制定统一的各生长发育时期的饲料组分及营养标准；对饲料加工企业进行统一管理，对其经营资格进行认证；确立职能部门定期对饲料质量进行检验。应根据最新的科研成果和最新的饲料成分改进信息，来指导饲料加工及养殖户的饲料使用。

③ 养殖方式不合理，利润低。虽然我国狐养殖基数较大，但大多是小户分散养殖，极少形成较大的养殖单位，难以形成规模化、机械化、自动化，这就给统一管理、信息沟通造成了极大的不便，同时也不可避免地增加了养殖成本。由于缺乏行业组织的宏观指导和协调，大多数养殖户处于单兵作战、自生自灭的状态，并且随着国内外市场的变化和物价上涨，狐养殖利润不断降低，而分散养殖成本过高，造成了养殖户利润空间的急剧下降，甚至低于成本。这也是造成狐养殖业逐渐遇冷的原因之一。

④ 未形成规模化、产业化经营体系，不能实现宏观管理，养殖产品和规模不能适应市场变化。

## 四、狐养殖业发展对策及前景展望

我国加入世界贸易组织以后，在调整农业结构中强调发展特色农业，这为我国毛皮动物产业发展带来了新的机遇和挑战。

机遇是国家经济政策的推进，国际市场的进一步拓宽，促进养殖业发展的新信息、新科技、新成果、新产品的大批涌现，这都为狐养殖业的发展提供了更加广阔的空间。

挑战是随着市场经济的进一步深入，狐养殖业同时面临着更加严峻的市场竞争。在竞争中，只有严把产品质量关，把生产成本降下来，才能获取最大的利润，在竞争中处于不败之地。如果在竞争中，不抓住机遇，不遵循符合市场规律的经营理念，不维持符合科学规律的养殖模式，就注定会被市场所淘汰。因此，必须有忧患意识、竞争意识，增强危机感和紧迫感。

具体分析，我国狐养殖业的发展对策有以下几点。

### 1. 坚定信心，主动适应

从国内和国际的形势分析，狐皮市场目前只是进入了调整阶段。从长远的角度考虑，狐皮市场具有广阔的发展前景。

国内方面，随着我国市场经济的进一步深入、农业经济水平的快速发展及对特色养殖的不断重视，我国毛皮动物的养殖业发展取得了很大的进步。虽然在质量上和国际先进水平还有一定差距，但是在数量上已居世界首位，并且在我国的国民经济中占有了一定的地位，尤其是在农业经济建设中，狐养殖业是不可或缺的一大亮点。

与国外相比，我国狐养殖业发展的优势主要体现在以下两个方面：一方面，我国的劳动力成本较低，与养狐直接相关或间接相关的用品价格也较低，因此较容易获得较高的利润；另一方面，我国加强了对进口产品关税的管理，无形中对我国自产毛皮起到了保护作用。

### 2. 企业之间加强协作

任何企业都不能单独生存，必然要和与之相关的企业紧密协作，才能共谋发展，取得更加广阔的发展空间。就狐养殖业来说，饲料企业和毛皮加工企业是关系最为紧密的两个企业。饲料企业应根据狐养殖业的特殊需要，研制开发出针对不同日龄种狐和商品狐的日粮，以保证饲料的专业化，保证毛皮的质量。目前，我国的毛皮加工企业与庞大的养殖场数目不成正比，远远不能满足毛皮制品的加工需要，而且大多数毛皮加工企业技术不够先进，观念较陈旧，缺少知名品牌，对创造毛皮制品的附加值没有起到应有的作用。

由于饲料企业、毛皮加工企业与养殖户三方没有取得良好的协作，导致目前我国的狐皮质量一般，生产成本较高，在国际市场上缺乏竞争力。因此，在发展狐养殖业的同时，也要大力发展相关行业，形成产业链条，以点带面，共同发展。

### 3. 关注信息变化，形成集团化养殖

在信息社会化的今天，只有掌握商机才能获得最大的财富。因此，养殖企业应加倍关注市场信息，及时更新国内和国外养狐的最新动态，争取对未来市场价格的变化做出准确、客观的判断，使收益得到保证。但作为特色农业的一部分，狐养殖户的整体素质还有待提高，观念也比较保守，对市场预测及销售商的选择与利用往往处在一个被动的地位。再加上分散养殖的方式，很难形成集团化养殖、统一销售的先进经营模式，使得狐皮销售受制于皮货商，盲从销售情况较为严重。因此，养殖户应尽快整合资源，形成集团化养殖，统一规划，创建品牌，调控布局，以保证各养殖户利润的最大化。

### 4. 建立行业协会

芬兰等国的先进经验表明，毛皮动物养殖者协会作为管理和服务狐养殖业的双重机构，对狐养殖业的发展起着很重要的作用。北欧的毛皮动物养殖者协会，为所属各国的养狐企业制定了全协会统一的饲养标准、饲料加工技术、良种繁育计划，并负责统一协调完成疫病的防控等具体工作。

协会制定统一的价格调控原则和机制，协会所属企业形成利益共同体，可避免内部恶性竞争，保证企业的利润。

### 5. 因地制宜，科学饲养

根据狐的生理特性，狐习惯生活在高纬度的寒冷地区，因此不适宜在全国范围内盲目发展，而应鼓励在北方寒冷的地方进行养殖。在发展的规模上，也要进行控制，不可无限扩大。限制的目的，一是保护行业的发展，二是便于规范化管理。

在养殖过程中，要贯彻科学饲养的理念，采用最新的科学技术，吸取国外的先进经验，以保证毛皮质量为最终目的。同时饲养品种要多样化，根据市场需求灵活变换，增加抗风险能力。

目前，不仅要看到国际市场，还要看到国内的大市场。随着国内人们生活水平的提高，人们对毛皮需求量也不断增加，国内狐养殖业发展前景广阔。养殖企业和养殖户只要坚持走高质、高效、高技术含量、高附加值以及科学化、规范化、产业化发展之路，在高起点上养殖优良的品种，就一定能获得较好的效益。

# 第二章 狐的生物学特性和品种

## 第一节 狐的生物学特性

### 一、分类与分布

狐，俗称狐狸，是所有狐的总称，在动物学分类上属于哺乳纲食肉目犬科。目前，世界上人工饲养的狐有两个属，即狐属和北极狐属及这两个属的变种狐。狐属中有银黑狐、赤狐及各种彩狐；北极狐属中有北极狐（又名蓝狐）、芬兰北极狐和彩色北极狐。狐在野生时，栖居在森林、草原、丘陵、荒地和丛林中有河流、溪谷、湖泊的地方，常以天然树洞、土穴、石头缝、墓地为穴。狐栖居的隐蔽程度较好，不容易被发现。

#### 1. 北极狐属

北极狐（*Alopex lagopus*）又称蓝狐。它们在野外分布于亚欧北部和北美北部，靠近北冰洋一带，以及北美洲南部沼泽地区和森林沼泽地区，如阿拉斯加、千岛群岛、阿留申群岛、格陵兰岛等地；栖息于北极圈内外的北冰洋沿岸地带及一些岛屿上的苔原地带，结群活动，在丘陵地带筑巢，而且北极狐的巢有几个出入口。

北极狐体形较小而肥胖，雄性略大。额面狭，吻部很尖，耳短而圆，颊后部生长毛，腿短，脚底部也密生长毛，适于在冰雪地上行走，尾长，尾毛蓬松，尖端呈白色，身体略小于赤狐。

北极狐毛皮既长又软且厚，有很密的绒毛和较少的针毛，所以北极狐可忍受严寒。冬天全身毛色为纯雪白色，仅无毛的鼻尖和尾端呈黑色，自春天至夏天逐渐转变为青灰色，夏季体毛为灰黑色，腹面颜色较浅。北极狐的食物包括旅鼠、鱼、鸟类、鸟蛋和浆果，有时也会漫游海岸捕捉贝类，冬季食物被消耗殆尽时，北极狐会跟踪北极熊，拣食北极熊所吃剩的残羹剩饭。在极度饥饿的情况下，北极狐会自相攻击。

**2. 狐属**

狐属世界上共有 10 个种，广泛分布于亚洲、非洲和北美洲大陆。我国狐属主要有 3 个种，即赤狐、沙狐和藏狐。银黑狐（又名银狐）是北美洲赤狐的基因突变种，因此它的体形外貌与赤狐相同，只有毛色有较大差异，原产于北美洲大陆北部和西伯利亚的东部地区。银黑狐分为两个亚变种，即东部银黑狐和阿拉斯加银黑狐（又名阿拉斯加黑狐或西部黑狐，我国资料也有称为"玄狐"）。

（1）赤狐

赤狐（*Vulpes vulpes*）又称为草狐、红狐，是一种最常见的狐狸，也是人们对狐狸形象所认知的原型，有细长的身体、尖尖的嘴巴、大大的耳朵、短小的四肢，身后还拖着一条长长的大尾巴；主要分布在欧亚大陆、北美洲大陆，现在还被引入澳大利亚等地；栖息于森林、灌丛、草原、荒漠、丘陵、山地、苔原等环境中，有时也会生存在城市近郊，大多以族群为生活方式，性格多疑，是杂食者。赤狐是狐属中分布最广、数量最多的一种。我国除海南、台湾两地外，在其他地区都有分布。习惯上人们把分布于东北、内蒙古、河北、山西、甘肃等地的赤狐称为北狐，尤以东北、内蒙古所产的赤狐皮毛长、绒厚、色泽光润，针毛平齐，品质最佳，因而其毛皮最为珍贵；分布于浙江、福建、湖南、湖北、四川、云南等地的赤狐则被称为南狐。陕西省是南狐、北狐分布的交叉地带。由于分布跨度大，可适应不同的环境条件，赤狐形成了 5 个亚种。

① 蒙新亚种（*Vulpes vulpes karagan*） 毛色较淡，呈草黄色，背部、颈部及双肩部呈锈棕色，腹部呈白色。分布于我国北部草原及半荒漠地带，包括内蒙古中部、陕西、甘肃、宁夏北部以及新疆北部等地。

② 西藏亚种（*Vulpes vulpes montana*） 毛色赤红至棕黄，略染黑色、银白色，尾毛黑色较深。主要分布于西藏及云南西部，可能新疆南部所产的狐也属于本亚种，在国外则分布于印度北部、尼泊尔等地。

③ 华北亚种（*Vulpes vulpes tschiliensis*） 其被毛比其他亚种的被毛短而疏薄，背皮呈灰褐色，尾部较小。分布于河北、河南北部、山西、陕西、甘肃等地。

④ 东北亚种（*Vulpes vulpes daurica*） 背毛鲜亮呈红色，针毛不具有黑色毛尖，底绒烟灰色，体侧毛色棕黄，腹部毛色浅灰，尾部粗大。分布于我国东北及俄罗斯西伯利亚地区。

⑤ 华南亚种（*Vulpes vulpes hoole*） 华南亚种大体与华北亚种相似，背毛为棕褐色，喉部为灰褐色，前肢前侧为麻棕色，腹毛近乎白色。分布于我国福建、浙江、湖南、河南南部、山西、陕西、四川、云南等地。

（2）沙狐

沙狐（*Vulpes corsac*）也被称为东沙狐，在我国主要分布于新疆、青海、甘肃、宁夏、内蒙古、西藏等地。沙狐在我国分布有两个亚种。沙狐身材要比赤狐娇小，是中国狐属中最小的，毛色呈浅沙褐色至暗棕色，头上颊部较暗，耳背面、四肢外侧为灰棕色，腹下和四肢内侧为白色，尾基部半段毛色与背部相似，末端半段呈灰黑色，夏季毛色近于淡红色，四肢相对较短，耳大而尖，基部宽，昼伏夜出，狐臭不明显，动作非常敏捷，以各种鼠类、鼠兔、野兔、昆虫、小型鸟类、野果等为食。

① 指名亚种（*Vulpes corsac corsac*） 主要分布于内蒙古的呼伦贝尔等地。

② 北疆亚种（*Vulpes corsac turkmrnica*） 见于新疆北部。

（3）藏狐

藏狐（*Vulpes ferrilata*）又被叫作抄狐、草地狐，藏名为博吉瓦玛，一般分布于青藏高原地带，分布的地区高度大多都在海拔 3400m 以上，主要分布在我国云南、西藏、青海、甘肃等地；国外则出现在尼泊尔。藏狐属于中型狐类，背部为棕黄色，两侧及尾巴为银灰或灰蓝色；大多为独居，通常在旱獭的洞穴居住，常以野鼠、野兔、鸟类和水果为食。

（4）孟加拉狐

孟加拉狐（*Vulpes bengalensis*）又名印度狐，是印度次大陆特有的一种狐狸，大多分布在喜马拉雅山山脚、尼泊尔至印度南部，巴基斯坦东部、西部至印度东部、孟加拉东南部。其躯体较为细小，吻较长，耳朵尖长，尾巴大概占体长的 50%～60%。背部呈灰色，腹部毛色比较淡，足呈褐色或红褐色；尾部多毛，尖端黑色；耳背是深褐色的但边沿为黑色；鼻部没有毛，唇是黑色的，吻上有一些细小的黑点。孟加拉狐在不同族群或季节也有不同的毛色，体重 2～4kg。孟加拉狐主要吃啮齿目动物、蜥蜴、蟹、白蚁、昆虫、小型鸟类及果实。

（5）阿富汗狐

阿富汗狐（*Vulpes cana*）是一种生活在亚洲西部的狐种，该种分布范围几乎涵盖所有的中东国家，主要分布在如阿富汗、伊朗东北部、巴基斯坦西南部、以色列等地的半干旱地区、干草原、山区。其耳朵较大，足掌无保护垫，体重 2.5kg 左右。进食比较复杂，一般吃果实，但也会吃昆虫。寿命大多在 5 岁左右，偶尔也有到 10 岁的。

（6）吕佩尔狐

吕佩尔狐（*Vulpes rueppelli*）又被称为拉佩尔狐，有时也会被称为聊狐，属于荒漠狐种，分布于北非、西奈半岛、阿拉伯半岛地区以及亚洲西南部的荒漠。体灰色，耳大，耳朵可以长达 15cm 甚至更长，体重不到 2kg，吕佩尔狐一般以昆虫或小动物为食，有时也会吃植物的果实。

（7）耳廓狐

耳廓狐（*Vulpes zerda*）也被叫作耳郭狐、大耳小狐、大耳狐、沙漠小狐，分布于北非撒哈拉，是一种小型夜行。它以其不同寻常的大耳朵闻名。耳廓狐是世界上最小的犬科动物之一，它的皮毛、耳和肾功能都能适应了高温缺水的沙漠环境，听力十分敏锐，能够感受到地下猎物的活动；体重 0.68～1.6kg。

（8）苍狐

苍狐（*Vulpes pallida*）又被叫作非洲沙狐，主要生活在亚热带荒漠或草原地带，体形比较大，背部为灰色或深棕色，腹部为白色、浅灰色或棕色，比较杂食，主要食物是草原上的鼠类、兔类，有时候也会吃水果。

（9）南非狐

南非狐（*Vulpes chama*）分布于非洲草原，喜穴居、群居（一般4～7只为族群，其中有一对成年狐、2～5只幼狐），体毛为黄褐色，耳、腿和脸的一部分为黑色，牙齿较小，它们80%的食物为昆虫，有时也会吃一些啮齿类动物、鸟类的卵以及水果；它们听觉非常灵敏，但生性多疑。

（10）草原狐

草原狐（*Vulpes velox*）是一种小型的棕黄色狐狸，分布在北美洲的西部草原，草原狐与墨西哥狐有着紧密的联系，这两个物种通常被认为是同一个狐狸亚种，因为在它们共同居住的地方经常会出现这两个物种的杂交种。草原狐有黑色、浅灰色、黄褐色的，尾巴通常为黑色。

## 二、形态特征

### 1. 狐的形态

不同品种、性别、年龄的狐外貌各不相同，但体表各部分的名称大同小异，人工饲养的狐有四十多种不同的色型。

狐体形在犬科动物中属于中等偏小，小于狼和豺。其外形似犬，吻长而尖，耳较大。但其四肢较犬短而强健，掌垫后端生毛，趾垫与掌垫之间有一腺窝；尾长而圆粗，等于或超过体长的一半，尾毛长而密。狐具有尾下腺，能释放狐臭。

赤狐：成年狐通常都在60～90cm，尾长可达40～60cm，体重5～7kg。

银黑狐：公狐平均体长65～70cm，体重5～8kg；母狐体长63～67cm，体重5～6kg。

北极狐：体形较银黑狐小，四肢也短，公狐平均体重5～7kg，体长58～70cm，尾长25～30cm。

### 2. 狐的毛色

狐皮毛的颜色因种、亚群而异：①赤狐体色一般呈赤褐色（火红色）、黄褐色（棕红色）、灰褐色等，双耳背面及四肢为褐色，吻部为黄褐色；喉部、前胸、腹部毛色浅淡而呈白色或乌白色；尾毛蓬松，上部毛为红褐色而带黑色，尾尖为白色；仔狐毛色为浅灰褐色。②沙狐全身毛色较浅，冬季毛色由淡棕色至暗棕色，夏季毛色近于淡红色，尾末端毛为黑色。③藏狐体背呈沙黄色，腹部白色，体侧青灰色而呈宽带状，与背部、腹部毛色分界明显，尾部针毛尖为黑色、尾尖白色，四肢草黄色。④银黑狐基本毛色为黑色，绒毛为黑褐色，针毛分为3个色段，基部和毛尖为黑色，中间一段为白色，银色毛皮是由针毛的颜色决定的。吻部、双耳、腹部和四肢毛色为黑褐色；嘴角、眼周围有银色毛，形成一种"面罩"；背部及体侧呈银色，尾尖为白色。⑤北极狐的一种冬季为白色，夏季呈灰褐色；另一种终年呈浅蓝色，其底绒为蓝色，被银色毛冲淡，十分美观。

## 三、生态习性

### 1. 狐的食性

赤狐食性较杂，以动物性食物为主，常以中小型哺乳动物、爬行动物、两栖类、鱼类、昆虫、动物的腐肉为食，也捕捉鸟类，有时也采集浆果、植物籽实、茎、叶。狐的食物中鼠类约占3/4，一昼夜可捕食15～20只。狐食物的种类受季节、环境和地形地势的影响而变化。野生北极狐主要以海鸟、鸟卵和北极鼠、啼兔及其他小型啮齿类动物为食。它们时常形成小群寻找食物。若食物缺乏时，它们也会跟在北极熊后面食用海豹或鱼类的尸肉。同伴间有时会互相争夺食物，有时会共同进食。北极狐行动敏捷，有时也会窃取人类如印第安人和因纽特人的存食。在人工饲养条件下，以配合饲料为主，在重要饲养阶段，补饲一些动物肉杂碎，如肠、胃、头、骨等，可基本满足狐的需要。

### 2. 狐的穴居

野生狐栖息在森林、草原、丘陵、荒地和丛林中有河流、溪谷、湖泊的地方，常以树洞、土穴、石缝、墓地的自然空洞为穴。它们白天隐藏在洞穴内休息，傍晚外出活动觅食，到天亮才返回巢穴。在野外，每对赤狐都有单独的巢穴，野生北极狐有时群居。

**3. 狐的行为习性**

狐能沿峭壁爬行，会游泳，还能爬倾斜的树，生性机警、狡猾、多疑，昼伏夜出。狐行动敏捷，善于奔跑，听觉、嗅觉敏锐，能发现0.5m深雪下藏于干草堆中的田鼠，能听见100m内老鼠轻微的叫声；记忆力强，有贮食行为，以伏击方式猎取食物，以戏耍方式接近猎物。狐平时单独生活，生殖时才结成小群。狐的警惕性很高，如果被发现了它窝里的小狐，它就会在当天晚上"搬家"，以防不测。野生北极狐有时聚集而居，曾有人发现一个洞穴内集居20～30只。公、母狐共同抚育后代，一年繁殖一次。狐种间生存斗争相当激烈，往往弱肉强食。狐抗寒能力强，不耐炎热，汗腺不发达，以张口伸舌、快速呼吸的方式调节体温。狐喜于干燥、空气新鲜、清洁的环境生活。

**4. 狐的换毛**

赤狐和银黑狐每年换毛一次，从3～4月份开始，先从头部、前肢开始换毛，顺次为颈、肩、后肢、前背、体侧、腹部、后背，最后是臀部与尾部。新毛生长的顺序与脱毛相同。春天长出的毛，在夏初便停止生长，7～8月份时，冬毛基本脱落。8月末新的针、绒毛开始生长，生长的顺序与春季脱毛相反，夏季生长不完全的绒毛继续生长（夏毛不脱），一直到11月份形成长而稠密的被毛。当年仔狐出生后的胎毛，在其基础上继续补充生长出稠密冬毛。

北极狐一年换两次毛：3月底开始脱冬毛换夏毛，8月末脱夏毛换冬毛，夏毛更换在10月末结束。狐的被毛在12月初或中旬基本成熟，狐皮属于晚期成熟类型。

**5. 狐的繁殖习性**

狐属季节性发情动物，每年发情一次。不同狐种发情期不同，同一种狐分布在不同地区，发情期也不一致。幼龄狐一般9～10个月达到性成熟。

赤狐每年1～3月份交配，妊娠期60d，平均每胎产仔5～6只。沙狐每年1～3月份发情交配，妊娠期60d，平均每胎产仔3～5只。银黑狐每年1～3月份发情配种，妊娠期51～53d，平均每胎产仔4～5只。北极狐每年2～5月份发情配种，平均每胎产仔8～10只，在笼养条件下有产22只的记录。

### 6. 狐的季节性变化

狐的物质代谢、繁殖和换毛等主要生命过程具有明显的季节性变化，主要表现在以下几方面。

（1）机体物质代谢的季节性变化

狐的物质代谢水平在一年不同时期并不一致。秋冬两季消耗的营养物质比夏季少，秋季营养物质用于体内沉积贮备。代谢水平以夏季最高，冬季最低，春、秋相近，但高于冬季而低于夏季（表2-1）。代谢水平依个体的体况有所差异。一年四季体内物质代谢的改变，引起体重的季节性变化，秋季体重比夏季各月（7～8月份）平均提高了25%～30%，这是由于在体内沉积了大量脂肪。7～8月份，狐的体重最轻，而在12月至次年1月的体重最重（表2-2）。

表2-1　狐物质代谢的季节性变化　　　单位：kJ/kg

| 品种 | 春 | 夏 | 秋 | 冬 |
|---|---|---|---|---|
| 银黑狐 | 234.3 | 259.4 | 217.6 | 175.7 |
| 北极狐 | 292.9 | 330.5 | 284.5 | 246.9 |

注：表中数字为每千克体重所需能量。

表2-2　成年狐体重的季节性变化　　　单位：kg

| 月份 | 银黑狐 | | 北极狐 | |
|---|---|---|---|---|
| | 公 | 母 | 公 | 母 |
| 1 | 7.4(6.9～7.6) | 5.9(5.4～6.4) | 7.0(6.2～8.0) | 5.5(4.6～6.4) |
| 2 | 6.6(6.2～7.0) | 5.3(4.8～5.7) | 6.8(6.6～7.6) | 5.2(4.6～6.2) |
| 3 | 6.0(5.5～6.4) | 4.8(4.4～5.2) | 6.1(5.7～7.1) | 5.0(4.7～5.9) |
| 4 | 5.7(5.4～6.3) | 4.6(4.3～5.0) | 5.9(5.3～6.9) | 4.6(4.3～5.4) |
| 7 | 5.6(5.2～5.9) | 4.4(4.1～4.8) | 5.2(4.7～5.8) | 4.1(3.8～4.8) |
| 8 | 5.9(5.5～6.3) | 4.7(4.4～5.1) | 5.1(4.9～6.1) | 4.3(4.0～5.0) |
| 9 | 6.5(6.0～6.9) | 5.2(4.7～5.6) | 5.8(5.3～6.6) | 4.6(4.3～5.4) |
| 10 | 7.0(6.5～7.4) | 5.6(5.1～6.1) | 6.3(5.7～7.2) | 5.0(4.7～5.8) |
| 11 | 7.3(6.8～7.6) | 5.8(5.3～8.3) | 6.8(6.1～7.7) | 5.4(4.9～6.2) |
| 12 | 7.5(7.0～8.0) | 6.0(5.5～6.5) | 7.1(6.3～8.1) | 5.6(5.2～6.5) |

（2）换毛的季节性变化

日照时间的长短对脱毛影响很大，春分后，随着光照时数的增加，狐开始脱冬毛长夏毛，至 7 月上旬完成夏毛的生长发育。狐脱冬毛长夏毛是一种长日照反应，秋分后开始脱夏毛换冬毛至 11 月下旬，冬毛发育成熟。可见狐脱夏毛长冬毛是一种短日照反应。在夏、秋两季人工缩短光照时间，冬毛可提前成熟，低温时，毛的生长可能快一些。

（3）繁殖性能的季节性变化

狐是季节性繁殖的动物，繁殖行为直接受到光照时间变化的影响。秋分 12h 日照是狐性器官开始发育的一种信号，它对狐性器官的发育起着类似"扳机"的作用。在光周期的影响下，狐性器官开始发育，冬至以后狐性器官更加迅速发育，当日照 11h 时，即开始配种，到春分以前配种结束。可见狐的交配行为是一种短日照反应。春分以后配种的母狐，繁殖率较低。春分后，随着光照时数的增加，公狐生殖器开始逐渐萎缩，母狐卵巢、子宫发生一系列变化，为卵泡着床及胚胎发育制造适宜的条件。

**7. 狐的寿命及天敌**

银黑狐寿命为 10～12 年，北极狐为 8～10 年。繁殖年限银黑狐为 5～6 年，北极狐为 4～5 年。一般生产繁殖的最佳年龄为 3～4 岁。

狐的天敌在自然界中有狼、猞猁、猎狗等猛兽以及鹰、鹫等猛禽。狐遇到敌害时，主要依靠狐尾基部的肛腺释放具有浓重臊味的分泌物来御敌。

# 第二节　狐的常见饲养品种

人工饲养的狐有赤狐、银黑狐、十字狐、北极狐，以及各种突变型或组合型的彩狐，分属于两个不同的属：一是狐属，如赤狐、银黑狐、十字狐等；二是北极狐属，如北极狐。

## 一、狐属

### 1. 赤狐

赤狐（图 2-1）颜面长，吻尖；体躯细长，体长 66～75cm；四肢短，体高 40～45cm；公狐体重 5.8～7.8kg，母狐体重 5.2～7.1kg；尾长超过体长的一半，可达 40～60cm，尾特别蓬松。赤狐被毛以棕红色为基本毛色，但因地理环境的不同，差异较大；体躯背部的毛色是火红色或棕红色；耳背面和四肢通常是黑色或黑褐色；吻部为黄褐色；喉部、前胸、腹部的毛色浅淡，呈浅灰褐色或黄白色；尾毛红褐带黑色，尾尖呈白色。

图 2-1 赤狐

目前赤狐饲养量很少，但赤狐是各种彩狐基因库，即各种彩狐之源。从服装市场需求上来看，有条件的狐养殖场（户）可适当养一些赤狐，以适应不同客商对不同颜色狐皮的需求。

**2. 几种银黑狐**

（1）银黑狐

银黑狐（图 2-2）简称银狐，是赤狐在自然条件下的突变种。原产于北美北部和西伯利亚东部，是人工养殖的主要狐种。体形外貌与犬相似。嘴尖，耳长直立，腿高，腰细，尾巴粗而长；四肢细长，体高 40～50cm；尾长 40～50cm。公狐较母狐体形大些，一般公狐体重 5.8～7.8kg、体长 66～75cm，母狐体重 5.2～7.2kg、体长 62～70cm。

银黑狐的吻部、双耳的背面、腹部和四肢毛色均为黑色。银黑狐在嘴角、眼睛周围有银色毛，脸上有一圈银色毛构成银环；背部和体侧呈黑白相间的银黑色，也有褐色的；在背部和两侧部分有密布的白色针毛，被毛的颜色是由针毛的颜色决定的，单根针毛的颜色可分为三段，即针毛基部为黑灰色，接近毛尖部的一段为白色，而毛尖部为黑色。因为白色毛段衬托在黑色毛段之间，从而形成华美的银雾状。针毛白色所处的位置深浅和长度比例，决定了被毛银色强度。绒毛为灰褐色，尾尖为白色。尾形以粗圆柱状为最佳，圆锥形次之。

银黑狐是我国饲养的主要狐品种之一，银黑狐皮除部分国内自销外，主要出口俄罗斯、韩国、日本。

图 2-2　银黑狐

（2）阿拉斯加银黑狐

阿拉斯加银黑狐亦称阿拉斯加黑狐或西部黑狐，我国曾有资料称其为"玄狐"。原产于阿拉斯加地区和西伯利亚东部，也是赤狐变种。其毛色基本为黑褐色，体毛中有少量散布的银色毛，毛尖为白色。体形似赤狐和银黑狐。我国较少见。

（3）芬兰原种银黑狐

芬兰原种银黑狐体形较芬兰北极狐略小而清秀，针毛、绒毛均较长。在芬兰主要用于银黑狐、蓝狐杂交的种狐。用其杂交生产的银蓝狐皮毛色靓丽，质量佳，深受市场欢迎。

## 二、北极狐属

根据产地分别命名，我国目前饲养的有产于芬兰的芬兰北极狐、产于美国的美国北极狐和产于我国的地产北极狐（即地产蓝狐）。地产北极狐实际上是产于苏联的苏联北极狐，它是在 20 世纪 50 年代引入我国，经风土驯化而来。

北极狐（蓝狐）体形较银黑狐短粗。嘴短粗，耳宽而圆，躯体较胖，腿较短，体态圆胖；被毛丰厚，绒毛非常稠密，针毛柔软不发达，足掌有密毛。成年公狐体重 5.5～7.5kg，体长 56～68cm，最长可达 75cm；母狐体重 4.5～6.0kg，体长 55～60cm，尾长 25～30cm。

北极狐有两种颜色，一种是蓝色型北极狐，其体色整年都是蓝色的，比较常见的是深灰且略呈褐色的阿拉斯加蓝狐和颜色略浅的极地北极狐，现今养殖的蓝狐部分源自这两种蓝狐；另一种是白色型北极狐，其毛色随着季节不同，深浅也有变化，冬天是白色，夏天色变深呈灰色。蓝狐蓝色是显性遗传，白色是隐性遗传。养殖场最常见的蓝狐毛色变异种是显性遗传的影狐，也有其他程度不同的隐性及显性毛色遗传变异种，但养殖数量较少。

### 1. 芬兰北极狐

芬兰北极狐（图 2-3）是芬兰经过多年体形选育培育出来的大体形北极狐，其自然交配繁殖力较差，基本上采用人工授精技术繁殖。芬兰北极狐初引种的第一年繁殖力较低，风土驯化适应期长。芬兰北极狐针毛尖有灰、黑两种色型，其售价在芬兰国内没有差别，但考虑到国内市场的喜好，引种时应偏重于灰色毛尖的个体。芬兰北极狐主要有以下几方面的特点。

**图 2-3　芬兰北极狐**

① 体形硕大　芬兰原种北极狐体形硕大，成年狐平均体重 15kg 以上，公狐最大体重达 20kg 以上，体长 90～120cm。其皮张尺码达

124cm 以上（宽 22.5cm）。

② 毛皮品质优良　绒毛致密丰厚，针毛短、密而平齐，光泽度强，色泽华美。

③ 皮肤松弛，皮张伸展率高　芬兰原种北极狐全身皮肤松弛，腹部皮肤松弛而明显下垂。颌下和颈部皮肤多皱褶，因而皮张伸展率高，鲜皮上楦后的伸展率为活体体长的 70% 以上，较改良狐（50%）和本地狐（35%）的鲜皮伸展率均高。

④ 性情温顺，饲料利用率高　芬兰原种北极狐性情温顺、运动性差，因而饲料利用率和报酬率高。温顺的芬兰原种北极狐可任意由饲养人员抱起而无反抗和扑咬行为。但也由于公狐体大笨重，基本上失去了自然交配的能力。

⑤ 遗传性能稳定　芬兰原种北极狐遗传性能稳定，其纯繁后代比较整齐，分化现象不明显。用其作父本与某些地产北极狐杂交，杂交后代体形和毛皮品质得到明显改进和提高，个别杂交后代甚至超过父本体形。

**2. 芬兰原种影（白）狐**

芬兰原种影狐全身毛色呈均匀一致的洁白色，或针毛尖部略带灰色，其体形和毛质同芬兰原种北极狐没有差异。毛色属显性基因遗传，基因纯合时有胚胎致死现象。

# 三、主要彩狐品种

狐的毛色遗传是由主色基因决定的。现在已知的野生型赤狐毛色基因有 9 对，分别为 AA、BB、CC、GG、EE、PP、SS、ww 和 mm（斯堪的纳维亚基因分类系统）。而野生型浅蓝色北极狐毛色基因已知有 7 对，分别为 CC、DD、EE、FF、GG、LL 和 ss（斯堪的纳维亚基因分类系统），其他色型是浅蓝色北极狐的突变种，根据其基因的显、隐性可分为隐性突变型和显性突变型等。

目前，狐属的毛色变种有 20 多个，北极狐属的毛色变种约有 10个。赤狐、银黑狐毛色变种的彩狐，其体形和外貌与赤狐、银黑狐相似，主要区别在毛色上。北极狐毛色变种而成的彩狐与北极狐的区别也是在毛色上，其余的特征与北极狐大体相同。

### 1. 狐属的彩狐

狐属彩狐是赤狐、银黑狐的毛色突变型，分显性遗传和隐性遗传两种性状。显性毛色遗传基因彩狐主要有白（铂）金狐、白脸狐、大理石（白）狐、乔治白狐，国内以白（铂）金狐、白脸狐、大理石（白）狐常见，它们的基因相似，但复等位基因不同。狐属隐性毛色遗传基因彩狐主要有珍珠狐、白化狐（白色狐）、巧克力色狐和科立特棕色（琥珀）狐，它们的体形外貌类似赤狐、银黑狐，但被毛颜色各异。

（1）白（铂）金狐

白（铂）金狐是银黑狐的显性突变型，是培育较早的一种彩狐，曾一度主宰彩狐皮市场。其被毛黑色素明显减少，淡化成白里略透蓝近似于铂金的颜色，颈部有白色颈环，鼻尖至前额有一条明显的白带，尾尖为白色。白金狐为杂合子，当自交时，产仔数下降。

（2）白脸狐

白脸狐又称白斑狐，是银黑狐白色显性突变型，基因纯合时有胚胎致死现象。有白色颈环，在鼻、前额、四肢、胸腹部均有或多或少的块状白斑，尾尖为白色。

（3）大理石（白）狐

大理石（白）狐全身毛色呈均匀一致的白色，有的嘴角、耳缘略带黑色，显性基因纯合无胚胎致死现象。

（4）乔治白狐

乔治白狐是苏联培育的一种白狐，它是银黑狐的显性突变种。

（5）珍珠狐

珍珠狐毛色较浅淡，针毛呈青灰色，绒毛灰色，整体呈均匀一致的淡蓝色，白尾尖。其因毛色类似珍珠颜色而得名。珍珠狐是银黑狐蓝灰色隐性突变种，最早出现在美国，有东部珍珠狐和西部珍珠狐等5种，表型基本相同，但基因不同。国内外饲养较多。

（6）白化狐

白化狐是赤狐的隐性突变种，被毛为白色，眼、鼻尖等裸露皮肤和黏膜由于没有色素沉积而呈现淡红色。

（7）棕色狐

棕色狐现有两种类型，一种是巧克力色狐，另一种称科立特棕色狐，均是银黑狐的隐性突变型。巧克力色狐被毛呈均匀一致的深棕色（类似于巧克力颜色），眼睛呈棕黄色。科立特棕色狐被毛呈均匀一致的棕蓝色（类似于琥珀色），眼睛呈蓝色。

**2. 北极狐属的彩狐**

北极狐属彩狐类型较狐属少，主要有影狐、蓝宝石北极狐、珍珠北极狐、白色北极狐等。国内以影狐多见，其余色型没有。

（1）影狐

影狐是蓝色北极狐的显性突变型。头部有斑纹，体双侧和腹部几乎全白，背部有一条暗色的线，鼻镜呈粉红或粉黑相间的颜色，眼有蓝色、棕色和一蓝一棕的。毛色最浅的影狐几乎呈白色。显性基因纯合有胚胎致死现象。

（2）蓝宝石北极狐

蓝宝石北极狐是蓝色北极狐隐性突变型。被毛呈浅蓝色。

（3）珍珠北极狐

珍珠北极狐是蓝色北极狐隐性突变型。被毛毛尖呈珍珠色，鼻镜呈粉红色，眼睛的可视黏膜也为粉红色。

（4）白化狐

白化狐是浅蓝色北极狐的隐性突变型。毛色为白色，裸露皮肤和可视黏膜为粉红色。生活力弱。

（5）白色北极狐

白色北极狐是浅蓝色北极狐的隐性突变型。幼龄毛色呈灰棕色。冬天毛色为白色，底绒为灰色。

**3. 杂种狐**

近年来，狐属与北极狐属之间杂交生产杂种狐，在狐养殖生产中越来越引起人们的重视。其原因主要是其杂交后代的绒毛品质均好于双亲，它克服了银黑狐针毛长而粗、北极狐针毛短且细、绒毛易缠结等缺陷。杂种狐皮绒毛丰厚、针毛平齐、色泽艳丽，具有更高的商品价值。

由于狐属与北极狐属发情时间不同步，所以属间杂种狐狸的生产多半采用人工授精的方式进行。一般采用狐属的赤狐、银黑狐或彩狐作父本，利用其高质量皮质；北极狐属的北极狐或彩狐作母本，利用其高繁殖特性。倘若反交，产仔数少，多不采用。显性基因遗传的狐之间交配有基因纯合胚胎致死现象，一般不采用。属间杂交子一代杂种狐无繁殖能力，只能取皮。杂交一代狐完全不育，可能是由于亲本染色体核型差异（银黑狐含有 B 染色体，染色体数目为 $2n=34\sim42$；蓝狐存在着丝粒融合，染色体数目为 $2n=48\sim50$），联会时染色体不能完全配对（杂交一代狐染色体数目为 $2n=34\sim48$），出现错配，不能产生正常的配子或染色体出现断裂。

目前杂种狐主要有蓝霜狐（银蓝狐）、银霜狐（蓝银狐）和金岛狐（赤狐与白色北极狐或银黑狐与白色北极狐杂交后代）等。

（1）蓝霜狐

蓝霜狐是以银黑狐为父本、蓝狐为母本杂交的后代，在俄罗斯、芬兰、丹麦等国又称为银蓝狐。

蓝霜狐毛色呈现银黑狐特点，体形和毛质趋于北极狐，外形特征介于银黑狐和蓝狐之间。蓝霜狐体长大于蓝狐，而小于银黑狐；脸形与蓝狐相似，耳长介于银黑狐和蓝狐之间。冬毛的颜色、长度、密度等兼具各父母本的特征，其背部针毛似银黑狐，但较平齐，并具蓝狐样稠密的绒毛。其背部针毛绝大多数毛尖为黑色、毛干为白色，黑色段占全长的 $1/8\sim1/7$，并均匀分布着少量的全黑色针毛；绒毛蓝灰色、平齐而丰厚。由于背部针毛的白色毛干高于绒毛，所以就像蓝灰色的底绒上落一层白霜，使毛皮显得异常高雅华贵，此特征是其命名的主要依据。由于背中部针毛黑尖部分长于后臀部的黑色毛尖，所以背中部毛色明显黑于后臀部；颈侧、肩侧针毛明显长于体侧，长度为 $75\sim90mm$，且黑色毛尖约占全长的 $1/3$，此特征与银黑狐极相似；面部毛短平，针毛白色也具黑尖，耳黑色；前肢外侧和后肢内侧均趋于黑色；尾部针毛灰白色，毛尖黑色并均匀分布着极少量的全黑色针毛，尾具有和银黑狐一样的白色尾尖。银黑狐与蓝狐杂交繁殖力高，每胎产蓝霜狐 $7\sim8$ 只，与蓝狐相近。

（2）银霜狐

银霜狐也称蓝银狐，是以蓝狐为父本、银黑狐为母本杂交的后代。其绒毛丰厚，毛色灰蓝、光润，毛峰齐，跖部有密毛，适合严寒气候条件。

第二章 狐的生物学特性和品种

（3）金岛狐

金岛狐是以赤狐或银黑狐为父本、白色北极狐为母本杂交的后代。其绒毛丰厚，被毛类似赤狐的颜色，有较窄的黑色背线，产品很受市场欢迎。

027

# 第三章　狐养殖场设计与环境安全控制新技术

# 第一节　狐养殖场设计新技术

　　建设狐养殖场的首要工作是要选择适合狐生长、繁殖的场地，同时综合考虑地理条件、饲料条件、社会条件、环境条件等因素。其次，要对狐养殖场布局进行合理规划设计，既要有利于狐生长繁殖，又要有利于规模化操作和管理。场址的好坏和布局是否合理直接关系到养殖场的经济效益和发展规模。

## 一、狐养殖场场址选择

### 1. 狐养殖场场址选择的基本条件

　　场址的选择是一项科学性和技术性较强的工作。场址选择合理与否，直接影响到将来的生产发展。因此，在建场前，必须根据建场总体规划的要求，认真进行全面勘察和合理布局，切不可草率定点建场或主观行事，这会给生产带来麻烦，造成不应有的损失。

（1）地理条件

① 地理纬度　银黑狐和北极狐自然分布在北冰洋周边，属高纬度动物；赤狐分布较广，但高纬度地区毛皮质量较高。我国适合狐生长、繁殖、毛皮成熟的地区是北方地区，即"三北地区"。北纬 35°以北地区适合养狐；北纬 35°以南地区不宜饲养，否则会引起毛皮品质退化和不能正常繁殖的不良后果。

② 海拔高度　中低海拔高度饲养狐适宜；高海拔地区（3000m 以上）不适宜，高山缺氧有损狐健康，紫外光照度高亦可降低毛皮品质。

（2）饲料条件

① 饲料资源条件　具备饲料种类、数量、质量和无季节性短缺的资源条件（详见本书第五章）。不管是大养殖场还是小养殖场，保证动物性饲料来源是狐养殖场的基本条件。如养 100 只种狐（公母比例为 1∶3），年末总数可达到 400～600 只，全年需要动物性饲料 40t、谷物饲料 17t、蔬菜 8t，因此狐养殖场应建在肉类加工厂附近或肉、鱼类饲料来源比较丰富的地区，如畜禽屠宰厂、沿海鱼厂等附近，以保证饲料供应。目前，随着饲料工业的发展，狐配合饲料使用越来越广泛，饲料资源条件可以不再受严格限制。

② 饲料贮藏、保管、运输条件　主要指鲜动物性饲料的冷冻贮藏、保管和运输条件。

③ 饲料的价格条件　具备饲料价格低廉的饲养成本条件。饲料的其他条件再好，但价格贵了，饲养成本高，易造成养殖无效益，则该地区不建议选建狐养殖场。

（3）自然环境条件

① 地势　狐养殖场应修建在地势稍高、地面干燥、通风向阳的地方。背风向阳的南面或东南面山麓、能避开强风吹袭和寒流侵袭的山谷、平原，是修建狐养殖场较理想的地方。低洼泥泞的沼泽地带、有洪水泛滥的地区，不适宜修建狐养殖场。

② 面积　场地的面积既要满足饲养规模的设计需要，也应考虑到有长远发展的余地。

③ 坡向　坡地要求不要太陡，坡地与地平面之夹角不超过 45°。坡向要求向阳南坡，如一定要在北坡，则要求南面的山体不能阻碍北

坡的光照。如一定要在海岛地形上建场，则按阶梯式设计。

④ 土壤 适合建场的土质条件为：透水性、透气性好；毛细管作用弱；吸湿性、导热性小；质地均匀、抗压性强。沙土、沙壤土或壤土透水性较好，易于清扫，并易于排出场内的各种污物，这种土质最适宜修建狐养殖场。而透水性较差的黏土因不易排出积水，易造成潮湿泥泞，不适宜建狐养殖场。修建狐养殖场尽量不占用农田，避免与农争地。

⑤ 水源 狐养殖场因加工饲料、清扫冲洗、动物饮用等，需水量较大。狐养殖场用水量可按每百只狐每日用水量为 $1m^3$ 计算。因此，场址应尽量选在有河流、湖泊等地带，或有丰富清洁地下水源的地方。同时要求水质洁净，达到饮用水标准。地下水没有污染，有的还含有某些对动物和人体有益的微量元素，是理想的水源之一；溪水一般来自山涧，不易污染；自来水是经过加工的，其卫生指标一般符合规定标准；而江河水常常流经城市，容易受到污染，可适当增加净水设备，但这样的话会增加饲养成本。

⑥ 气象和自然灾害 易出现洪涝、飓风、冰雹、大雾等恶劣天气的地区不宜选建狐养殖场。

（4）社会条件

① 能源、交通运输条件 狐养殖场应建在交通比较方便的地方，以便于防疫和运输饲料。同时，为了保证狐养殖场的环境安全，要远离村庄和其他养殖场，应距离公路和交通要道300m以上，最好不要低于500m。如自己不建冷库，要离冷库不太远，以便贮存动物性饲料。养殖场可配备小型发电机，以备停电时应急使用。

② 卫生防疫条件 环境清洁卫生，未发生过疫病和其他污染。距居民区和其他畜禽养殖场500m以上。门口应设消毒石灰槽，进出场内应经过消毒处理，做好疫病的预防。

③ 低噪声条件 狐养殖场应常年无噪声干扰，尤其在4～6月份更不应有突发性噪声刺激。

④ 公益服务条件 大型养殖场职工及职工家属较多，应考虑就近居住和社会公益服务条件。

（5）技术条件

① 养殖技术条件 狐养殖业是一项技术性很强的产业。因此，必

须事先自己培养技术力量或外聘技术人员来指导本场的技术工作。实践证明，这是完全必要和不可缺少的。

② 环保技术条件　在选建狐养殖场时，还应考虑到狐养殖场对环境的污染问题。狐养殖场的主要污物是狐的粪便及清扫冲洗后的污水，前者经发酵处理后可作农田的有机肥料；也可用发酵好的粪便混合部分土壤用于饲养、繁殖蚯蚓，以解决狐的部分动物性饲料。狐养殖场的污水不能直接排入江、河、湖泊，应进行无害化处理后再排放。

**2. 狐养殖场场址选择的具体实施**

（1）踏查和勘测

依据上文中场址选择基本条件逐项进行踏查和勘测，水源、水质等重要项目，需实地取样检验。有条件的地方可多选几处场地，以便于评估和筛选。

（2）评估和论证

聘请有经验的专家或专业技术人员共同对所踏查和勘测的地块进行充分评估和论证，权衡利弊，确定优选场址。

（3）办好用地手续

场址选好后应迅速根据需用土地的面积、类型、性质等，按国家有关规定办理土地使用手续。

# 二、狐养殖场规划设计

场址选好后，在动工建场前应对狐养殖场各部分建筑进行全面规划和设计，使场内各种建筑布局合理。

**1. 狐养殖场规划的内容及总体原则**

（1）狐养殖场规划内容

狐养殖场总体规划主要内容是生产区（包括狐棚、饲料贮藏室、饲料加工室等建筑物）、管理区（包括与经营管理有关的建筑物、职工生活福利建筑物与设备等）和疫病防治管理区（包括兽医室、隔离舍等）的设置和合理布局。

根据养殖规模的大小，可分为小型养殖场（以家庭养殖为主，母狐 30～50 只）、中型养殖场（母狐 200～600 只）、大型养殖场（母狐 2800 只以上）。

(2) 狐养殖场场地规划总体原则

第一，依据地势和主风向进行合理分区。职工生活区（居民点）应在全场上风向和地势较高的地段；其次为管理区；生产区设在这些区的下风向和较低处，但要高于疫病防治管理区，并在其上风向。生产区与职工生活区、管理区保持 100m 以上距离，与疫病防治管理区保持 200m 以上距离。职工生活区、管理区的生活污水，不得流入生产区。

第二，加大生产主体即生产区的用地面积，尽量增加载狐量，根据实际需要尽量缩减管理区和疫病防治管理区的用地面积，以保证和增加经济效益。一般养殖区用地面积占总场区面积的 80％以上。

第三，各种设施、建筑的布局应便于生产，符合卫生防疫条件，力求规范整齐。为便于管理操作，养殖区可分为种公狐区、种母狐区、皮狐区。种公狐区最好是安排在人工输精室的附近，到配种时期能够方便采精。种母狐区应该选择在背风向阳的地方。皮狐区应该规划在靠近饲料加工车间的地方，生长期皮狐需要的饲料量很大，如果饲料加工车间太远会给饲养员带来很多麻烦。大型养殖场可根据工人的管理能力，把大型种群分成若干小群管理。

第四，整个狐养殖场建设标准应量体裁衣、因地制宜，尽量压缩非直接生产性投资。

第五，根据总体规划分阶段投资建设，并为长远发展留有余地。

**2. 狐养殖场规划的具体要求**

(1) 管理区

狐养殖场的经营管理活动与社会联系极为密切。因此，在规划时，管理区位置的确定，应有效利用原有的道路和输电线路，充分考虑饲料和其他生产资料的供应、产品的销售以及与居民点的联系。狐养殖场的供销运输与社会联系频繁，造成疫病传播的机会较多，故场外运输应严格与场内运输分开。在场外管理的运输车辆严禁进入生产区，车库应设在管理区。除饲料库以外，其他仓库须设在管理区。管理区与生产区应加以隔离。外来人员只能在管理区活动，不能进入生产区。

(2) 生产区

生产区是全场的工作重心，规模大的可分区规划与施工。为保证防疫安全，应将种狐和皮狐分开，设在不同地段，分区饲养管理。狐棚应设在光照充足、不遮阳、地势较平缓的区域。

　　与饲料有关的建筑物，应配置在地势较高处，并且应保证卫生与安全。饲料贮藏室、饲料加工室应设在生产区上风向的区域，离最近饲养棚（栋）的距离 20～30m。狐养殖场的垫草用量大，堆放位置应设在生产区的下风向，要考虑防火的安全性，与其他建筑物有 60m 的距离。

　　粪污处理场的设置，应便于狐粪运出，注意减少其对环境的污染。

　　（3）疫病防治管理区

　　为防止疫病传播，该区应设在生产区的下风向与地势较低处，与棚舍保持 300m 的距离。病狐隔离舍应单独设置院墙、通道和出入口。该区的污水与废弃物应严格处理，防止疫病蔓延和对环境造成污染。

# 第二节　狐养殖场设施与设备选择

　　从生产角度考虑，狐养殖场必须有狐棚、笼舍、饲料加工室等必备建筑，有条件的大型狐养殖场还应具备冷冻贮藏室、仓库及菜窖、毛皮加工室、综合技术室等。

## 一、狐棚

　　狐棚是安放笼舍的地方，有遮阳、防雨等作用。修建狐棚的材料可因地制宜、就地取材，可用三角铁、水泥墩、石棉瓦结构，也可用砖木结构。设计狐棚时，应考虑到夏季能遮挡太阳的直射光，通风良好；冬季能使狐棚两侧较平均地获得阳光，避开寒流的吹袭。狐棚的走向一般是根据当地的地形地势及所处的地理位置而定，一般以东西走向为宜，既有利于种狐、皮狐分群饲养，又对夏季防暑有利。狐棚的长度不限，以操作方便为原则，一般长 25～50m 或更长。通常棚脊高 2.6～2.8m，前檐高 1.5～2m，宽 5～5.5m，作业道为 1.2m，狐棚与狐棚之间距离 4m 左右。

## 二、笼舍

狐笼和窝室（小室）统称为笼舍，是狐活动和繁殖的场所。其规格样式繁多，但设计要求均要与狐的正常活动、生长发育、繁殖、换毛等生理过程相适应。笼舍的设计应满足夏季凉爽，冬季防寒，日光勿直射，疾病易防治等条件。此外，制作笼舍的材料应经济耐用，而且要符合卫生要求，狐不易跑出，便于饲养管理和操作。狐笼和窝室，一般是分别制作，统一安装于狐棚两侧。这样安装的笼舍，搬移、拆修都比较方便。笼箱距地面的高度应不低于60cm。

### 1. 狐笼

狐笼是狐的饮食和运动场所，笼内安装食盒和自动饮水设备。狐笼可分为单式、二连笼和三连笼三种，可根据狐养殖场条件加以选择。单式狐笼规格为长100～150cm、宽70～80cm、高80～90cm。皮狐的大小有异，但笼的长度不应小于70cm，高80～90cm，活动面积0.5～0.6m²即可。芬兰品种蓝狐的笼应大些。在笼的正面一侧设门，以便于捕捉狐和喂食用，规格为宽40～45cm、高60～70cm。食槽门宽28cm、高13cm。在笼一侧或背面留直径为25cm的洞口，以便与窝室相通。狐笼可采用14～16$^#$的铁丝编织，其网眼规格笼底为3cm×3cm、盖和四周为3.5cm×3.5cm。有的狐笼也采用网眼规格为1.5cm×1.5cm的14$^#$镀锌电焊网焊制。

### 2. 窝室

对皮狐来说，窝室（小室）是其休息的地方；对于种母狐来说，是其哺育仔狐的地方。目前，为节省成本和饲养方便，皮狐通常在不安装窝室的笼舍内饲养。窝室常安放在笼的旁侧（左右）或后面，可用厚2.0cm的光滑木质板材制作，也可用砖砌成地上或半地下形式。用砖砌成的窝室，其底部应铺一层木板，以防凉、防湿。窝室不能用铁板或水泥板制作。常用的窝室，内部结构分为产仔室、走廊和侧门。木制窝室的规格长60～70cm、宽不小于50cm、高45～50cm。用砖砌的窝室可稍大些。窝室顶部要设一活动的盖板，以利于更换垫草及消毒。窝室正对狐笼的一面要留25cm×25cm的小门，以便和狐笼连为一体，便于母仔狐进出。应在产箱门内设置一挡板，用于限制母狐在笼舍和窝室内走动，方便母狐发情检测、仔狐检查等。在小门下方做高出窝室底 5cm 的门槛，防止仔狐掉出室外，同时有利于窝室保温和铺放垫草。

## 三、饲料加工室

饲料加工室是冲洗、蒸煮、绞制（指把动物性饲料绞碎）及调制狐饲料的地方，根据狐群大小来确定饲料加工室的规模。如以饲养 300 只种狐计算，一般为 $30\sim40m^2$。为了方便洗刷和防鼠，有利于卫生，室内地面和墙壁下部，应用水泥抹光（水磨石地面更好）。室内应配备下列设备。

① 洗涤用具：水池、水槽、缸、盆等。

② 熟制用具：烤炉、蒸箱、蒸煮炉、笼屉、锅炉等。

③ 粉碎设备：破冰机、谷物粉碎机、骨骼粉碎机、绞肉机等。

④ 分装饲料用具：秤、铁锹、桶等。

## 四、冷冻贮藏室

冷冻贮藏室主要用于贮藏动物性饲料，是大、中型狐养殖场很重要的设施之一。冷冻贮藏室的温度一般是－15℃，以保证动物性饲料不会腐败变质。小型狐养殖场可以在背风阴凉的地方或地下修建简易的冷藏室。这种冷藏室造价低、保管方法简便，但室温较高，饲料保存时间较短。

## 五、仓库及菜窖

仓库主要用于贮藏谷物饲料和其他干饲料。库内要求阴凉、干燥。仓库应该建在饲料加工室附近，以便运取饲料。

菜窖是我国高纬度地区狐养殖场秋季贮藏蔬菜不可缺少的建筑设备。

## 六、授精室

我国狐的配种通常采用人工授精方式，小养殖场为节省养殖成本将母狐送往输精站授精。因此，授精室应根据狐养殖场的需要建立。

授精室应选择在一个 $10\sim20m^2$ 的密闭空间内，以便于消毒。授精室需配有输精台、液氮罐、采精和输精器具、显微镜、采精架、冰箱等仪器设备。

## 七、综合技术室

综合技术室包括兽医室、分析化验室及科学研究室。

兽医室负责狐养殖场的卫生防疫和狐疾病的诊断治疗等，应配有显微镜、冰箱、高压灭菌锅、离心机、恒温培养箱、无菌操作台、试剂架等仪器设备。

分析化验室主要负责狐饲料的营养成分分析及毒物鉴定等，应配有高效液相色谱仪、粗纤维测定仪、定氮仪、马福炉（又叫电炉、电阻炉、茂福炉）脂肪测定仪、黄曲霉检测仪、硬度计、摇筛机、粉碎机、光度计、烘干箱等仪器设备。

科学研究室的任务是研究并解决狐养殖过程中各项科学理论和生产实践方面的技术课题。

## 八、毛皮加工室

在规划设计狐养殖场时，应设置一个具有一定面积的毛皮加工室。此外，应配有如下设备。

① 采用手工取皮方法时，应配备用木制材料制作的剥皮台、洗皮台和晾皮架等，用于取皮、剥皮、刮油、洗皮和晾皮。

② 当采用机械进行刮油、洗皮、烘干等操作时，需要配备刮油机、洗皮机、风干机和楦板等设备。洗皮机和楦板可自制。洗皮机包括转筒和转笼。转筒呈圆筒状，直径 1m 左右，用木板或铝板制成。筒壁上装一开关门，供放、取皮张时用。将转筒横卧于木架或角铁架上，一横轴连接电动机，用电力启动转筒，转速为 20r/min，每次可洗皮 $30\sim40$ 张。转笼形状如转筒，但筒壁是用网眼直径为 $1.2\sim2cm$ 的铁丝网围成的。将洗好的皮张放在转笼中，以甩净毛皮上所附的锯末。楦板是用以固定皮形，防止皮张干燥后收缩和褶皱的工具。楦板用干燥的木材制作，其规格在国际市场上有统一标准。

③ 除上述设备外，去皮还需要挑裆刀、刮油刀、刮油棒、普通剪

刀、线绳和锯末等。挑裆刀为长刃尖头刀，用于挑裆、挑尾及剥离耳、眼、鼻、口等部位的皮；刮油刀可用电工刀代替，用于手工刮油；刮油棒用木制材料制成，一头大一头小，呈圆柱形，长80～85cm，用于套刮油的皮张。

④ 毛皮烘干应置于专门的烘干室内，配备吹风干燥机。室内温度控制在20～25℃。

毛皮加工室旁还应建毛皮验质室。室内设验质案板，案板表面刷成浅蓝色，在案板上部距案板面70cm高处，安装4只40W的日光灯管，门和窗户备有门帘和窗帘，供检验皮张时遮挡自然光线用。

## 九、其他

在狐养殖场大门及各区域入口处，应设相关的消毒设施，如车辆消毒池、人的脚踏消毒槽或喷雾消毒室、更衣换鞋间等。

为了防止跑狐，可在狐棚的四周修砌一道围墙。一般墙高1.5m左右，围墙的取材不限，土、砖石或竹木均可，但是围墙内壁要光滑，以防刮伤狐。此外，狐养殖场还应根据具体情况购置或制作一些常用器具，如串狐箱、种狐运输笼、捕狐网、狐钳、棉手套及清扫和消毒用具等。

# 第三节　狐养殖场环境控制

狐养殖场环境是由各种环境因素组成的综合体，包括自然环境和生活环境。各种环境因素既可以对狐产生有益的作用，在一定条件下，也会产生不良的影响。各种环境因素按其属性可分为物理性、化学性和生物性三类。

物理性因素主要包括经纬度、海拔、光照、温度、湿度、风速、热辐射、噪声、非电离辐射和电离辐射等。化学性因素包括大气、水、土壤中含有的各种有机和无机化学物质。生物性因素是指环境中的细菌、真菌、病毒、寄生虫和变应原（花粉、真菌孢子、尘螨和动物皮屑等）等。

养狐生产中，狐被动地适应着人工环境。自然大环境和人工小环境都会对狐产生影响，规模化生产中环境因素和工程设施间的相互作用，采暖、通风和控温等环境调控设施以及规模化生产工艺的技术水平，都直接影响着狐的生产。

## 一、影响养狐生产的环境因素

### 1. 经纬度

经度和纬度是确定动物地理位置的重要指标，二者缺一不可。但是，影响特种经济动物生活的主要环境因子之一是地球纬度，而不是经度。纬度不同，动物所处地理位置的光照、温度、湿度、风力等环境因子不同，从而影响动物的生产。狐虽然自然分布较广，但作为毛皮动物饲养的狐（银黑狐、北极狐）分布在北冰洋周边，属高纬度动物，北纬35°以南地区不宜饲养，否则会引起毛皮品质降低和不能正常繁殖的不良后果。

### 2. 光照

光谱组成、光照强度、光照时间、总辐射量和光照周期性变化，直接影响动物昼夜节律、季节性节律（繁殖、换毛、迁徙等）等生命活动。

光照周期性变化与狐季节性繁殖和季节性换毛的关系是十分密切的。光照周期性变化通过视神经将其神经冲动传入神经中枢，从而影响内分泌的变化，使狐性活动呈现季节性变化。高纬度区域，昼夜时差大时狐能顺利完成生殖活动和换毛。

### 3. 温度

温度对狐的生活和生产有直接或间接的影响。温度直接影响狐的体温，体温的高低又决定了动物新陈代谢的强度、生长发育速度、繁殖性能等。温度通过影响气流、降雨等而间接影响特种经济动物的生活和生产。温度随着不同地理位置、纬度、栖息环境、季节等条件的变化而变化。

温度超过狐适宜温区的下限或者上限后就会对狐产生有害影响，

温度越高对狐的伤害作用越大。温度对狐生产的影响是多方面的，如影响动物的发情、交配、受精、胚胎成活以及动物产品生产等。寒冷时，会使动物容易发生呼吸道疾病；高温时，会引起日射病或热射病。因此，养狐生产中要注意夏季防暑降温、冬季防寒保暖。

**4. 湿度**

湿度与狐的生长发育、产毛、健康、繁殖和疾病有密切关系。湿度较大时，既不利于夏季散热，也不利于冬季保温，狐还容易感染体内外寄生虫病等，对动物生产不利。湿度较小时，同样可导致狐被毛粗糙、品质下降，引起呼吸道黏膜干裂，而导致细菌、病毒感染等。繁殖期内降水及引起空气相对湿度的异常变化，均会影响北极狐的正常活动、采食量、代谢和健康状况，直接或间接对生殖细胞的发生、受精卵着床及胎儿的发育造成不良后果。动物排出的粪尿、呼出的水蒸气、冲洗地面的水分是导致舍内湿度升高的主要原因。为降低舍内的湿度，可以加强通风，或撒生石灰、草木灰等，阴雨潮湿季节舍内清扫时应尽量避免用水冲洗。

**5. 海拔**

海拔高度不同，气温、气压、空气成分、饲料种类与营养成分等也不同。狐由低海拔地区迁移到高海拔地区饲养时，由于生活环境的剧烈变化，气压不足，使呼吸、循环系统功能发生变化，影响其生长发育和繁殖力，甚至引起一些疾病。但狐也能逐渐适应高纬度环境，即以增加血液中红细胞和血红蛋白的含量来适应高原缺氧。

**6. 空气质量与气流**

通风可以排除动物圈舍内的污浊气体、灰尘和过多的水汽，能有效降低呼吸道疾病的发病率，同时可以调节圈舍温、湿度。例如，狐排出的粪尿及污染的垫草，在一定温度条件下可分解散发出氨气、硫化氢等有害气体。通风有自然通风和机械通风两种，养狐生产中可通过勤打扫、勤冲洗、加强通风换气来保持圈舍内的空气新鲜。

**7. 噪声**

噪声是重要的环境因素之一。突然的噪声可导致妊娠狐流产、哺乳狐拒绝哺乳，甚至残食仔狐等严重后果。噪声的来源主要有 3 个方面：一是外界传入的声音；二是棚内由机械、操作产生的声音；三是动物自身产生的采食、走动和争斗声音。狐如遇突然的噪声就会惊慌失措、乱蹦乱跳、蹬足嘶叫，导致食欲不振甚至死亡等。为了减少噪声，选建圈舍一定要远离高噪声区，如公路、铁路、工矿企业等，尽可能避免外界噪声的干扰；饲养管理操作要轻、稳，尽量保持狐圈舍的安静。

### 8. 灰尘

空气中的灰尘主要有风吹起的干燥尘土和饲养管理工作中产生的大量灰尘，如打扫地面、翻动垫草、分发干草和饲料等。灰尘对狐的健康和狐产品品质有着直接影响。灰尘降落到狐体表，可与皮脂腺分泌物、毛、皮屑等黏混在一起而妨碍皮肤的正常代谢，影响毛皮品质；灰尘吸入体内还可引起呼吸道疾病，如肺炎、支气管炎等；灰尘还可吸附空气中的水汽、有毒气体和有害微生物，产生各种过敏反应，甚至感染多种传染性疾病。为了减少圈舍空气中的灰尘含量，应注意饲养管理的操作程序，保证圈舍通风性能良好。

## 二、狐养殖场环境控制新技术

### 1. 合理布局建设

坚持因地制宜，以自然环境条件适合于动物生物学特性、饲料来源稳定、水源质优量足、防疫条件良好、交通便利等为原则，根据生产规模及发展远景规划，全面考虑其布局。狐养殖场要建在地势较高、地面干燥、背风向阳的地方。场址选好后，对养殖场各部分建筑进行全面规划和设计。各种建筑布局合理，一般分为生产区（包括棚舍、饲料贮藏室、饲料加工室、粪污处理区等）、管理区（包括与经营管理有关的建筑物、职工生活福利建筑物与设备等）和疫病防治管理区（包括兽医室、隔离舍等）3个功能区。各功能区按照狐养殖场场地规划总体原则依地势和主风向进行合理分区。

### 2. 建立严格的管理制度

养殖场应建立严格的管理制度。所有与饲养、动物疫病诊疗及防疫监管无关的人员一律不得进入生产区。确因工作需要进出生产区的，需经养殖场（区）负责人批准并严格消毒后方能进出。进出生产区的饲养员、兽医技术人员及防疫监管人员等都必须依照消毒制度和规范严格消毒后方可进出。场内兽医不得随意外出诊治动物疫病，特殊情况需要对外进行技术援助支持的，必须经本场负责人批准，并经严格消毒后才能进出。各养殖栋（舍）饲养人员不得随意串舍，不得交叉使用圈舍的用具及设备。任何人不得将场外的动物及动物产品等带入场内。同时建立严格的日常消毒制度，科学制订消毒计划和程序，严格按照消毒规程实施消毒，并做好人员防护。在生产区出入口设与门同宽、长至少1m、深0.3m以上的消毒池，各养殖栋（舍）出入口设置消毒池或者消毒垫，适时更换池（垫）水、池（垫）药，保持药液有效。在生产区入口处设置更衣消毒室，所有人员必须经更衣、手部消毒，经过消毒池和消毒室后才能进入生产区。工作服、胶鞋等要专人使用并定期清洗消毒，不得带出。进入生产区车辆必须彻底消毒，同时应对随车人员、物品进行严格消毒。定期或适时对圈舍、场地、用具及周围环境（包括污水池、排粪沟、下水道出口等）进行清扫、冲洗和消毒，必要时可带兽消毒，保持清洁卫生。同时应做好饲用器具、诊疗器械等的消毒。

发生一般性疫病或突然死亡时，应立即对所在圈舍进行局部强化消毒，规范死亡动物的消毒及无害化处理；所有生产资料进入生产区时都必须严格执行消毒制度；按规定做好本养殖场（区）消毒记录。

# 第四章　狐选育与繁殖新技术

# 第一节　狐健康高效引种技术

种狐引种是狐养殖场非常重要的基础性工作,引种运输及其隔离暂养又是技术性较强的工作,应依照《中华人民共和国畜牧法》、国务院《种畜禽管理条例》认真执行,该法和条例规则适用于种狐引进及其运输、运回后隔离暂养的全过程。

## 一、引种的准备

### 1. 有目的地引种

引种要有明确的目的,一般引种是为改良提高本养殖场狐群品质或增强本养殖场狐良种优势,有时也为改善本养殖场狐种群血缘关系而引种。应根据引种目的和需要确定拟引进的种类、性别及数量。

### 2. 调研

考察并确定引种场家。引种时应事先考察引种场家,选择有种狐经营许可证、种兽合格证和种兽系谱,饲养管理规范,种狐品质优良和卫生防疫条件好,信誉好的大、中型场家引种。正流行或刚流行疫病的场家，不能前去引种。对引种场家情况不明时，应多考察一些场家，从优选择。

**3. 做好引种准备工作**

确定挑选种狐的技术人员，做好运输用品、运输方式等准备工作。

## 二、不同品种狐的选种要点

**1. 银黑狐选种要点**

① 被毛性状　毛色总体黑白分明、银雾状美感突出，既不太黑、又不太浅。

② 换毛特征　优选换毛早、换毛快的个体，要求全身夏毛已全部脱换为冬毛，头、面部针毛竖立。

③ 绒毛品质　银黑狐绒毛品质鉴定见表4-1。

**表4-1　银黑狐绒毛品质鉴定表**

| 指标 | 第一级 | 第二级 | 第三级 |
|---|---|---|---|
| 绒毛品质感官评价 | 超好 | 良好 | 较差 |
| 躯干的毛色 | 黑色 | 阴暗 | 较差 |
| 银毛率/％ | 大(75～100) | 中(50～75) | 小(25～50) |
| 银毛颜色 | 白而明亮 | 亮度稍差 | 微黄缺少光泽 |
| 银色强度 | 适中 | 大或略小 | 小 |
| 银环大小 | 宽度适中，12～16mm | 略小，6～12mm | 小于6mm或超过16mm |
| 雾状 | 正常 | 中等或略轻 | 轻 |
| 尾的毛色 | 黑色 | 黑褐色 | 暗褐色 |
| 尾的白色末端 | 大，8cm以上 | 中等，4～8cm | 小，4cm以内 |
| 尾末端颜色 | 纯白色 | 白色 | 杂色(杂有黑) |
| 尾端形状 | 宽圆柱形 | 中等圆柱形或粗圆锥形 | 窄圆锥形、窄圆柱形 |
| 躯干短绒毛颜色 | 石板色或浅蓝色 | 深灰色 | 灰色或微褐色 |
| 背上的带 | 良好 | 微弱 | 没有 |

④ 体形性状　秋分时公狐体重不小于5kg、母狐体重不小于4.5kg；公狐体长不小于65cm、母狐体长不小于60cm。

⑤ 性器官发育　要逐只检查种狐性器官的发育情况，淘汰单睾、隐睾、睾丸发育不良的公狐和外生殖器官位置、形状异常或有炎症的母狐。

**2. 狐属彩狐选种要点**

狐属彩狐的引种：体形、外貌、被毛脱换可参照上述银黑狐选种要点，但毛色性状要符合本色型的特征。

**3. 芬兰北极狐原种和纯繁后代选种要点**

① 换毛特征　国内引进芬兰原种纯繁北极狐，秋分时要求冬毛转换良好；国外引进芬兰原种北极狐，则要求在取皮季节冬毛完全成熟。埋植褪黑激素的个体不能作种用。

② 绒毛品质　躯干和尾绒毛呈浅蓝色或淡蓝色，光泽性强，长度适中，绒毛稠密，有弹性，短绒无缠结。北极狐绒毛品质鉴定见表 4-2。

表 4-2　北极狐绒毛品质鉴定表

| 指标 | 第一级 | 第二级 | 第三级 |
| --- | --- | --- | --- |
| 绒毛品质感官评价 | 好 | 较好 | 一般 |
| 躯干绒毛颜色 | 浅蓝色或淡蓝色 | 蓝色或浅蓝及带褐色 | 褐色,带褐色或白色 |
| 被毛光泽 | 强 | 中等 | 微弱 |
| 尾部绒毛颜色 | 与躯干毛色一致,没有褐斑 | 带褐色 | 褐色,带褐色或浅色 |
| 针毛长度 | 适中,平齐 | 很长,不太平齐 | 短,不平齐 |
| 绒毛密度 | 稠密 | 一般 | 稀少 |
| 毛的弹性 | 有弹性 | 柔软 | 粗糙 |
| 短绒的缠结 | 没有 | 不大 | 不大,但全身都有 |

③ 体形性状　国内引种，秋分时公狐体重不小于 10kg、母狐体重 7kg 左右；公狐体长不小于 70cm、母狐体长不小于 65cm。引进芬兰原种北极狐，公狐体重不小于 15kg，体长不小于 75cm；母狐体重 8kg 左右，体长 65cm 左右。

皮肤松弛、性情温顺等均为芬兰北极狐优良性状，应侧重体形修长、皮肤松弛性状的选择，不要片面强调体重。

④ 性器官发育　要逐只检查种狐性器官的发育情况，淘汰单睾、隐睾、睾丸发育不良的公狐和外生殖器官位置、形状异常或有炎症的

母狐。

**4. 国产北极狐和改良北极狐选种要点**

① 被毛颜色 宜优选蓝色北极狐引进（符合国内市场需求）。

② 秋分换毛 宜优选夏毛已全部脱换成冬毛（全身被毛变白）的个体。

③ 被毛性状 宜优选针毛短平、绒毛厚密的个体。

④ 体形性状 秋分时地产狐体重不小于 5.5kg，改良狐体重不小于 7.5kg；地产狐体长不小于 55cm，改良狐体长不小于 65cm。

**5. 影狐选种要点**

影狐宜引进公狐，母狐不宜作种用。宜引进全身针毛、绒毛毛色沽白一致，体形修长，皮肤松弛的个体。其他性状可参照国产北极狐和改良北极狐选种要点。

# 三、引种的实施

**1. 引种的适宜时间**

引种最适宜的时间是秋分时节（9 月下旬至 10 月下旬），此时幼狐已生长发育至接近成年狐大小，正处于秋季换毛的明显时期，毛皮品质的优劣也初见分晓，加之此时气候又比较凉爽，便于安全运输。过早引种尚看不到种狐的毛皮品质如何，而过晚引种又对准备配种期饲养不利。必要的时候（如种狐优良而货源紧缺）也可以在幼狐分窝以后抢先引种，此时可引进当年出生较早的幼狐，但对其成年后的毛皮品质不便观察。

**2. 种狐的挑选**

种狐的挑选是引种最关键的环节，挑选种狐一定要严格按前文"不同品种狐的选种要点"进行，并要慧眼识狐以防以老充小、以次充好、以假乱真（如以杂交改良狐冒充原种纯繁狐等）的现象出现而上当受骗。

**3. 挑选出的种狐集中观察**

最好让场家把挑选出的种狐集中饲养，引种者要留心观察种狐的采食情况，剔除食欲不佳和错选的品质欠佳者。

### 4. 种狐的编号及记录其系谱档案

种狐启运前要编好顺序号，并记录每个个体的系谱资料。

## 四、种狐的运输

### 1. 运输前准备工作

① 运输前应准备好运输车辆、途中饮水喂食用具和运输工具等。运输车辆要提前备好，并进行检修、保养和消毒。种狐运输笼 2 笼一组，每笼只能装 1 只种狐。单笼规格不小于 60cm×40cm×40cm，笼间设隔板，内置水盒，用铁皮托底。

② 办理检疫手续。种狐运输前一定要根据《中华人民共和国动物防疫法》第四十九条规定，由动物卫生监督机构按照本法和国务院农业农村主管部门的规定，依法对种狐进行检疫，并须检疫合格。要办理好种狐检疫和车辆消毒手续，办好检疫证明，有的地方还要办理运输证明，并随身携带，以备运输中使用。

③ 种狐备运。运输前应确认场家接种过犬瘟热、病毒性肠炎疫苗和狐脑炎疫苗。如未注射，应先接种这些疫苗，经 2~3 周观察无异常情况后，才能启运。运输前最好喂给种狐常规数量的食物，但不宜喂得太饱，若运输时间不超过 3d，也可不喂食，但要保证种狐饮水。

### 2. 装运动物

① 装运动物时，除了力求避免对机体的损伤外，还应注意尽量减少精神损伤。由于精神损伤在外表上没有痕迹，不易观察和发现，往往容易被忽略，很多没有外伤的动物，其死亡原因多属于此。

② 运笼做好标记。运输时要将运笼做好种狐号码标记，以防引回养殖场后种狐系谱错乱不清。

### 3. 运输途中注意事项

① 应选择在天气凉爽时运输。

② 对动物运输笼或运输棚应严密遮光、不留孔隙，以使动物保持安静、减少活动、降低能量消耗；避免因孔隙透光而引起动物探头、冲撞和拥挤不安；一般只有在喂食和给水时，才给予较大面积的光量，保障动物顺利摄食和饮水。

③ 种狐装笼、车启运后应不停留地运输，尽量缩短中途停留的时间。

④ 用汽车运输时，运笼上要加盖苫布遮阳防雨。长途运输时，中途尽量不要停歇。1 个昼夜路程时，可不供食供水；2～3 个昼夜路程时，中途应少量饮水，可不喂食；超过 3 个昼夜时应喂给少量食物。

## 五、运回养殖场内的管理

### 1. 设立隔离检疫场（区）

依照《中华人民共和国动物防疫法》和《动物检疫管理办法》的具体规定，事先在养殖场区的下风向处设立隔离检疫场（区）。

### 2. 暂放隔离场内饲养观察

新引进的种狐不宜直接放在养殖场内饲养，应在单辟的隔离场或隔离区内暂养观察一段时间（2～4 周），确认健康无疾病时方可移入养殖场内饲养。

### 3. 到场后先饮水，后少量喂食

种狐运抵养殖场内后要迅速从运输笼移入笼舍内，先要添加足量饮水，然后喂给少量食物，食物要逐渐增加，2～3d 后再喂至常量，以免种狐因运输后饥饿而大量采食，造成消化不良。

### 4. 及时补注疫苗免疫

引种时应确认场家是否已对种狐进行过犬瘟热、病毒性肠炎和传染性脑炎疫苗免疫，如未免疫，则应在入养殖场饲养前及时进行免疫。

### 5. 运输工具消毒处理

对所用运输工具，特别是运输笼要及时清理和消毒，以备再用。

# 第二节　狐育种新技术

育种的目的就是不断改善现有种群品质，扩大优良个体数量，最终目的是改进毛皮品质，培育出适合我国国民经济发展需要和国际毛皮市场需求、适应当地气候条件和饲养管理特点的优良品种。因此，必须把提高毛皮质量放在育种工作的首位。通过有目的地选择，采用合理选种选配或杂交手段等，培育出绒毛品质好、体形大、繁殖力高、生命力和适应性强的优良种群，进而培育出我国狐（银黑狐和北极狐）的新品种或新型狐种。

# 一、选种

## 1. 选种要求

选种是指选择优良的个体留作种用，淘汰不良个体，积累和创造优异性状变异的过程。选种是育种工作中必不可少的环节，包括对质量性状的选择和对数量性状的选择。

（1）狐的质量现状选择

应以个体的表型为基础进行选择，例如，根据亲代和子代毛色的表型判断其基因型，从而进行有效的选择；而对一些有害的隐性基因，如脑水肿、先天性后肢瘫痪、不育症等，也可根据子代的表型，对亲代进行有效的选择。

（2）狐的数量性状选择

应选择遗传力较高的数量性状，如体重、体长、绒毛粗细度、毛长等。选种可以使这些性状在育种上取得明显的效果。而产仔率、泌乳力、产仔数等繁殖性状遗传力低，所以改良效果较小。据调查，有些养殖场的种狐群存在毛色逐年退化、个体变小的现象。这并不一定是对环境的不适应或饲养管理不当，而大多数是由于放松了选种工作而造成的。目前，不少狐养殖场选留种狐时，以繁殖力高为主要选种依据。仅以顺利交配、少空怀多产仔为原则，忽视了绒毛品质这一重要经济性状。

要做好选种工作，必须有明确的育种目标，即通过选种达到什么目的、解决什么问题等。总而言之，狐的选种目的是为得到体形大、毛皮质量好、适应性强、繁殖性能好的优良狐群。在总的目标下，还可以拟定具体指标，如外貌特征、毛色、绒毛品质、生长发育（包括初生重、断乳重和成年重）等。

**2. 种狐选择的标准**

（1）体形和体质

种狐体形是个体生长发育情况的具体标志，一般种公狐应优选体格修长的大体形者，而母狐宜优选体格修长的中等体形者，过大体形的母狐并不适宜留种。体质应视种类不同而相应选择，如银黑狐、狐属彩狐、地产北极狐等体质紧凑，宜优选体质紧凑、皮肤疏松者留种；而芬兰原种纯繁狐、改良狐等体质疏松，因此应优选体质疏松、皮肤松弛者留种。

狐的体形鉴定一般采用目测和称重相结合的方式进行。种狐中，银黑狐体重为5～6kg，公狐体长68cm以上，母狐体长65cm以上。北极狐中，公狐体重大于7.5kg，母狐体重大于6.7kg；公狐体长大于70cm，母狐体长大于65cm。皮肤松弛、性情温顺等均为芬兰北极狐优良性状，因此选种时应侧重体形修长、皮肤松弛性状的选择，不要片面强调体重。

此外，除进行体形鉴定外，还要注意对狐如下几个外貌部位的观察鉴定。

① 头　大小应和体躯的长短相适应，头大体躯小或头小体躯大都不符合要求。

② 鼻与口腔　鼻孔轮廓明显且大，黏膜呈粉红色，鼻镜湿润，无鼻液；口腔黏膜无溃疡，下颌无流涎。

③ 眼和耳　注意观察结膜是否充血，角膜是否混浊；是否流泪或有脓液分泌物等。眼睛要圆大明亮，活泼有神；耳直立稍倾向两侧，耳内无黄褐色积垢。

④ 颈　要求颈和躯干相协调，并附有发达的肌肉。

⑤ 胸　要求胸深而宽。胸的宽窄是全身肌肉发育程度的重要标志，窄胸是发育不良和体质弱的表现。

⑥ 背腰和臀部　要求背腰长而宽、直，凸背、凹背都不理想；用手触摸脊椎骨时，以脊椎骨略能分辨但又不十分清楚为宜。臀部长而宽圆，母狐要求臀部发达。

⑦ 腹部　腹部前部应与胸下缘在同一水平线上，在靠近腰的部分应稍向上弯曲，乳头正常。银黑狐乳头3对以上，北极狐乳头6对

以上。

⑧ 四肢　前肢粗壮、伸屈灵活；后肢长、肌肉发达、紧凑。

⑨ 性器官发育　要逐只检查种狐性器官的发育情况，公狐睾丸大、有弹力、左右对称。单睾、隐睾、睾丸发育不良的公狐和外生殖器官位置、形状异常或有炎症的母狐不能留作种用。

（2）绒毛品质

这是种狐选种最重要的性状，不论哪种类型均要求具有该类型毛色和毛质的优良特征。毛质要求绒毛丰厚，针毛灵活，分布均匀，且针毛、绒毛长度比较适宜（绒毛宜厚、针毛宜短平）；被毛光泽性强，无弯曲、缠结等瑕疵。影响银黑狐绒毛品质的因素较多；彩狐对色型、毛色要求较严，选种工作更为严格。

以银黑狐为例，其绒毛品质鉴定的主要指标包括以下 7 个方面。

① 银毛率　依狐身上银毛所占面积而定。如银色毛的分布由尾跟至耳根为 100%，由尾根至肩胛部为 75%，尾根至耳间的一半为 50%，尾根至耳间的 1/4 为 25%。应优选从耳根至尾根银毛分布均匀者，银毛率为 75%～100%。

② 银色强度　银色强度是按照银色毛分布的多少和银毛上端白的部分（银环）的宽窄来衡量的。银环越宽，银色毛越明显，银色强度越大。太宽了总体毛色发白；而太窄了总体毛色发黑、银雾感降低。应优选银色强度适中，银环宽度 12～16mm 者。

③ 银环　分为纯白色、白垩色、微黄或浅褐色 3 种类型。其宽度可分为宽（12～16mm）、中（6～12mm）和窄（6mm 以下）三类。种狐银环颜色要求纯白而宽，但宽度不应超过 16mm。

④ "雾"　是指针毛的黑色毛尖露在银环之上，使银黑狐的被毛形成类似于雾的状态。如果黑色毛尖很小，称"轻雾"；如果银环窄，并且其位置很低，称"重雾"。种狐以"雾"正常为宜，轻或重均不理想。

⑤ 黑带　是指在背脊上，由针毛的黑色毛尖和黑色定形毛形成的黑色条带。有时这种黑带不明显，但用手从侧面往背脊轻微滑动，就可看清。种狐以黑带明显为宜。应优选从头至尾脊背黑色背线清晰和尾尖毛白的个体。

⑥ 尾　可分为圆柱形和圆锥形。尾毛呈黑色，尾端的白色部分可分为大（大于8cm）、中（4～8cm）、小（小于4cm）3种，其颜色分别为纯白、微黄和掺有黑色三类。优选尾呈宽圆柱形、尾毛黑色、尾的白色末端大（8cm以上）、纯白色的个体。

⑦ 针、绒毛　长度要求正常，即针毛长50～70mm，绒毛长20～40mm；密度以稠密为宜；毛要有弹性，无缠结；针毛细度为50～80$\mu$m，绒毛细度为20～30$\mu$m。

北极狐则要求针毛平齐，长度40mm左右，细度54～55$\mu$m；绒毛浅蓝色正，长度25mm左右，绒毛密度大，不宜带褐色或白色，尾部绒毛颜色与全身毛色一致，没有褐斑，有弹性，绒毛无缠结。

（3）出生日期

仔狐出生日期与其翌年性成熟早晚直接相关。因此，宜优选出生和换毛早的个体留种。银黑狐在4月20日以前出生、北极狐在5月25日以前出生，发育正常者才能留种。

（4）外生殖器官形态

外生殖器官形态异常者（如大小异常、位置异常、方向异常等）不宜留种。

（5）食欲和健康

食欲是健康的重要标志，优选食欲旺盛的健康个体留种，患过病尤其是患过生殖系统疾病的个体不宜留种。

（6）繁殖力

① 成年公狐　应选睾丸发育良好、交配早、性欲旺盛、配种能力强、性情温顺、无恶癖、择偶性强的个体；并要求个体的配种次数约8～10次，精液品质良好，受配母狐产仔率高，胎产仔多，年龄在2～5岁。

② 成年母狐　应选发情早（不迟于3月中旬）、性情温顺、产仔多（银黑狐胎产仔4只以上，北极狐胎产仔7只以上）、母性强、泌乳能力好的个体。凡是生殖器官畸形、发情晚、母性不强、缺乳、爱剩食、自咬、患慢性肠胃炎或其他慢性疾病的母狐，一律不能留作种用。

③ 幼狐　应选双亲体况健壮，胎产银黑狐4只以上、北极狐7只以上者。

### 3. 种狐品质鉴定方法

种狐的选种以个体鉴定、家系鉴定和系谱鉴定等综合指标为依据。

（1）个体鉴定

个体鉴定即对个体性状的表型直接鉴定。适用于遗传力比较高的各种性状，如体形、毛色、毛质、抗病力等，但不适用于遗传力低且受环境因素影响较大性状（如繁殖力）的直接鉴定。

（2）家系鉴定

家系鉴定又称同胞鉴定，即对每个家系（同胞和半同胞群体）表型平均值的鉴定。适用于遗传力较低性状（如繁殖力）的选择。详细考察种狐个体间的血缘关系，将3代祖先范围内有血缘关系的个体归在一个亲属群内。分清亲属个体的主要特征，如绒毛品质、体形、繁殖力等，对这几项指标进行审查和比较，查出优良个体，并在后代中留种。这在初选时有重要作用。

（3）系谱鉴定

系谱鉴定即根据后裔的生产性能考察种狐的品质、遗传性能和种用价值，也称后裔鉴定。后裔生产性能的比较方法有后裔与亲代之间、不同后裔之间、后裔与全群平均生产指标之间3种。优选后裔性状优良的亲代继续作种用，尤其对芬兰原种、原种纯繁公狐的选种意义更大。因此，平时应做好公、母狐的登记，作为选种、选配的重要依据。种狐登记卡格式见表4-3和表4-4。

表4-3　种公狐登记卡

| 狐号 | | 等级 | | 入场时间 | | | 来源 | |
|---|---|---|---|---|---|---|---|---|
| 体重 | | 出生日期 | | 父亲 | | | 祖父 | |
| 体长 | | 同窝仔数 | | | | | 祖母 | |
| 毛色 | | 配种能力 | | 母亲 | | | 外祖父 | |
| 绒毛品质 | | | | | | | 外祖母 | |
| 年度 | 受配母狐 | 配种次数 | 配种方式 | | 配种日期 | | 受配母狐产仔数 | | | 备注 |
| | | | 自然 | 人工 | 初配 | 结束 | 优 | 良 | 中 | |
| | | | | | | | | | | |
| | | | | | | | | | | |

表 4-4　种母狐登记卡

| 狐号 | | 等级 | | 入场时间 | | 来源 | |
|---|---|---|---|---|---|---|---|
| 体重 | | 出生日期 | | 父亲 | | 祖父 | |
| 体长 | | 同窝仔数 | | 父亲 | | 祖母 | |
| 毛色 | | 母性 | | 母亲 | | 外祖父 | |
| 绒毛品质 | | 母性 | | 母亲 | | 外祖母 | |

| 年度 | 受配公狐 | 配种次数 | 配种方式 | | 配种日期 | | 产仔日期 | 产仔数 | | | 哺乳数 | 断乳数 | 断乳日期 |
|---|---|---|---|---|---|---|---|---|---|---|---|---|---|
| | | | 自然 | 人工 | 初配 | 结束 | | 健仔 | 弱仔 | 死胎 | | | |
| | | | | | | | | | | | | | |
| | | | | | | | | | | | | | |

## 4. 选种时间和过程

选种是养殖场的一项常年性工作，生产中每年至少要进行 3 次选择，即初选、复选和终选 3 个阶段。狐在不同阶段选种标准见表 4-5、表 4-6。

表 4-5　成年狐选种标准

| | 项目 | 初选 | 复选 | 终选 |
|---|---|---|---|---|
| 公狐 | 初配(采精)时间 | 银黑狐 2 月 10 日前，蓝狐 3 月 10 日前 | | |
| | 交配母狐数、采精次数 | >4 只,20 次以上 | | |
| | 精液品质 | 优 | | |
| | 与配母狐产仔率/% | >85 | | |
| | 与配母狐胎产仔/只 | 银黑狐≥5,蓝狐≥8 | | |
| | 秋季换毛时间 | | 9 月中旬 | |
| | 秋季换毛速度 | | 快 | |
| | 绒毛品质 | | 优 | 优 |
| | 体况 | | 中上 | 中上 |
| | 健康状况 | 优 | 优 | 优 |
| | 后裔鉴定 | 优 | 优 | 优 |
| | 年龄 | 1～3 年 | | |

续表

| 项目 | | 初选 | 复选 | 终选 |
|---|---|---|---|---|
| 母狐 | 初配日期 | 银黑狐2月20日前,蓝狐3月20日前 | | |
| | 复配次数/次 | 1~2 | | |
| | 产仔日期 | 银黑狐4月10日前,蓝狐5月20日前 | | |
| | 胎产仔数/只 | 银黑狐≥5,北极狐≥8 | | |
| | 仔狐初生重/g | ≥80 | | |
| | 仔狐成活率/% | ≥90 | | |
| | 母性 | 好 | | |
| | 泌乳力 | 优 | | |
| | 秋季换毛时间 | | 9月中旬 | |
| | 秋季换毛速度 | | 快 | |
| | 绒毛品质 | | 优 | 优 |
| | 体况 | 中 | 中上 | 中上 |
| | 健康状况 | 优 | 优 | 优 |
| | 后裔鉴定 | 优 | 优 | 优 |
| | 年龄 | 1~3年 | | |

表4-6　幼狐选种标准

| 项目 | | 初选 | 复选 | 终选 |
|---|---|---|---|---|
| 公狐 | 出生时期 | 银黑狐4月上旬前,北极狐5月上旬前,芬兰狐、改良北极狐5月中旬前 | | |
| | 同窝仔狐数/只 | 银黑狐≥5,北极狐≥8 | | |
| | 断奶体重/g | ≥750 | | |
| | 秋分时体重/g | | 银黑狐≥5000,芬兰狐≥10000,地产狐≥5500 | |

续表

| | 项目 | 初选 | 复选 | 终选 |
|---|---|---|---|---|
| 公狐 | 秋分时体长/cm | | 银黑狐≥60，芬兰狐≥70，地产狐≥55 | |
| | 秋季换毛时间 | | 9月中旬 | |
| | 秋季换毛速度 | | 快 | |
| | 绒毛品质 | | 优 | 优 |
| | 毛皮成熟 | | | 完全成熟 |
| | 体况 | 中上 | 中上 | 中上 |
| | 健康状况 | 优 | 优 | 优 |
| | 12月份体重/g | | | 银黑狐≥6500，芬兰狐≥12000，地产狐≥7000 |
| | 12月份体长/cm | | | 银黑狐≥65，芬兰狐≥75，地产狐≥60 |
| 母狐 | 出生时期 | 5月中旬前 | | |
| | 同窝仔狐数/只 | 银黑狐≥5，北极狐≥8 | | |
| | 断奶体重/g | ≥750 | | |
| | 秋分时体重/g | | 银黑狐≥4500，芬兰狐7000～8000，改良狐≥7500，地产狐≥4500 | |
| | 秋分时体长/cm | | 银黑狐≥60，芬兰狐≥65，改良狐≥60，地产狐≥55 | |
| | 秋季换毛时间 | | 9月中旬 | |
| | 秋季换毛速度 | | 快 | |
| | 绒毛品质 | | 优 | 优 |
| | 毛皮成熟 | | | 完全成熟 |
| | 体况 | 中上 | 中上 | 中上 |
| | 健康状况 | 优 | 优 | 优 |
| | 12月份体重/g | | | 银黑狐≥6000，芬兰狐8000～9000，改良狐≥8000，地产狐≥5500 |

（1）初选

初选在 5～6 月份进行，即在母狐断奶、仔狐分窝时，狐属狐在 5 月下旬、北极狐属狐在 6 月下旬进行。成年公狐配种结束后，根据配种能力、精液品质、所配母狐产仔数量、健康状况和体况恢复情况进行初选。成年母狐断奶后，按繁殖力、泌乳力、母性等进行初选。当年幼狐在断奶后分窝时，根据同窝仔狐数及生长发育情况、出生早晚等，也进行一次初选。该阶段，凡是符合选种条件的成年狐全部留种，幼狐应比计划数多留 30%～40%，以备复选和终选时有淘汰余地。

（2）复选

复选在 9～10 月份进行，即在狐脱夏毛长冬毛时期。根据狐的个体脱换毛速度、生长发育、体况恢复等情况，在初选的基础上进行复选。优选换毛时间早和换毛速度快的个体留种，淘汰换毛时间推迟和换毛速度缓慢的个体。要求老、幼种狐的夏毛完全转换成冬毛，只允许老母狐背部有少许夏毛未转换成冬毛。这时应比计划数多留 20%～30%，为终选打好基础。

（3）终选

终选一般在 11～12 月份进行，即在毛皮成熟后到取皮前进行。根据被毛品质和半年来的实际观察记录进行严格选种。主要是淘汰不理想的个体，最终建立种狐群。种狐留种的原则是公狐应达到一级，母狐应达到二级以上。银黑狐和北极狐凡体形小或畸形者，银黑狐 7 年以上，北极狐 6 年以上的不宜留种；营养不良、经常患病、食欲不振、换毛推迟者也要淘汰。

### 5. 基础种狐群的建立

种狐的年龄组成对生产有一定的影响，如果当年幼狐留得过多，不仅公狐利用率低，而且母狐发情晚、不集中，配种期推迟。

在一个繁殖季节里，种公狐参加配种的数量与种公狐总数之比称为种公狐的配种率。实践证明，种公狐各个年龄间的配种率差异显著。其中，3～4 岁龄的配种率最高，2 岁龄次之，最低的是 1 岁龄狐。因此，在留种时一定要注意种公狐的年龄结构。如果 1 岁龄种公狐比例过大，由于其配种能力差，就会造成发情母狐失配的现象。

基础种狐群合理的年龄结构是稳产、高产的前提。较理想的种狐年龄结构是当年幼狐占 25％，2 岁龄狐占 35％，3 岁龄狐占 30％，4～5 岁龄狐占 10％。公母比例以 1∶3 或 1∶3.5 为宜。

## 二、选配

选配是为了获得优良后代而选择和确定种狐个体间交配关系的过程。选配是选种工作的继续，目的是在后代中巩固和提高双亲的优良品质，获得新的有益性状。选配对繁殖力和后代品质有着重要影响，是育种工作中必不可少的重要环节。

**1. 狐的选配原则**

① 绒毛品质选配。公狐绒毛品质，特别是毛色一定要优于母狐或接近母狐才能选配。绒毛品质差的公狐不能与绒毛品质好的母狐交配。

② 体形选配。大型公狐与大型母狐或中型母狐交配，大型公狐与小型母狐或小型公狐与大型母狐不宜交配。

③ 繁殖力选配。公狐的繁殖力，以公狐配种能力和所配母狐的产仔数来判定，要选繁殖力强的公、母狐配种。

④ 亲缘选配。以 3 代以内无血缘关系的公、母狐选配为好。以生产为目的，应尽量避免近亲选配；以育种为目的，为了巩固有益性状和遗传力，可以有目的地进行近亲交配。

⑤ 年龄选配。一般成年狐配成年狐或成年狐配幼年狐，不宜在幼年的公、母狐之间交配。

⑥ 在任何情况下，不能采用同一性状有相反缺陷的公、母狐交配。

⑦ 在选配过程中，应考虑毛色遗传。

**2. 狐的选配方式**

（1）品质选配

① 同质选配　是选择优良性状相同的公、母狐交配，目的在于巩固并提高双亲所具有的优良特征。这是培育稳定遗传性能、具有种用或育种价值的种狐所必须采用的选配方式，多用于纯种繁殖和核心群的选配。同质选配时，在主要性状上，公狐的表型值不能低于母狐的表型值。公狐的绒毛品质，特别是毛色一定要优于母狐，绒毛品质差的公狐不能与绒毛品质好的母狐交配。

② **异质选配** 是选择主要性状互不相同的公、母狐交配，目的是以一方的优点纠正或补充另一方的缺点或不足，或结合双亲的优点培育出新的品种或品系。可分两种：一是选择有不同优异性状的公、母狐交配，以期将两个优异性状表现在同一个体上而获得兼有双亲优点的后代；二是选择具有同一性状优劣差异较大的公、母狐交配，用良好性状纠正不良性状，使后代得到较大程度改善。

例如，用一只体形小的狐，与其他性状同样优秀、体形大的个体交配，目的是使后代体形有所增大，这属于异质选配；再如，选用绒毛密度好的狐与被毛平齐的狐交配，期望得到绒毛丰厚、被毛平齐的后代，这也属于异质选配。异质选配常用于杂交选育。

（2）**体形选配**

体形选配应以大型公狐与大型或中型母狐交配，不宜采用大公狐配小母狐、小公狐配大母狐，以及小公狐配小母狐等做法。在生产中可采用群体选配，其方法是把优点相同的母狐归类在一起，选几只适宜的公狐，共同组成一个选配群，在群内可采用随机交配。种狐年龄对选配效果有一定的影响，一般 2～4 岁种狐遗传性能稳定，生产效果也较好。通常以幼公狐配成年母狐或成公狐配幼母狐、成年公狐配成年母狐生产效果较好。大型狐养殖场在配种前应编制出选配计划，并建立育种核心群；小型狐养殖场或专业户，每 3～4 年应更换种狐一次，以更新血缘。

（3）**亲缘选配**

亲缘选配是考虑交配双方亲缘关系远近的一种选配，如双方有较近（指祖系 3 代内有亲缘关系）的亲缘关系就叫近亲交配，简称近交；反之，叫非亲缘交配，更确切的称为远亲交配，即远交。一般的繁殖生产过程应采用远亲交配。在生产实践中为防止因近亲交配而出现繁殖力低、后代生命力弱、体形小、死亡率高等现象，一般不采用近亲交配。但在育种过程中，为了使优良性状固定，去掉有害基因，必要时也常采用近亲交配的方式。

（4）**种群选配**

种群选配是考虑互配个体所隶属的种群特性和配种关系的一种选配方式，即确定选用相同种属的个体交配，还是选用不同种属的个体交配，以更好地组织后代的遗传基础，塑造出更符合人们理想要求的个体或狐群，或充分利用杂交优势。种群选配可分为纯种繁育与杂交繁育。

（5）年龄选配

不同年龄的个体选配，对后代的遗传性能有影响。一般老龄个体间选配与老、幼龄个体间选配更优于幼龄个体间选配。

（6）色型选配

第一，除同色型选配会有基因纯合和胚胎致死的色型外，其余色型宜同色型选配。同色型选配后裔中不会出现毛色分离现象，有利于生产色型一致的批量狐皮产品。第二，北极狐中蓝色北极狐宜同色型同质选配，而白色北极狐宜与蓝色北极狐异质选配。第三，显性基因纯合胚胎致死的色型不宜同色型同质选配。

# 三、育种

## 1. 纯种繁育

纯种繁育也称为本品种选育，一般是指在本品种内部，通过选种选配和品系繁育手段，改善本品种结构，以提高该品种性能的一种方法。其含义较广，应用时也比较灵活。

当品种的生产性能已达到较高程度，体形外貌及毛色比较一致时，为了保持和提高该品种的种群特性，常采用纯种繁育的方法。对引入品种适应和风土驯化过程中的选育和提高、对地方品种资源的保存等，也采用此法。

纯种繁育的原则，除要保持原有的独特优点和特有性能外，还要克服本品种的缺陷。选种和选配密切结合，对由于近亲繁殖而出现的生活力下降及繁殖力降低等现象，要严格选种，控制近交程度。纯种繁育必须在良好饲养条件基础上进行才能收到良好效果。否则，不但原有品种的优良性状发挥不出来，而且有可能出现性能下降的退化现象。

目前，我国饲养的狐多数是从国外引进的品种，其生产性能已达到很高的程度，体质和毛色也比较一致，纯种繁育的目的是要保持和发展本品种原有的独特优点和特有性能，克服本品种的缺点。纯种繁育要严格控制近交程度，避免出现近交衰退，同时加强饲养管理，使该品种的生产性能充分发挥出来。实际养狐生产过程中，由于养殖技术水平参差不齐，很多养殖场不重视育种工作，造成优良品种出现退化现象。因此，对于引入的芬兰狐，应在风土驯化、逐渐适应我国环境的基础上，加强选育提高工作，防止退化现象出现。

**2. 杂交繁育**

杂交繁育就是通过2个或2个以上品种公、母狐的交配，丰富和扩大群体的遗传基础，再加以定向选择和培育，经过若干代选育后，就可达到预定目标，形成新的品种。近年来，狐属与北极狐属之间的杂交，在狐养殖业生产中越来越引起人们的重视。

参加杂交的品种要具有生产性能好、抗病力强、体形大等优点。为使杂交后代获得的优良性状及特点得到巩固和发展，必须保证杂交后代的饲养水平一致，严格按照选种指标选种。当杂种后代各项指标达到要求时，及时进行性状固定工作。

简单的杂交育种，是通过两个品种杂交来培育新品种的方法。由于用的品种少，遗传基础相对较少，因而获得理想类型的稳定遗传性状比较容易，所以用的时间短。但在培育前需要设计杂交培育方案，选用的品种其遗传基础要清楚，杂交方式、培育条件及整个工作内容及工作进度、预计目标等，都要有完整的设计方案，这样有助于目标的完成。

复杂的杂交育种，是通过多品种杂交来培育新品种的方法。由于遗传基础较多，杂交变异范围较大，需要培育时间较长。以哪个品种为主，使用另外哪几个品种杂交，都要经过估计或试验确定，因为后使用的品种对杂交后代影响作用最大。

近年来，我国由芬兰、美国等地引入良种北极狐改良和提高国内本地品种已取得显著效果，尤其是杂交一代的杂交优势明显。用芬兰北极狐杂交改良本地北极狐，杂交后代生产性能明显高于本地北极狐，成年狐体重均达到9.7kg，体长平均达到95cm以上，其杂交模式见图4-1。

这种杂交必须级进到第4～5代，在体形和毛皮质量方面接近原种时，才能横交，固定过早的横交扩群只能使杂交改良前功尽弃。杂交

本地种狐♀×芬兰北极狐♂

⇓

F1♀×芬兰北极狐♂(非亲缘个体)

⇓

F2♀×芬兰北极狐♂(非亲缘个体)

⇓

F3♀×芬兰北极狐♂(非亲缘个体)

⇓

横交固定F4×F4

**图 4-1 北极狐级进杂交模式图**

4 代之内的狐只能作商品狐，不能作种狐出售。

狐属与北极狐属之间的杂交，在养狐生产中越来越引起人们的重视。主要是其杂交后代的绒毛品质均好于双亲，它克服了银黑狐针毛长而粗，北极狐针毛短而细、绒毛易缠结等缺陷。杂种狐绒毛丰厚、针毛平齐、色泽艳丽，具有更高的商品价值。

属间杂种狐的生产，多半采用人工授精的方式进行。采用狐属的彩狐作父本，北极狐属的彩狐作母本进行人工授精。反交时，繁殖力低。属间杂交子1代杂种狐无繁殖能力，只能取皮。

## 四、彩狐的育种

### 1. 彩狐分类

人们把银黑狐、赤狐的毛色变种狐，以及由银黑狐、赤狐和毛色变种狐之间交配产生的新的色型狐统称为彩狐。

彩狐的培育是从 1937 年挪威培育的银黑狐变异种——白金狐开始的。80 多年来，彩狐培育发展很快，至今世界上已饲养狐属和北极狐属的各种彩狐 30 余种。狐的毛色变异在自然条件下进展缓慢，现在彩狐生产多由杂交组合而成。

彩狐生产主要根据毛色遗传规律和市场对狐皮颜色需求而定，另外，还要考虑毛色与狐生产性能的遗传相关。近几年培育出来的优质彩狐皮有蓝宝石色、淡琥珀色、灰棕色、红玫瑰色、月光色等。一般彩狐养殖场都需要保留几种色型，以适应市场的变化而及时改变商品狐的生产方向。彩狐生产中还需要注意的一个问题就是有些彩狐相对野生型是显性，有些则是隐性，还有一些是杂合体，各种彩狐之间也存在一些比较复杂的遗传现象，如致死基因、基因的不完全显性、复等位基因以及基因的相互作用等，有些问题已经搞清楚，有些还正在进行研究。

### 2. 狐属几种狐交配后后代毛色分离情况

狐属几种狐交配后的后代毛色分离情况见表4-7。

表 4-7　狐属后代毛色分离情况

| 公狐 | 母狐 | 后代毛色分离 |
|---|---|---|
| 白金狐 | ×白金狐 | 67%白金狐；33%银黑狐 |
| | ×北极大理石狐 | 25%大理石白金狐；25%白金狐；25%北极大理石狐；25%银黑狐 |
| | ×赤狐 | 50%金晖狐；50%标准十字狐 |
| | ×银黑狐 | 50%白金狐；50%银黑狐 |
| 巧克力狐 | ×琥珀狐 | 100%巧克力狐 |
| | ×巧克力狐 | 100%巧克力狐 |
| | ×北极大理石狐 | 50%北极大理石狐；50%银黑狐 |
| | ×白金狐 | 50%白金狐；50%银黑狐 |
| | ×珍珠狐 | 100%银黑狐 |
| 白脸狐 | ×珍珠狐 | 50%白脸狐；50%银黑狐 |
| | ×白脸狐 | 67%白脸狐；33%银黑狐 |
| | ×北极大理石狐 | 25%北极大理石白脸狐；25%北极大理石狐；25%白脸狐；25%银黑狐 |
| 珍珠狐（东部） | ×银黑狐 | 100%银黑狐 |
| | ×琥珀狐 | 100%珍珠狐 |
| | ×蓝棕狐 | 100%珍珠狐 |
| | ×冰河蓝狐 | 50%冰河蓝狐；50%珍珠狐 |
| | ×白金狐 | 50%白金狐；50%银黑狐 |
| | ×珍珠狐 | 100%珍珠狐 |
| | ×北极大理石狐 | 50%北极大理石狐；50%银黑狐 |
| | ×Colicott棕色狐 | 100%银黑狐 |
| 日光狐 | ×日光狐 | 50%日光狐；25%赤狐；50%日光白狐 |
| | ×赤狐 | 50%日光狐；50%赤狐 |
| | ×白金狐 | 25%白金日光狐；25%日光十字狐；25%金晖狐；25%标准十字狐 |
| | ×日光白狐 | 50%日光白狐；50%日光狐 |

### 3. 北极狐的毛色遗传

北极狐变种的彩狐目前有 10 余种类型，彩色北极狐后代的毛色分离情况见表 4-8。

表 4-8　彩色北极狐后代毛色分离情况

| 公狐 | 母狐 | 后代毛色分离 |
| --- | --- | --- |
| 蓝色北极狐 | ×影狐 | 50%影狐；50%蓝色北极狐 |
| | ×白色北极狐 | 100%蓝色北极狐 |
| | ×蓝宝石狐 | 100%蓝色北极狐 |
| | ×蓝色北极狐 | 100%蓝色北极狐 |
| 白色北极狐 | ×白色北极狐 | 100%白色北极狐 |
| | ×影狐 | 50%影狐；50%蓝色北极狐 |
| | ×蓝宝石狐 | 100%蓝色北极狐 |
| | ×北极白蓝宝石狐 | 100%白色北极狐 |
| | ×影狐蓝宝石狐 | 50%影白狐；50%蓝色北极狐 |
| 蓝宝石狐 | ×影狐蓝宝石狐 | 50%蓝宝石狐；50%影狐蓝宝石狐 |
| | ×影狐 | 50%影狐；50%蓝色北极狐 |
| 影狐 | ×影狐 | 67%影狐；33%蓝色北极狐 |

### 4. 狐属与北极狐属之间的杂交

狐属与北极狐属之间的杂交，在狐皮生产销售中越来越引起人们的重视。杂交后代的毛色分离情况见表 4-9。狐属与北极狐属杂交需要注意以下几点。

表 4-9　狐属和北极狐属杂交后代毛色分离情况

| 公狐 | 母狐 | 杂交一代毛色分离 |
| --- | --- | --- |
| 赤狐 | ×蓝色北极狐 | 100%杂种蓝狐 |
| | ×影狐 | 50%影狐；50%杂种蓝狐 |
| | ×白色北极狐 | 100%金岛狐 |
| 金色狐 | ×蓝色北极狐 | 50%杂种蓝狐；50%蓝银狐 |
| | ×影狐 | 25%影狐；25%银影狐；25%杂种蓝狐；25%蓝银狐 |
| 银黑狐 | ×蓝色北极狐 | 25%杂种蓝狐；75%银黑狐 |
| | ×白色北极狐 | 100%金岛狐 |

续表

| 公狐 | 母狐 | 杂交一代毛色分离 |
|---|---|---|
| 白金狐<br>（银黑狐变种） | ×蓝色北极狐 | 50%白金蓝银狐；50%蓝银狐 |
| | ×影狐 | 25%影白金狐；25%白金蓝狐；25%影银狐；25%蓝银狐 |
| | ×白色北极狐 | 50%白金北极狐；50%金岛狐或北方白狐 |
| 金十字狐 | ×白色北极狐 | 50%金岛狐；50%北方白狐 |
| 银黑狐 | ×影狐 | 50%影银狐；50%银蓝狐 |
| 阿拉斯加银狐 | ×蓝白色北极狐 | 100%北方白狐 |

① 杂种狐生产一般不采取本交方式，因为狐属与北极狐属发情时间不同步。因此，目前都采用人工授精方式。

② 一般以赤狐、银黑狐或赤狐类的彩狐作父本，利用其高质量皮质；以北极狐或北极狐类的彩狐作母本，利用其高繁殖特性。倘若反交，产仔数少。

③ 杂种狐因是种属间杂交，所以无繁殖能力，只能获取商品皮。

# 第三节　狐繁殖新技术

## 一、狐的生殖系统

狐的生殖器官主要包括公狐的生殖腺（睾丸）、生殖管（附睾管、输精管和尿生殖道）、副性腺、交配器官（阴茎和包皮）和阴囊等；母狐的卵巢、输卵管、子宫（子宫角、子宫体、子宫颈）、阴道、尿生殖前庭及阴门等。

### 1. 公狐的生殖器官

（1）睾丸

睾丸左右各一个，呈卵圆形，左右稍压扁，位于两股之间的阴囊中，由曲细精管和间质细胞构成。外观淡红，其游离缘向下后方，前为睾丸头，后为睾丸尾，两睾丸大小相近，纵轴平行。公狐睾丸的长度随距离发情期的远近而不同，在乏情期，睾丸处于静止状态，质量仅为 1.2~2g，质地坚硬，其纵径长约 2.78cm、横径约 1.852cm、厚度为 0.559cm；在配种期，质地富有弹性，增大到发情期的 4 倍左右。睾丸的生理功能是生成精子和分泌雄激素。

（2）附睾

附睾位于睾丸的上端外缘，分附睾头、附睾体、附睾尾 3 个部分。附睾头向前下方与曲细精管相连，附睾尾以睾丸固有韧带与睾丸尾部输精管相连。附睾是贮存精子、使精子继续发育成熟的部位。雄性银黑狐的附睾较发达，故能贮存较多的精液，有利于提高精子的活力和密度。

（3）输精管

狐的输精管分左右两根，是附睾尾折向附睾头、附睾管逐渐弯曲变小延续而形成的。输精管全长约 7.122cm，直径约 0.1cm，是一条很细的肌质管道，呈乳白色，它在精索的输精管褶内上行，进入腹股沟管，然后入腹腔，于腹股沟管内口处离开精索，弯向膀胱颈背侧，进入骨盆腔，开口于尿生殖道骨盆部的黏膜面。输精管末端在膀胱颈部膨大，称输精管壶腹部。输精管是输送精子的管道，其壶腹部能临时贮存精子，并分泌液体，构成精液的一部分。

（4）精索

狐的精索发达，横切面呈卵圆形，基部附着在睾丸和附睾上，较粗。以后逐渐变窄，顶端达到腹股沟管腹环。

（5）阴囊

狐的阴囊位于两股之间，肛门的下方，是呈倒圆锥形的皮肤囊，内含睾丸、附睾和部分精索。乏情期，阴囊布满被毛，贴于腹侧，外观不显；配种期，阴囊被毛稀疏，松弛下垂，明显易见。

（6）尿生殖道

狐的尿生殖道骨盆部较长，其起始部被前列腺覆盖，管壁和黏膜之外为不十分发达的血管层，最外层由较发达的尿道球肌包围。尿生殖道起始于膀胱颈，在耻骨联合的上方绕过坐骨弓，移行为尿生殖道的阴茎部。整个尿生殖道可分为前腺部、膜部、阴茎海绵体部和阴茎骨部 4 部分。

（7）副性腺

狐的副性腺特别发达，构造结实，与耻骨前缘相对，平均重3.28g，形如两个列在一起的蚕豆。副性腺是分泌精清（精液中除去精子的液体）的部位。精清的作用是稀释精子，并使精子获能。此外，精清还能润滑尿道、中和尿道酸性，以利于精子的存活和被射出体外。公狐副性腺分泌的精清可随精子进入母狐子宫，在雌性生殖道中成为精子运行的重要介质。

（8）阴茎

狐的阴茎全长8～15cm（银黑狐的阴茎长13.2cm），约占体长的16.3％，主要由阴茎海绵体和阴茎骨构成，是交媾器官，能把精液输送到母狐的阴道内，并能排尿。

公狐的阴茎细长而尖，呈不规则圆柱状，阴茎海绵体包裹着阴茎骨，当充血时，形成两叶较长的膨大体。在阴茎约1/2处有两球状体分列两侧。交配时，公狐阴茎两次充血，第一次充血使阴茎勃起插入母狐阴道内；第二次充血时阴茎中部的两球状体膨大，使阴茎紧锁在阴道内，直到射精完毕。习惯上把这种现象称为"连裆"或"连锁"，这是部分犬科动物所独有的一种现象。公狐的这些生殖器官结构适于野生动物快速强行的交配行为。

**2. 母狐的生殖器官**

（1）卵巢

成年母狐卵巢扁平、椭圆，呈灰粉色的蚕豆形，位于第3和第4腰椎肋横突腹侧，肾的后缘附近，长1.5～2.0cm，宽约1.5cm，厚0.5～0.7cm，重0.22～0.39g（卵巢的大小随生殖季节的变化而变化）。卵巢上端有一强壮的卵巢悬韧带。卵巢的功能是生成卵子，并分泌雌激素和孕酮。雌激素能刺激雌性动物产生性欲，并出现发情求偶征候。孕酮能促进胚泡在子宫内着床，并维持妊娠。

（2）卵巢囊

卵巢固有韧带与输卵管系膜之间形成卵巢囊，卵巢位于卵巢囊内。该囊的开口呈裂缝状，向内侧开口，恰在输卵管腹腔口的内侧。

（3）输卵管

输卵管为一对细长而弯曲的小管。其前端膨大呈伞状，后端与子宫角末端连接。输卵管是卵子排出的通道，同时也是精子和卵子结合受精的部位。

（4）子宫

子宫属双角子宫，由子宫角、子宫体和子宫颈3部分组成，位于骨盆腔内，直肠腹侧，膀胱背侧。

子宫角与子宫体呈"Y"状，子宫角细长而不弯曲，子宫角前端与输卵管相接，两子宫角在第6～7腰椎处汇合而成为子宫体。子宫体呈圆筒状，长1.4～1.5cm，直径0.5～0.6cm；位于直肠的腹侧，其前部较薄，后部较厚，向后凸入阴道，形成子宫颈阴道部。子宫颈阴道部在髋结节之间，突出形成一个隆起，形成阴道穹窿，隆起的正中为子宫颈的开口。子宫是胎儿发育的场所。

（5）阴道

阴道呈扁圆筒形，前部略宽，内腔狭窄，位于骨盆腔内，腹侧邻尿道，背侧与直肠相邻，前端至子宫外口，后端以阴道口开口于阴道前庭。阴道长4.5～5.0cm，直径为0.9～1.0cm，阴道黏膜上有许多纵行褶皱，阴道后半部下端处褶皱密而高，形成三角形隆起，尖端向尿道外口，覆盖尿道外口。

（6）外阴

外阴在肛门的下方2cm左右，由阴道前庭和阴门组成。阴道前庭长1.4～1.5cm，呈扁管状，前端以阴瓣与阴道为界，后端以阴门与外界相通。阴道前庭有两个发达的球状体，由于这两个球状体胀大，交配时阴道前庭受到刺激而剧烈收缩，使阴茎在整个性交期间被锁在阴道内。阴门位于肛门腹侧，阴门裂长约0.7cm，阴门裂的上连合呈圆形，下连合呈锐角，并有一束短毛下垂。阴门比较发达，上部相接处呈圆形，下部呈尖形，阴唇周围长出又稀又细的毛，阴蒂十分发达，阴蒂窝较深，表面露出很少。母狐在发情时，外阴呈现不同程度的肿胀，因而可根据外生殖器官的变化来鉴定母狐的发情状况。

## 二、狐的性行为

毛皮动物在长期的进化过程中，逐渐发展了一系列生理学和神经学的机制，这种机制保证在个体生命到达成熟时出现一种独特的、具有繁衍种族的生物学行为，即性行为。性行为是动物的一种普遍行为，每个动物都是性行为的产物，每种动物都有自己固有的性行为。

**1. 交配前的性反应（求偶）**

公狐在交配前表现为求爱的追逐、舔舐和嗅闻母狐的外阴部；而母狐则积极地靠近和寻找公狐并表现出亲密感，这也是母狐已进入发情期的外部特征。在狐的繁殖季节，在狐养殖场周围就能听到狐的一种特殊"嗷嗷"吼叫声，越是晚上叫声越频繁。叫声传得很远，这是狐求偶的叫声。此外，作为狐传递性信号的气味也比平时浓。发情的公、母狐放到同一笼后开始相互嗅闻阴部，而后公狐则围绕母狐的四周频频排尿，圈定自己的势力范围，向其他同类个体显示此母狐已被它"占有"。母狐则表现温顺，很快双方双立，用前肢互推对方进行戏耍性咬逗、嬉戏后，母狐表现为静立翘尾，等待交配。

**2. 交配行为**

狐交配时，一般公狐比母狐主动，接近母狐时常先伸嘴嗅母狐的外阴部，公、母狐在一起玩耍后，发情母狐表现温顺，站立不动将尾巴歪向一侧，静候公狐交配。这时公狐很快就会举前足爬跨于母狐后背上，后躯前后频频抽动，将阴茎紧贴于母狐臀部，抖动加快，两后肢频频用力蹬踏笼网底，见公狐后部内陷，两前肢紧抱母狐腰部，静停1～2min，尾根轻轻扇动，即为射精。阴茎插入后，在阴道平滑肌、条纹肌的收缩和阴茎抽动的共同作用下，完成射精。射精后公狐从母狐身上转身滑下，但由于阴茎和龟头高度充血膨胀而钳留在阴道里。公狐的阴茎带有阴茎骨，能使阴茎在勃起不完全时就能插入阴道，待阴茎完全勃起后被"连锁"在阴道内，公、母狐仍然黏着在一起。这是由于阴茎置入阴道后，龟头二次勃起，形成蘑菇状，钳在阴道穹隆内的结果，俗称"连裆"。此时不能强行将公、母狐分开，否则不仅影响母狐的受孕率，而且有损公狐阴茎，甚至有时会将公狐阴茎拉断。

银黑狐平均交配时间为15～20min、北极狐20～30min，个别有1～2min或3h的。交配时间对繁殖率无影响。但需注意，公、母狐在一起交配不到1min，没见连着或连着时间短没有射精动作的，需马上捕捉母狐，进行阴道内容物有无精子的检查，以确认是否交配，未交配的要另找一只公狐和其交配。

**3. 交配能力**

性兴奋的公狐活泼好动，经常在笼网上走动，有时跷起一后肢，斜着往笼网上排尿，有时往食盆或笼网边角处排尿，此时尿呈黄绿色，色较浓些，经常发出急促而短暂的求偶叫声。除上述行为外，对其睾丸触摸检查，也可判定公狐有无交配能力。睾丸发育正常膨大，下垂到阴囊中，有鸽蛋大小，质地松软而具有弹性，是具有交配能力的表现。睾丸较小，质地坚硬无弹性或没有下垂到阴囊（即隐睾）中的，一般没有交配能力。

狐在一个配种期内，1只公狐一般可交配2~3只母狐，配1~16次；个别的公北极狐可交配8~9只母狐，银黑狐可交配6~7只母狐。一般一只公狐一天可交配2次，但间隔时间应在3~4h。

**4. 性的和谐与抑制**

母狐进入发情期后，有强烈的求偶欲，公、母狐相互之间非常和谐，从不发生咬斗现象。但个别公狐对放给的配偶有挑选的行为，不和谐的配偶之间互不理睬，个别发生咬斗，虽然已到性欲期，但是并不发生交配行为。但更换配偶后，有时可马上达成交配，这是择偶性强的表现。公、母狐因惊恐或被咬伤后，会暂时或较长时间出现性抑制现象。其中，公狐丧失配种能力，惧怕或乱咬母狐；母狐虽已发情，但惧怕公狐接近和拒绝交配。配偶间的不和谐或性抑制，往往导致母狐失配。

## 三、狐的生殖生理特点

**1. 季节性繁殖**

狐属于季节性一次发情动物，一年只繁殖一次，繁殖季节在春季，发情期很长。在性周期里，狐的生殖器官受光周期影响而出现明显的季节性变化。

银黑狐母狐的生殖器官在夏季（6~8月份）处于静止状态，卵巢、子宫和阴道在夏季处于萎缩状态，8月末至10月中旬卵巢的体积逐渐增大，卵泡开始发育，黄体开始退化，到11月份黄体消失，卵泡迅速增长，到翌年1月份发情排卵。子宫和阴道也随卵巢的发育而变化，此时期体积、重量亦明显增大。北极狐母狐的生殖器官在夏季处于萎缩静止状态，从 8 月末到 9 月初，卵巢体积逐渐增大，与银黑狐相比发育较为缓慢，到翌年 2 月份发情排卵。整个发情期由 1 月中旬至 4 月中旬，受配后的母狐，即进入妊娠和产仔期，未受孕母狐又恢复到静止期。

公狐睾丸在 5～8 月份处于静止状态，质量仅为 1.2～2g，直径 5～10mm，质地坚硬，精原细胞不能产生成熟精子；阴囊布满被毛并贴于腹侧，外观不明显。8 月末至 9 月初，睾丸开始逐渐发育，到 11 月份睾丸明显增大，翌年 1 月份质量达到 3.7～4.3g，并可见到成熟的精子，但此时尚不能配种，因为公狐的精囊腺极不发达，其前列腺的发育比睾丸还迟。1～2 月份睾丸直径可达 2.5cm 左右，质地松软，富有弹性，睾丸中有成熟精子，此时阴囊被毛稀松，松弛下垂，明显易见，有性欲要求，可进行交配。整个配种期延续 60～70d，但后期性欲逐渐降低，性情暴躁。3 月底到 4 月上旬睾丸迅速萎缩，至 5 月份恢复原来大小，性欲也随之减退。幼龄公狐的性器官随身体增长而不断发育，直至性成熟，以后的性周期变化与成年狐相同。

据研究，光周期之所以能够影响狐的繁殖周期主要是影响狐体内松果体褪黑激素节律，从而影响狐的生殖内分泌调节。因此，可以通过人工控制光照改变狐的繁殖周期，有人做过试验，从 8 月 20 日开始每天给 48 只母北极狐、12 只公北极狐和 12 只公银黑狐进行 5h 光照、19h 黑暗，120d 后改为 16h 光照、8h 黑暗，结果银黑狐精子提前生成 1 个月，而北极狐精子提前生成 2 个月，北极狐的发情期也有所提前。Kuznetsol 应用控光技术使北极狐 1 年繁殖 2 胎，充分证明了光周期在狐季节性繁殖中的重要作用。

## 2. 性成熟

幼狐长到 9～11 月龄，生殖器官的生长发育基本完成，睾丸和卵巢开始产生具有生殖能力的性细胞（精子和卵子）并分泌性激素，即达到性成熟。狐的性成熟受遗传、营养、健康等许多因素的影响。一般情况下，个体间会有所差异，公狐比母狐稍早。野生狐或由国外引入的狐，无论是初情狐还是经产狐，引进当年多半发情较晚，繁殖力较低。这是由于引种后还没有适应当地笼养环境及饲养管理条件所致，并非性成熟迟缓。出生晚的幼狐约有 20% 到翌年繁殖季节不能发情，青年母北极狐的发情率为65%。

**3. 初情期与适配年龄**

初情期是指出生后的幼狐发育到一定阶段（9～11月龄），初次表现发情排卵的年龄。此时母狐虽有发情表现，但往往不是完全发情，表现出发情周期不正常，有时卵巢虽有排卵现象，但外部没有发情表现，常常表现为安静发情，而且生殖器官仍处于继续生长发育中。一般母狐适配年龄为12～14月龄。母狐适配年龄应根据其生长发育情况而定，不宜一概而论。一般要比性成熟的时间稍晚些，比体成熟时间早，应在性成熟到达时再过2个发情周期后进行配种。

**4. 排卵**

狐是自发性排卵动物。一般银黑狐的排卵发生在发情后的第1d下午或第2d早上，北极狐在发情后的第2d。所有卵泡并不是同时成熟和排卵，最初和最后一次排卵的间隔时间，银黑狐为3d，北极狐为5～7d。据报道，发情的第1d只有13%的母狐排卵，发情的第2d有47%的母狐排卵，第3d有30%的母狐排卵，第4d有7%的母狐排卵。要想提高母狐的受胎率，最好是在母狐发情的第2～3d交配。李明义（2015年）根据560只母狐的实验材料，交配仅1次时空怀率达到30.9%；初配后第2d复配时，空怀率降到14.7%；当再次进行连续复配时，空怀率降到4.3%。

**5. 受精**

公、母狐交配后精子和卵子结合形成受精卵的过程称为受精。精子在母狐生殖道中约存活24h。

**6. 发情周期**

根据母狐精神状态及外阴部的变化特点，可将母狐的发情周期划分为以下几个阶段：发情前期（为了便于观察发情阶段的变化，通常又把发情前期分为发情前Ⅰ期、发情前Ⅱ期和发情前Ⅲ期）、发情期和发情后期；把没有发情表现的非繁殖期称为乏情期。

（1）发情前Ⅰ期

母狐卵泡扩大，卵巢体积约1cm³。阴道涂片观察，白细胞占优势，有核细胞在个别标本中可以看到。阴门开始肿胀，阴毛分开，使阴门露出，阴道分泌出有特殊气味的分泌物，开始有趋向异性和性兴奋的表现，表现为不安、活跃。正常情况下延续2～3d，有的延续一周以上。

（2）发情前Ⅱ期

母狐卵巢的体积增加到1.5～2.0cm³，卵泡显著扩大。涂片观察，有核细胞占优势。阴门高度肿胀，肿胀面平而光亮，触摸硬而无弹性。阴道分泌物颜色浅淡。趋向公狐和性兴奋表现进一步增强，放对时，虽互相追逐玩耍，但当公狐爬跨时，母狐不抬尾、扑咬、躲闪，拒绝交配。此时期持续1～2d。

（3）发情前Ⅲ期

由发情前期至完全发情的过渡阶段，延续1～2d，卵巢体积增至2～2.3cm³，卵泡达豌豆大小。在阴道涂片观察到有同样多的有核和无核细胞。阴门剧烈肿胀，阴蒂差不多呈圆形。母狐在此时很兴奋，追逐公狐，但是在公狐企图交配母狐时，母狐却逃走和咆哮。特别活跃的公狐，最初与这只母狐放在一起时，有时在这时期内可交配母狐，但是这种交配后不能产仔。

（4）发情期

此时母狐有成熟的卵细胞逐渐被排出。阴道涂片观察，角质化的无核细胞占优势。阴门肿胀面光亮消失，出现皱纹，触摸柔软、不硬，富有弹性，颜色变暗。出现较浓稠的白色或微黄色黏液或凝乳状的分泌物，母狐食欲下降，甚至拒食1～2d。此时母狐愿与公狐接近，公、母狐在一起玩耍时，公狐表现也相当活跃，十分兴奋，频频排尿，不断爬跨母狐，经过几次爬跨后即可达成交配，此时期持续2～3d。

（5）发情后期

卵巢开始缩小，排卵结束，黄体开始形成。在阴道涂片里，从有核细胞到白细胞都有，阴门恢复正常。此时将母狐放到公狐笼内，公狐表现出戒备状态，拒绝交配。

（6）乏情期

阴门由阴毛覆盖，阴裂很小。

幼龄母狐外生殖器官变化通常不明显，整个发情期延续8～10d。繁殖适龄的母狐则延续5～6d，有的幼狐在整个配种期发情都不明显。这类发情称为隐性发情。

## 四、狐的发情鉴定

在狐的繁殖季节内，特别是在人工授精过程中，只有准确鉴定母狐的发情并及时放对，才能保证母狐有较高的繁殖率。发情鉴定是一个非常重要的技术环节。因为狐发情和排卵仅2～3d，仅仅靠肉眼观察，对于饲养量大、发情期短暂且属季节性一次发情的母狐来说，很难及时准确地发现母狐的发情征兆。通过发情鉴定技术，可以判断母狐发情是否正常，确定发情各个阶段，准确掌握排卵时间，以便适时输精。一般采用自然交配中的行为鉴定法，包括行为表现、外生殖器官变化、放对试情，人工授精技术中还要用发情检测仪、阴道上皮细胞检查法来鉴定狐发情排卵的准确时间。

### 1. 行为鉴定法

（1）行为表现

进入发情期的公狐表现为活跃，趋向异性，采食量有所下降，并频频排尿；有的往食盆或笼网角处排尿，尿呈黄绿色，色较浓些，发出急促而短暂的求偶叫声，放入母狐时，公狐表现出极大的兴趣，并出现爬跨交配行为。公狐性行为是在神经和激素的共同作用下发生的，公狐完整的性行为有一定顺序，大体为性冲动、求偶、勃起、爬跨、交配、射精过程。银黑狐及彩狐交配时间为15～20min，北极狐20～30min，个别有1～2min或3h。母狐发情时表现为行动不安，徘徊运动增加，食欲减退，排尿变频，尿液较浓呈黄绿色，经常在笼网磨蹭或用舌舔舐外生殖器官。发情盛期食欲废绝，不断发出急促的求偶叫声，当公狐接近时，母狐翘尾静立，接受交配。发情后期活动逐渐趋于正常，食欲恢复，精神安定，拒绝交配。

（2）外生殖器官变化

根据发情期母狐外生殖器官的形态变化进行判断。北极狐母狐的发情期较银黑狐持续时间长，其外阴部变化明显缓慢，可划分为5个阶段。第一阶段，阴门由静止期的阴毛覆盖变为开始外凸肿胀，阴毛分开，阴门明显可见；第二阶段，阴门有明显的肿胀，用手触摸有弹性，阴蒂增大；第三阶段，阴门极度肿胀，肿胀面光亮、较硬，阴蒂几乎呈圆形；第四阶段（发情期），阴门近于圆形，外翻，颜色变深，肿胀面变软，出现轻微皱纹，阴蒂稍微萎缩；第五阶段（发情后期），阴门肿胀开始消退，逐渐萎缩，呈灰白色。

（3）放对试情

将公、母狐放在同一个笼内，根据母狐在性欲上对公狐的反应情况来判断其发情程度。此法由于是让动物自身进行识别，所以比较可靠，而且表现明显，容易掌握。选用的试情公狐要体质健壮，性欲旺盛，无捕咬母狐的恶癖。开始发情时母狐有趋向异性的表现，可与试情公狐玩耍嬉戏，但拒绝公狐爬跨交配，每当公狐爬跨时，夹尾巴并回头扑咬公狐，一般不能达成交配。当发现母狐嗅闻公狐阴部，并抬尾频频排尿，公狐爬跨，母狐有等待公狐交配的静立反射时，可判断母狐进入适配期。遇有公狐性欲不强时，母狐甚至会钻入公狐腹下或爬跨公狐，以刺激公狐交配。如母狐拒绝公狐爬跨，互相扑咬，应立即分开，放入其他公狐笼内试情，或隔日再试。避免公、母狐互相扑咬而被咬伤，从而使公、母狐出现性抑制。放对时，一定要将母狐放入公狐笼内。初次放对时间不宜过长，应安排在上午7～8点早饲前，或下午5～6点晚饲前，以放对20min为宜，配种期环境宜安静，避免嘈杂及人员来回走动。个别狐特别是初次发情的母狐，虽然外阴发情表现不明显，而实际上已发情，称为隐性发情。有的发情期特别短，即外阴发情表现不明显就已进入发情期，称为短促发情。这两种情况必须以试情为主，如果母狐接受交配，就要马上配种，以免错过交配时机。试情还有促进母狐发情的作用，尤其是银黑狐发情期短促，为避免漏配，应多放对。

**2. 特殊鉴定**

（1）发情检测仪

在狐群比较大的情况下，可以发情检测仪为主，以外观、行为的变化为先决条件，以减少发情期的测量次数，配合阴道液体综合判定，找出最佳输精时机。

① 构造与原理　发情检测仪由1个电极的测试探头和1个电阻表头组成，电源是1个9V电池。测试探头是在前端带有两个环形电极的圆形绝缘体。表头大多为液晶数字电阻表，少数为指针式电阻表；电阻范围0～1999Ω，芬兰进口的SI-L13D数字配种仪读数时间为2s，测

定间隔时间为 4s，测定数值稳定、准确。

　　阴道电阻的变化波动受阴道分泌内容物影响。在乏情期，阴道内容物主要来自血液中的液体，其量少而电解质浓度高，电阻值一般不超过 200Ω。进入发情期后，来自血液的液体在雌激素的作用下发生变化，黏性升高，电解质浓度降低，使电阻值升高；同样在雌激素作用下，子宫颈口开张，其腺体分泌的黏液进入阴道内，也促使电阻值升高。另外，落到阴道内的大量角化细胞，也有使电阻值升高的作用。母狐排卵后，在雌激素作用下，阴道内容物中来自血液成分的电解质浓度迅速升高，子宫颈闭合，来自子宫内腺体的成分迅速减少，致使阴道电阻值陡然下降，直到恢复发情期水平。因此，发情各阶段阴道电阻值的变化规律，是应用数字电阻表判断母狐是否发情排卵的依据和原理。

　　② 母狐电阻值变化曲线及适宜输精时间　检测时，测试探头擦洗消毒后用左手将母狐一侧阴毛固定，然后把测试探头与狐背呈 45°插入阴道内，然后缓慢向下推进，直到宫颈外，然后右手按动开关，液晶显示器马上显示出阴道电阻的数值。将每次记录的数据标注在坐标纸上，描出曲线。当电阻值陡然下降时，银黑狐当天即可输精，北极狐第 2d 为最适宜输精时间。

　　根据测定的不同数值绘制曲线，表现 5 种类型的母狐电阻值曲线，只有 4 种类型可选择适宜的输精时间（图 4-2）。

　　A 型曲线：约有 70% 母狐电阻值有此变化。以电阻值达到最高之日为 0d，开始下降 50Ω 以上为 1d。适宜输精时间，银黑狐为峰值下降后 1d，北极狐为峰值下降后的 1～2d。

　　B 型曲线：约有 20% 母狐有此变化。电阻值变化比 A 型缓慢，适宜输精时间，银黑狐为峰值下降后的 2～3d 内，北极狐在峰值下降后的 2～4d 内。

　　C 型曲线：约有 10% 出现此种曲线。电阻值升高后有一个平台期，其适宜输精时间在峰值明显下降 50Ω 以上时开始，并于 48h 后检测，如果电阻值仍高于 200Ω，还要重新输精。

　　D 型曲线：约有 10% 属此种类型。开始发情时数值不高，呈小峰值，而小峰值下降后电阻值又继续升高，5～7d 基本上处于正常。在这种情况下，出现小峰值下降后即对母狐输精，可通过后来继续观察认为前一种为假发情，这时应对母狐进行 5～7d 的观测，确认真正的发情曲线后，再次输精，直到检测电阻值低于 250Ω 为止。

E 型曲线：约有 5% 出现此变化。这类母狐电阻值在 100～200Ω 内波动，呈锯齿状，属生殖系统发育不完善、激素分泌紊乱型，难以确定输精时间。对这类母狐可采用自然交配或及时淘汰。因 E 型曲线没有适宜输精时间，故没有图（李明义，2015）。

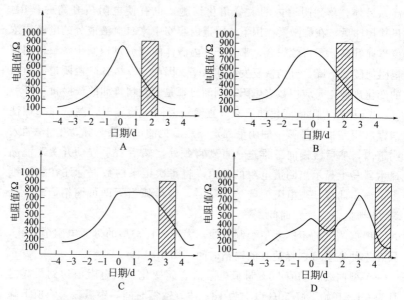

**图 4-2　适宜的输精时间（缺 E 型曲线）**（引自李明义，2015）

注：柱形阴影表示适宜的输精时间

A. 输精时间：在峰值急剧下降的当日和次日开始输精

B. 输精时间：在峰值出现后的第 2d 开始输精

C. 输精时间：出现峰值后，持续几天电阻值才下降，应在下降后再开始输精

D. 输精时间：第 1 次输精后，电阻值又继续升高，应在第二次峰值下降后再次输精

（2）阴道上皮细胞检查法

母狐阴道上皮细胞属于复层扁平上皮细胞，在发情期出现特征性变化。在乏情期，阴道上皮细胞层数较少，主要由深层的生发层和棘细胞层构成。增殖速度较慢，脱落到阴道中的细胞小，常呈椭圆形或近圆形，有 1 个大而处于中心位的核。而进入发情期，随血液中雌激素含量

的升高，阴道上皮各层增厚，细胞出现核固缩，细胞质中许多细胞器消失，线粒体数量减少，嵴肿胀，靠近细胞膜，导致内层较致密。细胞壁的嵴增多，使细胞间隙增多、增大，细胞之间联系变得松弛，致使大量多角形无核肥大透明的角化细胞脱落到阴道中。发情后期，随血液中雌激素含量的降低，阴道上皮网形细胞增多，逐渐恢复到乏情期状态。

检查方法：这是鉴定母狐是否发情沿用已久的一种方法。用一长12cm 的光滑竹签，在头部刻一小横幅，然后缠上脱脂棉，将前面插入狐阴道深部，转动使棉签上沾到阴道上皮分泌物后取出，将棉签在备用的载玻片上滚动，使阴道内容物沾到片子上，晾干，放在 $200\sim400$ 倍镜下观察，根据阴道内容物中白细胞、有核角化上皮细胞和无核角化上皮细胞所占比例的变化，判断母狐是否发情（图 4-3）。

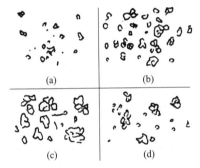

**图 4-3 母狐发情各时期阴道内容物涂片变化**
（a）乏情期；（b）发情前期；（c）发情期；（d）发情后期

阴道内容物涂片法鉴定母狐是否发情主要在狐的人工授精时使用，一般用自然交配配种的狐养殖场很少用此种方法。

（3）发情鉴定综合判定指标

① 发情前期 母狐阴门开始肿胀，阴蒂增大。阴道涂片可观察到圆形细胞，占细胞总数的 $15\%\pm5\%$，上皮细胞开始角质化，涂片上有核角化细胞占 $50\%\pm10\%$。阴道电阻值由基础值 $100\sim200\Omega$ 上升为 $(300\pm100)\Omega$。

② 发情期 母狐阴门呈圆形而且外翻，颜色变深，并有乳白色黏性分泌物。涂片检查中发现：有核角化细胞，数量减少为 $20\%\pm5\%$；

无核角化细胞从无到有，占细胞总数的 70%±15%；圆形细胞极少，占细胞总数的 5%±5%。阴道电阻值迅速上升，达到一定峰值 [(750±200)Ω] 后陡然下降。

③ 发情后期　母狐阴门开始萎缩，阴道涂片中有核角化细胞占 50%±10%，圆形细胞占 40%±10%，无核角化细胞占 10%±5%，阴道电阻值下降到（300±50）Ω。

④ 乏情期　母狐阴门正常，阴道涂片中圆形细胞占细胞总数的 70%±10%，有核角化细胞占 20%±5%，阴道电阻值稳定在 (150±50)Ω。

## 五、狐的配种

狐属于自发性排卵动物，到发情旺期，卵泡成熟后不论交配与否即自行破裂排卵。每年的发情期仅排一次卵，排卵过程是在被激素激活后自然发生的。因此，准确掌握发情旺期适时进行交配或人工输精，是保证有较高受胎率的关键。

### 1. 各地配种日期

银黑狐、赤狐从 1 月下旬到 3 月中下旬发情配种；北极狐从 2 月下旬到 5 月上旬发情配种。一般经产狐发情早于初产狐，饲养管理好且体况好的狐发情较早。东北、华北、西北地区，银黑狐发情旺期多集中在 2 月中下旬，北极狐在 3 月中下旬；有些大养殖场的配种截止日期，银黑狐为 3 月 25 日，北极狐为 4 月底。

① 狐的配种日期因地区纬度、气候、饲养管理而异。

② 进口蓝狐，其发情期晚于本地狐群。当年引进狐发情期多数集中在 3 月下旬至 4 月中旬。

### 2. 狐最佳配种期

母狐排卵一般发生在发情后的第 1d 下午或第 2d 早晨，北极狐在发情后的第 3d 排卵。但是，并不是所有卵泡都同时成熟和排卵，而是有一定的时间间隔。从开始排卵到排卵结束的间隔期，银黑狐为 3d，北极狐为 5~7d。要想提高母狐的受胎率，最好是在母狐发情后的第 2~3d 交配（最佳配种时机）。

### 3. 配种方法

狐的配种包括自然交配法和复配法两种。

（1）自然交配法

自然交配法包括以下两种。

① 合笼内饲养交配　合笼内饲养交配是指在整个配种季节内，将选配好的公、母狐放在同一个笼内饲养，任其自由交配。其优点是省工省力；但使用种公狐较多，造成饲养公狐的费用增加，且不易掌握母狐预产期。平时也无法掌握公狐交配能力，更不能检查精液品质，所以国内多不采用。仅对那些不发情的或放对不接受交配的母狐采用此法。

② 人工放对配种　平时公、母狐隔离饲养，在母狐发情的适当时间，把公、母狐放到一起进行交配，交配后再将公、母狐分开，国内狐养殖场基本都采用此法。据观察，早晨、傍晚和凉爽天气时公狐比较活跃，是放对配种的最好时期。中午和气温高的天气，狐则表现为懒惰，交配不易成功。人工放对时，一般是将母狐放入公狐笼内交配较好，因为如把公狐放入母狐笼内，公狐要花费好长时间去熟悉周围环境，然后才能进行交配。但如果母狐胆小，就应将配种力强的公狐放到母狐笼内交配。

（2）复配法

母狐排卵往往比出现明显发情征候要晚些。一般卵泡成熟就排卵，排卵能持续 2d，精子在母狐生殖器官中可存活 24h。因此，连日或隔日复配，可提高母狐受胎率。银黑狐复配在第 2d 或第 3d 进行。商品狐养殖场可采用 2 只公狐上、下午各交配一次的方法复配，但所产仔狐不宜留作种用。复配可提高受胎率，但不能提高产仔数。

据报道，发情后放对 9～13h 达成交配，受胎率可达 70%；连续 2d 交配受胎率可达到 94% 以上。

1 只公狐 1d 可配 2 只母狐，但交配要间隔 3～4h。公、母狐比例，银黑狐为 1：（2.5～3），北极狐为 1：4。为了使狐群保持良好的繁殖力，其年龄结构始终保持 2～4 岁占 60% 以上，新补充的仔种狐以不超过 40% 为好。合理的年龄组成是稳产、高产的前提。挪威 Nordang 狐养殖场种母狐年龄结构一般为：1 岁龄 28%、2 岁龄 25%、3 岁龄 20%、4 岁龄 14%、5 岁龄 13%。公狐的配种能力个体间差异较大。对 120 只公狐的配种次数统计表明，交配 10 次以下的公狐占 30%，交配11～20次的占48％，交配21～25次的占14％，交配25次以上的占8％。连续配4次后停配1d，配种次数与产仔率关系见表4-10。

表4-10 北极狐配种次数与产仔率关系

| 配种次数 | 试验母狐数 | 产仔率/％ | 胎平均/只 |
| --- | --- | --- | --- |
| 1 | 38 | 42.11 | 8.31 |
| 2 | 132 | 67.40 | 10.47 |
| 3 | 61 | 73.60 | 9.20 |
| 4 | 10 | 90.00 | 8.89 |

### 4. 配种时注意事项

（1）正确掌握母狐的受配时间

一般可以通过发情鉴定，大体确定母狐的最佳受配时间。但是个别母狐有特殊现象，如有的母狐在发情前即求偶强烈，遇到性欲旺盛的公狐能达成交配；还有的母狐交配后间隔8～9d，阴门又开始肿胀，和公狐放在一起有时也容易达成交配，一般认为这是受精卵着床前的特殊表现，以上这两种交配都是无意义的。应当指出，有极个别母狐发情长达1周左右，这类狐在整个发情期内可以进行多次复配。

（2）人工辅助交配

狐的整个配种过程一般自行完成。但有的母狐已进入发情期，由于公狐爬跨时走动，或母狐站立姿势不好，或阴门向外突出过高等很难达成交配时，可用抓狐钳或保定套将母狐保定，必要时可用手托住狐的腹部，辅助公狐达成交配。初配成功后，一般复配就比较容易。

（3）训练狐配种

初次参加配种的公、母狐，由于没有配种经验，应进行配种驯化。小公狐初配时，胆小，可放到即将配种狐的邻近笼舍里，称为狐见习配种过程，此后再放到已初配过的母狐笼内，诱导其交配。对性欲旺盛的小公狐，可选择性欲旺盛、发情好的老母狐尽快完成初配。狐的交配过程是以公狐的主动交配为主，母狐处于被动从属地位。初配母狐第一次参加配种时，最好选择已参加过配种的公狐。

（4）外科手术

有的母狐阴道狭窄，可用不同直径的玻璃棒进行扩撑，也可采用外科手术。对于外阴部有长毛覆盖而影响交配的，可以把毛剪掉。个别外阴部一侧肿胀，可通过向非肿胀一侧注射蒸馏水而使其肿胀，以完成交配。

（5）注意择偶性

公、母狐均有自己选择配偶的特性。当选择公、母狐相互投合的配偶时，则可顺利达成交配，否则即使是发情好的母狐，公狐也不理睬。因此，在配种过程中，要随时调换公狐，以满足公、母狐各自的择偶要求。在配种过程中，有的母狐已达到发情持续期，但仍拒绝多个公狐的求偶交配，如果将此狐放给去年原配公狐，则会顺利达成交配，实质上这也是择偶性强的表现。

（6）合理利用公狐

一般种公狐均能参加配种，但不同个体配种能力不同。对于配种能力强、性欲旺盛、体质好的种公狐，可适当提高使用次数，但不要过度使用，以便在配种旺季充分利用。体质较弱的公狐一般性欲维持时间较短，一定要限制交配次数，适当增加其休息时间。对有特殊"求偶""交配"技巧的公狐，要控制使用次数，重点与那些难配母狐进行交配。在配种期间，哪些公狐在配种旺季使用，哪些公狐应在配种后期使用，管理者应做到心中有数。配种旺季没有发情的公狐，仍要对其进行训练，不要失去信心，在配种后期这种公狐往往可发挥重要的作用。部分公狐在配种初期表现很好，中途性欲下降，只要对其加强饲养管理，一般过一段时间即能恢复正常性欲。

（7）注意安全

在狐的配种期既要保证工作人员的人身安全，也要保证狐的安全。由于发情期狐体内生殖激素水平较高，表现为脾气暴躁、易发怒，特别是公狐。饲养人员在抓狐时，动作要准确、牢固，防止被其咬伤或让狐逃跑，但动作不宜过猛，以免造成狐的损伤。另外，应注意观察放对时的公、母狐行为，以防止公、母狐相互咬伤，发现有拒配一方时，要及时将公、母狐分开。

# 六、狐的人工授精技术

人工授精是利用器械人工采集雄性动物的精液，经过品质检验等处理后，再将合格的精液输入雌性动物生殖道内，从而代替雌雄动物自然交配而使雌性动物受孕的一种繁殖技术。狐的人工授精技术始于20世纪30年代，经过90多年的推广应用，现已在国内外养狐生产中广泛采用，不仅提高了公狐的利用率，降低了饲养成本，而且解决了自然交配中部分难配母狐的配种问题。

我国狐的人工授精技术始于20世纪80年代中期，1995年狐的鲜精人工授精技术通过国家林业局专家鉴定达到国际先进水平后，在全国推广应用，目前发情期受胎率可达85%以上。

**1. 狐人工授精技术的优点**

（1）提高优良种公狐的配种能力

1只公狐自然交配时最多可交配3～5只母狐，而采用人工授精时，1只公狐的精液可输给30～50只母狐。

（2）加快优良种群的扩繁速度，促进育种工作进程

因为人工授精能选择最优秀的公狐精液用于配种，显著扩大了优良遗传基因的影响，从而加快了种狐改良和新品种、新色型扩繁培育的速度。

（3）降低饲养成本

可减少种公狐的留种数，节省饲料和笼舍的费用支出，缩减饲养人员的数量，因而可降低饲养成本。

（4）可进行狐属和北极狐属的种间杂交

狐属的赤、银黑狐与北极狐属的北极狐由于发情配种时间不一致，而造成了生殖隔离现象，采用人工授精技术可完成狐属与北极狐属之间的杂交。

（5）减少疾病的传播

人工授精可人为隔断公、母狐的接触，减少一些传染性疾病的传播与扩散。

（6）提高母狐的受胎率

人工授精所用的精液都经过了品质检查，质量有所保证，母狐也要经过发情鉴定，因而可以掌握适宜的配种时机，提高母狐的受胎率。

（7）克服交配困难

因公、母狐的体形相差较大，择偶性强或是母狐阴道狭窄、外阴

部不规则等，常会导致交配困难，利用人工授精技术可解决这些问题。

**2. 种狐的选择**

种狐的选择是狐人工授精成功的关键。只有绒毛品质优良、处于壮年和遗传性能稳定的公狐才能用于采精。用于杂交改良的公狐必须是纯种的，健康也是重要参考指标之一。

选择种公狐时，若只选择体形大的，则有可能导致雄性后代的交配能力减弱。生产实践中，体形大的雌狐幼仔育成率低于体形正常的雌狐。这些负面性状通常被称为"隐性性状"，选种时必须对各个被选狐进行详细而全面的评估，把具有异常隐性性状的家系或个体剔除。

**3. 采精**

（1）采精前的准备

采精是指获得公狐精液的过程。采精前应准备好采精器械，如公狐保定架、集精杯、稀释液、显微镜、电刺激采精器等。根据精液保存方法的需要，还应置备冰箱、水浴锅或液氮罐等。集精杯等器皿使用前要灭菌消毒。采精室要清洁卫生，用紫外线灯照射 2～3h 进行灭菌，以防止精液污染，室温调控在 20～25℃，保证室内空气新鲜。保定架的规格设计应根据狐的品种、个体大小进行调整。采精人员在采精前要剪短指甲，并将手洗净消毒。采精前公狐的包皮也要用温水洗净。

（2）采精方法

狐常用的采精方法有按摩采精法（徒手采精法）、电刺激采精法和假阴道采精法 3 种。按摩采精法简易、高效，对人和动物安全，是商业性人工授精所采用的采精方法。为了既能最大限度地采集公狐精液，又能维护其健康体况和保证精液品质，必须合理安排采精频率。采精频率是指每周对公狐的采精次数。公狐每周采精 3～4 次，一般连续采精 2～3d 应休息 1～2d。随意增加采精次数不仅会降低精液品质，而且会造成公狐生殖功能下降和体质衰弱等不良后果。

① 按摩采精法　按摩采精法，是以操作者手指按摩公狐阴茎的性敏感区域，从而诱发公狐射精的一种方法，它是动物自然射精机制的一种粗放模拟。公蓝狐性敏感区位于阴茎根部、阴茎球上方。将公狐放在保定架内，或由辅助人员将狐保定，使狐呈站立姿势。操作人员

以右手拇指、中指和食指如握笔式有规律地快速按摩公狐的阴茎及睾丸部，此时公狐出现交配动作，待阴茎球稍有突起，再顺势反手将阴茎经由狐两后腿之间拉向后方，继续按摩；左手握集精杯随时做好接精准备。操作者的手法应配合公狐的动作，操作要连贯，一气呵成。公狐的精液一般分三段射出，初段为少量精清（水样透明），中段为浓缩精液（乳状混浊），末段仍为精清，只需接取中段的浓缩部分。操作时应留意不得将任何杂物如粪便、尿液、灰尘、毛发等混入精液，所以有必要在采精前对公狐阴茎周边进行剪毛和清洗处理，操作者手臂也应洗净消毒。公银黑狐的采精除按照上述方法外，还应同时按摩阴茎龟头的尖端。

按摩采精法比较简单，不需要过多的器械。但是，要求操作人员技术熟练，被采精的公狐野性不强，一般经过2～3d的调教训练，即可形成条件反射。操作者动作熟练时，可根据动物的反应适当调整按摩手法。如果公狐表现为十分安静、温顺，北极狐仅需2～5min、银黑狐5～10min便可采到高质量的精液。

② 电刺激采精法　电刺激采精法是利用电刺激采精器，通过电流刺激公狐引起射精而采集精液的一种方法。电刺激采精时，将公狐以站立或侧卧姿势保定，剪去包皮及其周围的被毛，并用生理盐水冲洗拭干。然后将涂有润滑剂的电极探棒经肛门缓慢插入直肠10cm，最后调节电子控制器使输出电压为0.5～1V、电流强度为30mA。调节电压时，由低开始，按一定时间通电及间歇，逐步增大刺激强度和电压，直至公狐伸出阴茎，勃起射精，将精液收集于集精杯内。公狐应用电刺激采精一般都能采出精液，射精量为0.5～1.8mL，精子密度为4亿～11亿个/mL，比一般射精量多（主要是精清量大），但精子密度低。相对按摩采精法，电刺激采精法操作较费时，需专业的器械，会使狐抽搐和有痛苦感，且精液易被尿液污染（混入尿液的精液不可使用）。

③ 假阴道采精法　假阴道采精法是模拟母狐阴道条件仿制的人工假阴道，采精前通过台兽、诱情等方式刺激公狐阴茎勃起，然后将勃起的阴茎导入假阴道内使公狐射精的一种方法。假阴道主要由外壳、内胎、集精杯及其附件所组成。外壳可用硬质塑料或橡胶材料制成圆

筒状。内胎用弹力强、无毒、柔软的材料（如乳胶管、橡胶管）作为假阴道内腔。外壳与内胎之间装温水以调节温度，充气以调节压力，并在内胎上涂抹润滑剂以增加润滑度。假阴道后端要安装一个用于收集精液的集精杯（试管或离心管）。假阴道在使用前须进行洗涤、内胎安装、注水、调压、涂抹润滑剂和公狐的调教等工作。

此法的优点是采精设备简单、操作方便，可收集到全部射出的精液，一般不会降低精液的品质和损害公狐生殖器官或性功能。缺点是精液黏附于内胎壁上损失较多，假阴道的材料选择不好易对精子造成损害，而且只有经过调教的种公狐才可采用假阴道采精法，但由于调教种公狐难度较大、费时费力，此法目前较少采用。因此，按摩采精法是目前应用最为普遍的采精方法。

### 4. 精液品质检查

精液品质检查的目的在于鉴定精液品质，以便判断公狐配种能力，同时精液品质检查也能反映出公狐的饲养管理水平和生殖功能状态，采精操作水平以及精液稀释、保存的效果等。精液品质检查的项目很多，在生产实践中，一般分为常规检查项目和定期检查项目两大类。常规检查项目包括采精量及精液的色泽、气味、pH，精子活力，精子密度等；定期检查项目包括精子计数、精子形态、精子成活率、精子存活时间及指数、亚甲蓝退色时间、精子抗力等。当公狐精子活力低于 0.7、畸形精子占 10% 以上时，受胎率明显下降，该种精液为不合格精液，不能用于输精。

（1）采精量

采精量可由集精杯刻度直接读取。本地产北极狐、银黑狐按摩采精法的采精量平均为 0.5～1.0mL，引进的芬兰大体形北极狐采精量略大，平均为 0.5～1.5mL，芬兰北极狐与本地产北极狐杂交后代采精量平均为 0.8～2.0mL。

（2）精液的色泽、气味、pH

正常精液的颜色呈均匀的乳白色且不透明，有微腥气味或无味。偏酸性，pH 为 6.5。精液颜色和气味异常的不能用于输精，若 pH 改变，说明精液中可能混有尿液、不良稀释液等异物或狐副性腺患有疾病，也不能用于输精。

（3）精子密度

精子密度检查的血细胞计数法准确性高，但麻烦费时，在实际生产中使用受限。精液涂片估测法使用方便，但误差较大。具体方法是取一小滴精液样本滴于载玻片上，轻轻盖上盖玻片，37℃条件下先用100倍镜头调试焦距，图像清晰后转入400倍镜下检查精子的密度与活力，随机观察5个视野的精子数，按照精子密度（个/mL）＝平均每个视野精子数×$10^6$计算出精子密度。采用按摩采精法获得的狐精液，平均精子密度（5～7）×$10^8$个/mL，少量精液的精子密度可达到$1×10^9$个/mL。

（4）精子活力

精子活力＝视野中作直线前进运动精子的百分数。在400倍显微镜下观察精液涂片，若视野中有70%精子作直线前进运动，则活力记作0.7或7，80%记作0.8或8，此为十级评分法。供输精用精子活力应大于0.7，活力低于0.7的不能用于输精。

（5）有效精子数

有效精子数＝精液量×密度×活力。例如，精液量＝0.9mL，密度＝12亿/mL，活力＝0.9，则该份精液有效精子数：0.9mL×12亿/mL×0.9＝9.72亿≈10亿。那么该份精液可稀释到10mL。

**5. 精液的稀释**

精液的稀释是向精液中加入适宜精子存活的稀释液，目的在于扩大精液容量，延长精子存活时间，提高受精能力，便于精液保存和运输。

（1）稀释液

良好的稀释液应具备可被精子利用的营养物质（如果糖、卵黄等）、抵御外界不利环境因素的保护物质（如缓冲物质、抗生素等）和抑制精子运动以减少自身消耗的成分（如弱酸性物质）等。同时还需考虑溶液中离子的浓度，以防止精子的水分过分丢失或发生膨胀。狐精液常温保存的稀释液配方见表4-11。配制稀释液时，所用的一切用具必须彻底清洗干净，严格消毒；所用蒸馏水或去离子水要新鲜；药品要求用分析纯；使用的鲜奶需经过滤后在水浴（92～95℃）中灭菌10min；蛋黄要取自新鲜鸡蛋；抗生素、酶类、激素类、维生素等添加剂必须在稀释液冷却至室温后，方可加入。

**表 4-11　狐精液常温保存的几种稀释液配方**

| 配方 | 成分 | 剂量 |
|---|---|---|
| 1 | 氨基乙酸 | 1.82g |
| | 柠檬酸钠 | 0.72g |
| | 蛋黄 | 5.00mL |
| | 蒸馏水 | 100.00mL |
| 2 | 氨基乙酸 | 2.10g |
| | 蛋黄 | 30.00mL |
| | 蒸馏水 | 70.00mL |
| | 青霉素 | 1000.00IU/mL |
| 3 | 葡萄糖 | 6.80g |
| | 甘油 | 2.50mL |
| | 蛋黄 | 0.50mL |
| | 蒸馏水 | 97.00mL |

　　为了节省时间和减少配制过程中的烦琐，目前广泛使用预先配制好的狐专用商品稀释液，这种稀释液需要在特定的无菌条件下严格配制，所用成分亦需经过处理，密封保存在低温环境下，开封后一次性使用。

　　无论使用哪种稀释液，在使用之前都需要对其保存效果予以检测，精液稀释后在 2～3h 内活力无明显下降方可使用。

　　（2）稀释过程

　　新采得的精液要尽快稀释。采精前应先将水浴调至 37～38℃，将稀释液放入水浴中平衡温度，对采得的精液先进行低倍稀释（2～4倍），然后镜检，根据镜检精子的质量，尤其是精子的活力和密度、每次输精所需的有效精子数（每次最少不低于 7000 万个精子）、稀释液的种类和保存方法决定最终稀释倍数。精液稀释完后，要再次对稀释后的精液质量进行镜检予以确认，最后放入水浴中等待输精。

　　稀释时，将稀释液沿精液瓶壁或插入的灭菌玻璃棒缓慢倒入，轻轻摇匀，防止剧烈振荡。

### 6. 精液的保存

精液保存的目的是延长精子的存活时间，便于运输、扩大精液的使用范围。精液的保存方法主要有常温保存（15～25℃）、低温保存（0～5℃）和冷冻保存（－196～－70℃）3种。精液常温保存时间越短越好，一般不超过2h；低温保存时间不能超过3d；而冷冻保存的精液可以长期使用。狐的精液保存目前主要采用常温保存，即现采现用；低温保存和冷冻保存基本不用，特别是狐的冷冻精液长期保存，目前尚未有成功的报道。

### 7. 适宜输精时机

根据母狐的发情鉴定，确定最佳输精时间。

### 8. 输精

输精是人工授精的最后一个技术环节，应适时准确地把符合要求的精液输到发情母狐生殖道内的适当部位，以保证获得较高的受胎率。

输精前要准备好输精器（图4-4）、保定架、水浴锅等。输精器使用前必须彻底洗涤、严格消毒，最后用稀释液冲洗。

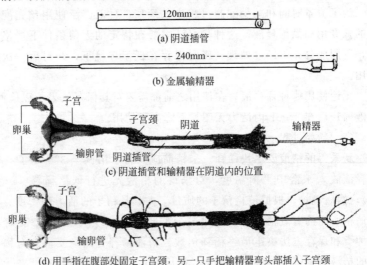

图 4-4　输精器及其使用示意图

输精员在输精操作前，指甲需剪短锉光，手臂洗净擦干后用75％酒精消毒，待完全挥发干后再持输精器。常温保存的精液，需要升温到35℃，镜检活力不低于0.7。

（1）操作程序

①用保定架或颈钳保定母狐，使之自然站立在输精架上，保定人员一手握住狐尾根部，使其露出外阴部；②用酒精棉球消毒狐外阴部及周围部位；③输精人员把阴道插管缓缓插入狐阴道内，使其前端抵达子宫颈；④输精人员左手于狐腹下以虎口上托，用拇指、食指和中指找到阴道插管的前端；⑤用左手拇指、食指和中指固定狐子宫颈，右手控制插管，调整方向位置；⑥右手握吸好精液的输精器通过阴道插管插入，前端抵子宫颈（右手可感觉输精器前端位置）；⑦操作输精器寻找子宫颈口位置；⑧左右手配合，将输精器前端轻轻插入狐子宫1～2cm；⑨缓缓推动注射器，把精液注入子宫内；⑩保定者将狐尾部向上提起，使其头朝下。输精人员轻轻拉出输精器，输精结束后检查输精器内残留精液是否符合输精标准。

（2）输精效果判定

拉出输精器时手感觉有点阻力；拉出输精器时无血液、精液不倒流；镜检输精器内残留精子，精子活力不低于0.7。

（3）输精注意事项

①小心操作，动作温和，避免造成子宫颈的机械伤害；②缓慢注入精液，降低精子所受的机械打击；③输精量以0.7～0.8mL为宜，含有7000万～8000万个有效精子即可，输精量不宜过大；④输精器不宜插入过深，通过子宫颈即可；⑤输精次数不宜过多，每天输精一次连续2～3d或隔天一次共两次即可，在准确鉴定母狐发情的前提下只输精一次，同样可以获得良好受胎率；⑥发情好的母狐多表现为安静，反之发情状况欠佳；⑦当年母狐较经产母狐子宫颈口小且柔软，操作有一定难度；⑧输精有障碍时不必勉强操作，可找到原因后再行处置。

## 9. 影响狐人工授精受胎率的因素

目前狐人工授精技术虽已广泛开展，但由于技术要求高，我国很多养殖场所获得的受胎率与自然本交相比仍效率较低，未发挥人工授精技术的优势，反而影响了经济效益。当前国内养殖环境下影响狐人

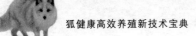

工授精受胎率的因素，主要有以下 8 个方面。

(1) 细菌感染

母狐在发情阶段，由于生殖系统的快速发育，无论是否受配，受内分泌影响产生的孕酮激发了囊泡性子宫内膜增殖肥大，并呈现充血现象，加速了致病菌的繁殖，常见的有双球菌、大肠杆菌等。部分母狐的子宫炎、卵巢囊肿、肾周脓肿等疾病，可在几天内迅速形成子宫积脓，严重者卵巢、子宫、阴道内充满脓液，并从阴道口流出。部分毒菌随血液被输至全身，形成并发症，发现或治疗不及时，将很快死亡。

(2) 消毒灭菌不严格

消毒灭菌按时间算占整个程序的 70% 以上。由于偏酸或偏碱的水质在器械烘干的过程中，会有很多污垢牢固黏附在器械表面，擦除时极易产生二次感染，因此应使用纯净无杂质的中性水，分类逐件清洗，高压蒸汽消毒，烘干待用，使用前用稀释液冲洗。精子具有趋化性、趋触性，所以在接触器械的过程中，精子易对异物产生凝集或聚集现象。狐精液 pH 为 5.8~6.7，偏酸则抑制运动和代谢；偏碱则活力增强，降低精子存活时间，甚至使精子迅速死亡。清洗消毒后的器械须防止二次感染和交叉感染，器械应保证每只狐 1 套，严格禁止一根针输到底。

(3) 温度突变

温度的骤然变化对精子的危害极大，精子的生存条件随着体外的温度变化而改变，其代谢活动能力、存活时间、受精能力与温度变化有关。新采集的精液从开始接触集精杯时就应避免温差。当温度低于 35℃ 时，精子的活力已开始减弱；当在 10~20min 时间内降至 10℃ 时，会造成精子死亡，即冷休克。如果在 1h 以上的时间由 10℃ 缓慢降至 0℃，精子就会非常缓慢地转为"休眠"状态，但未完全停止代谢活动。很显然，缓慢地降温和升温是非常重要的一个环节。精液与稀释液混合时，应在等温下进行。因各地稀释液配方不同，缓冲剂的类型也不同，所以不可因含有缓冲剂而忽视了温差的不良影响，凡精液接触器械都应在等温下进行。

(4) 精子的活力对受胎率的影响

精子的活力不低于 0.7 才能取得不错的受胎率，即活力越高，受胎率越高。

（5）输入有效精子数对受胎率的影响

为获得理想的受胎效果，必须保证输入足够数量的有效精子。相对来讲，输入有效精子数越多，受胎率越高。据研究，输入有效精子1亿个比0.8亿个受胎率高3.4％；输入有效精子1.2亿个和1.5亿个，受胎率分别比1亿个高0.8％和1.5％。

（6）卵泡发育不同阶段对受胎率的影响

卵泡发育不同阶段对输精后的受胎率效果不一样，其中最佳输精期为卵泡发育的高峰期，此时为排卵期，是最佳输精时机，可获得理想的受胎效果。

（7）不同输精次数对受胎率的影响

通常输精3～4次受胎率比输精1～2次高10％左右。输精次数增多，受胎率就高，但不应超过5次。

（8）饲养管理不良

粗放管理、营养物质比例失调是配而不孕的主要原因之一。狐所需要的各种营养物质相互之间有着错综复杂的关系，任何一种营养物质的比例失调都将影响到身体的发育和繁殖能力。如蛋白质供应不足时，母狐不易受孕，即使受孕也易出现死胎或弱胎，但超量时也会引起代谢紊乱，发生病理变化。脂肪缺乏时，饲料中的多种维生素难以被溶解利用，生殖系统会受到影响。而碳水化合物在调节脂肪代谢、降低体内蛋白质的分解上都起着重要作用，在供给量不足时，就会破坏机体的物质代谢，使母狐不易受孕，生产力显著下降。

## 七、狐的妊娠

妊娠是指从受精开始，经过胚胎的生长发育，到胎儿产出为止的生理过程。合子形成后，经过一段时间的发育，形成胚泡。胚泡附植在子宫内膜上，形成完整的胎盘体系。胎儿依靠胎盘从母体获得营养物质，在母体子宫内生长，直到产出。

### 1. 胚胎生长发育特点

（1）妊娠前期

妊娠前期指母狐交配后30d以内的早期胚胎发育。母狐交配后

12～16d胎泡在子宫角中着床，胎儿发育早期以形成各种器官为主，胚胎在此妊娠前期生长速度较慢。18～20d胎重0.04g，23～26d胎长3～4cm，21～30d胎日均重不足1g，妊娠30d时胎重1g。这个时期，即母狐妊娠3周（27～29d），可发现有的母狐食欲缺乏、轻微呕吐，出现妊娠反应。

（2）妊娠后期

妊娠30d以后，胚胎发育很快。交配后30d左右可观察到母狐腹部增大、下垂，从腹部能触摸到子宫内的串状物，用手可作妊娠诊断。妊娠30～35d时母狐温顺、平静。据报道，母狐妊娠30～33d时，胚胎长7～8cm，胎重最高可达到5～10g；胚胎发育至35d时，胎均重达5g；40d时胎均重为10g，同时各器官已形成；40～43d时有胎毛出现在皮肤上。特别是北极狐，随妊娠日龄增长，腹部下垂表现逐渐明显，背凹陷，腹侧被毛竖立形成纵裂，行动迟缓。胎儿后期发育以生长为主，增重很快，到妊娠45d时胎重为50g；48d时胎重可达65～70g。银黑狐妊娠51～55d时，产前胎重为80～130g；北极狐妊娠52～56d时，产前胎重为60～80g，体长10～12cm。

**2. 妊娠母狐的生理变化**

（1）生殖器官的变化

① 卵巢　配种未妊娠，黄体消退。当妊娠后有胚胎存在时，则妊娠黄体持续存在，从而使发情周期中断。由于胎盘分泌孕酮，维持正常的妊娠过程，直到妊娠临结束时才退化。随着胎儿的发育，卵巢位置下移，两侧卵巢距离靠近。

② 子宫　子宫变化最为显著，随着胎儿的发育和胎水的增多，子宫体积逐渐扩大，子宫动脉变粗，分支增多。随着子宫重量的增加，子宫韧带伸长并绷紧，子宫颈紧紧收缩、质地变厚，同时分泌黏稠的黏液，填充颈管形成子宫颈塞，把子宫颈完全封闭，以防外物入侵，保护胎儿。如子宫颈塞受到破坏，可发生流产。

③ 阴道和阴唇　妊娠初期，阴唇收缩，阴门紧闭；妊娠后期，阴唇逐渐出现水肿状态。

④ 乳腺　母狐有4～6对乳头，妊娠后期乳腺区从前到后发育较快，产前乳头突出、色变深，大多数母狐的乳房增大。

（2）全身的变化

妊娠期由于胎儿的发育，母狐新陈代谢旺盛，食欲猛增，消化能力增强，狐的体重也相应增加，毛色也显得光亮。妊娠母狐性情温顺，喜安静，行动变得稳重、谨慎，活动减少，常卧于笼网晒太阳，对周围异物、异声等刺激反应敏感。

**3. 妊娠诊断**

母狐是否妊娠，是真妊娠还是假妊娠，对于繁殖母狐早期诊断尤为重要。根据诊断结果不仅可以及时为母狐提供合理的营养水平和较好的环境条件，还可以对未妊娠母狐及早查出空怀原因，进行适当补配，或及时采取淘汰措施，降低饲养成本。

（1）触摸

① 妊娠4~5周后，若观察到母狐的腹部增大并稍下垂，可用触摸法进行妊娠诊断。

② 妊娠30d以后，若观察到母狐的腹部增大下垂，用手触摸时可感觉到柔软胎体；接近产仔期时可清楚地观察到乳房迅速发育，在母狐侧卧时可清楚见到乳头，有的母狐用嘴把乳头周围毛拔掉并衔草做窝。

③ 交配后35~40d，母狐变得温顺、安静，食欲增加，可从腹部触摸到子宫内的串状物，可认定为妊娠。

（2）阴道检查

母狐妊娠前期，阴道黏膜稍苍白、干燥，阴门收缩。子宫颈紧缩关闭，子宫颈口有黏液堵塞（子宫颈塞），这种黏液在妊娠后期由黏稠变稀薄，有的排出体外，黏附于阴门。黏液涂片观察可见到阴道上皮细胞和大量无核细胞，可作为妊娠诊断的补充指标。

**4. 保胎**

（1）胚胎早期死亡

胚胎在妊娠的不同阶段均可发生死亡，造成妊娠中断、流产。狐常见早期胚胎死亡，主要是由于母狐营养不足、缺乏维生素等。死亡的胚胎多被母体吸收，妊娠母狐腹围逐渐缩小而不再产仔。生产实践证实，胚胎的早期死亡，一般发生在妊娠后20~25d内，妊娠35d后易发生流产。有人认为，胚胎早期死亡均在妊娠5d左右发生。阴道加德纳菌病是导致大批母狐流产的主要原因之一。该病多价菌苗及诊断液已由中国农业科学院特产研究所研制成功，为控制该病流行提供了可靠的科学手段。在繁殖期保持适宜的营养水平和管理措施，对防止胚胎吸收和流产有效。狐胚胎死亡可发生在妊娠期的任何时期，但多集中于早期，集中在胚胎附植前后，其胚胎死亡可能是由于母体和胚胎的因素或胎儿与母体的相互作用。母体因素往往影响整窝仔狐造成胚胎全部死亡；而胚胎因素只影响个别胚胎；也可能由于母体环境不适当，而只能使少数胚胎正常；母体的遗传、营养和年龄、精液因素、染色体畸形、泌乳因素、子宫内胚胎过多、激素不平衡和热应激等都能导致胚胎死亡。

（2）流产

流产指已有相当大小但尚无生活力的胎儿在妊娠中提早产出。流产有自发的和诱发的，也有传染性的或非传染性的。

① 流产原因　非传染性自发流产是由遗传、染色体、激素或营养等因素所致。妊娠期母狐受到应激（噪声应激、异色异象应激、冷热应激等）会造成心理紧张、不适和行为失常等，最易引起流产。

② 流产形式

a. 排出不足月胎儿：称为早产，其流产预兆及过程类似正常分娩。早产狐如果全身已生长了绒毛，并有吸乳反射，则可救活。

b. 排出死胎（小产）：是最常见的一种流产形式。因在妊娠后期，胎儿较大，胎势及胎向不正，有时伴有难产。

c. 干尸化胎儿：子宫内死胎水分被吸收，体积缩小，组织变得致密，所以称干尸化胎儿。

d. 胎儿分解：可见于非腐败性细菌侵入子宫而引起胎儿组织浸软分解。

③ 流产的防治　采取相应的"保胎防流"措施，在母狐的妊娠期，除了按饲养标准供给营养外，还要保证狐养殖场的安静，杜绝参观和机动车进入。饲养人员要细心看护，严禁跑狐。临产前5～10d对产箱、笼具消毒，同时对产箱要保湿。高纬度的北方，要用垫草将产箱四角压实，人工造巢，产箱缝隙用纸糊上，以防冷风、贼风侵入；低纬度的河北、山东地区，虽产仔季节天气已变暖，但也要铺垫草，以防突然的寒流袭击。实践证明，要想减少流产的发生，除补饲，增喂营养丰富、全价、易消化的饲料外，还要求饲料多样化，保证充足

饮水，适当增加运动等。

**5. 妊娠期**

在正常情况下，公母狐交配后精子和卵子结合形成受精卵，即进入妊娠期。银黑狐和北极狐的平均妊娠期为 51～52d，前者变动范围是 51～61d，后者为 50～58d。李明义（2015 年）对 105 只银黑狐和 233 只北极狐妊娠期资料进行统计分析，妊娠期 51～55d 的占 95％以上（银黑狐），52～56d 的占 84％以上（北极狐）。北极狐妊娠期长短与胚平均产仔数有一定关系。从表 4-12 中不难看出，妊娠期 50～52d 的最好，即产仔数为 276 只，占总数的 49.5％；胎平均产仔数最多为 11.6 只，比均胎数多 1.3 只。

**表 4-12　妊娠期长短与胎平均产仔数的关系（北极狐）**

**（引自李明义，2015）**

| 妊娠期/d | 46～49 | 50～52 | 53～55 | 56～62 | 合计 |
|---|---|---|---|---|---|
| 产胎/次 | 5 | 25 | 17 | 7 | 54 |
| 产仔数/只 | 45 | 276 | 197 | 40 | 558 |
| 胎平均产仔数/只 | 9.0 | 11.0 | 11.6 | 5.7 | 10.3 |

注：胎平均产仔数＝产仔数÷产胎次数

**6. 预产期**

为了提高仔狐的成活率，加强对产仔母狐的护理工作，在配种结束后，常采用日期推算法将母狐的预产期推算出来。从母狐最后一次受配日期算起，月份加 2，日期减 8，即为母狐的预产期。例如，某母狐最后一次交配是在 2 月 10 日，那么它的预产期为：2＋2＝4（月份），10－8＝2（日期），即该母狐的预产期为 4 月 2 日左右。又如，某母狐配种结束是在 3 月 1 日，那么它的预产期为：3＋2＝5（月份），因为 1 减去 8 不够减，可从月份中（一个月等于 30d 计算）把差数减去，即 30－8＝22，那么其预产期为 4 月 22 日左右。

# 八、狐的产仔

**1. 母狐产仔前的表现**

母体经过一定时期的妊娠，胎儿发育成熟，由母体将胎儿、胎盘及胎水排出体外，这一生理变化过程称为分娩，俗称产仔。

随着胎儿的逐渐发育成熟和预产期的临近，母狐临产前会发生一系列生理及形态上的变化。根据这些变化，可估计分娩的时刻，以便做好助产准备。母狐分娩预兆有：母狐妊娠末期腹部下垂，乳房迅速增大；临产前 1～2d，母狐拔掉乳头周围的毛，拒食 1～2 顿；可在乳头中挤出少量清亮胶样液体；产前几小时内从乳头中滴出初乳；分娩前几天阴唇逐渐变软，出现水肿，阴道内流出蛋清样黏液；同时，荐坐韧带开始软化，临产前几天阴门流出透明黏液，并附着在外阴部周围。在产前 2～3h，孕狐精神不安，行动急躁，常用爪抓产箱底，外生殖器官出现肿胀，产仔前 3～10h 子宫颈口开张。在此期间，母狐坐卧不安、呻吟、呼吸加快；同时排尿次数增多，并不停抓垫草。这表明狐出现阵痛，很快就要产仔了。狐产仔一般在清晨或傍晚。

**2. 母狐产仔前的准备工作**

根据预产期与分娩预兆，将母狐在分娩前 1～2 周转入产房。一般银黑狐 3 月 16 日前，北极狐 4 月 16 日前，需做好产仔前的准备工作。助产准备主要有以下几方面。

（1）消毒

产房或产箱应在产仔前一周打扫干净，用 2％苛性钠或 55％碳酸氢钠清洗消毒，有条件的狐养殖场可用火焰喷灯消毒笼网和小室。为了保温可将产箱有缝隙的地方用牛皮纸糊严，或于小室和产箱之间空隙处用垫草堵塞，并在产箱里铺垫清洁柔软的干草。

（2）保温

因为银黑狐产仔较早，此时天气比较寒冷。所以，要适当增加垫草，保持产箱内的温度，防止仔狐被冻死。北极狐产仔多在 5 月 1 日以后，此时天气变暖，可适当减少垫草，但一定要防贼风；产仔较迟的北极狐在 6 月之后，窝箱内除了垫草还有母狐拔下的毛，无疑增加了产箱内的温度，此时应及时捡出产箱内多余的绒毛。炎热的中午应把产箱盖打开透气，以防止狐中暑。保温用的垫草应柔软、不易碎、无芒刺等。垫草要絮得实一些，因垫草除具有保温作用外，还有利于仔狐抱团和吮乳；并且垫草应在产前一次絮足，否则产后缺草时，临时补给会使母狐惊惶不安。

（3）及早准备助产用具

产房应备有洗手盆、热水、毛巾、肥皂、消毒液和专门的药箱及产科器械。

（4）建立昼夜值班制

助产人员应选择有经验并具有责任心者，助产人员穿干净的工作服上岗，担任助产工作。

**3. 母狐产仔过程**

狐的产仔时间多数集中在 20：00～21：00 或天亮前，少数在白天产仔，分娩过程大约为 1～2h。

母狐产仔时常采用侧卧姿势，这时子宫的阵缩加强，子宫颈口开张。母狐的胎盘属蜕膜胎盘，为了排出胎膜，与子宫壁剥离时会产生强烈的疼痛。其特点是宫缩微弱而间隔时间长，当阵痛缩短、呼吸急促且逐渐加强时，母狐会伸长后腿，这时第 1 只狐从母体排出。胎儿产出的间隔时间为 10～30min。胎儿常包在胎囊内生出来，母狐迅速用牙齿把胎囊撕碎，或在胎儿露出产道时，母狐用牙齿拉出来，使胎囊和胎儿一起脱出。之后母狐再将脐带咬断，咬掉胎盘，舔干仔狐身上黏液。过 15min 后，又出现阵痛，相继产出第 2 只仔狐。产后的 1～2d 内，母狐从生殖道中排出褐绿色恶露，子宫在第 10～15d 恢复完毕。产仔后个别母狐出现子宫体脱出，此时应将子宫体用高锰酸钾水清洗送回后，实施子宫还原术，缝合阴门。母狐产仔后，会舔舐仔狐肛门，以促使其排出胎便。母狐因吃食胎衣和仔狐胎便，产后可排出煤焦油样粪便。仔狐开始吃饲料后，母狐停止舔舐。如发现母狐排出煤焦油样粪便，说明已经产仔完毕。

**4. 母狐产仔的辅助工作**

分娩为母狐的一种正常生理过程，一般不需干预。助产目的在于护理母狐（清除障碍物如黏液，协助母狐断脐带，擦干皮肤，饮以初乳等）和观察产仔过程是否正常等；如发现难产，应及时进行手术助产。助产工作应在严格遵守消毒原则下，按着正确方法和步骤进行，确保母狐分娩的顺利和胎儿安全产出。

（1）严守岗位，准备助产

母狐临产 1～2d 前，拔掉乳房周围毛，露出乳头。产仔多半在夜间或清晨，产程需 1～2h，有时可达到 3～4h，应耐心看护。银黑狐胎平均产 4.5～5.0 只，北极狐产 8～10 只，其产仔进度详见表 4-13。仔狐出生后 1～2h，身上胎毛干后，即可爬行寻找乳头吮乳。吃乳后便沉睡，直至需再行吮乳才能醒过来嘶叫，3～4h 吃乳一次。仔狐出生时，都闭着眼睛，没有听觉和牙齿，全身长着稀疏的胎毛，呈灰黑色。体壮的仔狐，叫声短促而有力，体躯丰润饱满，发育均匀，成堆挤睡在产箱里。母狐母性很强，喜欢爱护仔狐，除吃食外，一般不出小室。个别母狐有抛弃或践踏仔狐的行为时，助产人员应懂得这是由母狐高度受惊造成的，应及时制止母狐，并使母狐产箱内外安静，不得干扰母狐的哺乳。

**表 4-13　狐的产仔进度表**

（引自李明义等，2015）

| 时间 | | 银黑狐孕狐数（$n=247$） | | | 北极狐孕狐数（$n=293$） | | |
|---|---|---|---|---|---|---|---|
| | | 孕狐数 $n$ | % | 累计% | 孕狐数 $n$ | % | 累计% |
| 3 月 | 中旬 | 2 | 0.81 | 0.81 | | | |
| | 下旬 | 46 | 18.63 | 19.44 | | | |
| 4 月 | 上旬 | 108 | 43.72 | 63.16 | | | |
| | 中旬 | 63 | 25.51 | 88.67 | 5 | 1.7 | 1.7 |
| | 下旬 | 21 | 8.50 | 97.17 | 25 | 8.5 | 10.2 |
| 5 月 | 上旬 | 7 | 2.83 | 100.00 | 82 | 28.0 | 38.2 |
| | 中旬 | | | | 115 | 39.2 | 77.4 |
| | 下旬 | | | | 55 | 18.8 | 96.2 |
| 6 月 | 上旬 | | | | 8 | 2.7 | 98.9 |
| | 中旬 | | | | 3 | 1.1 | 100.0 |

（2）产仔过程的助产

助产人员应密切注意胎儿自然产出和胎膜破裂、羊水排出情况。母狐产仔的正常行为是边产仔边护理仔狐。仔狐产出后，母狐自行吃掉其胎衣、胎盘，咬断脐带，频频用舌头舔舐仔狐身上的黏液和羊水，产仔结束后，将仔狐搂于腹下，安静哺乳。对这样的母狐只需助产人员在产房内加以监视即可，不必去惊扰它，待仔狐吃饱初乳以后及时送回室外原窝。如果遇到母狐生下仔狐后不吃胎盘、胎衣，不咬断脐带或不舔舐仔狐时，应及时将仔狐取出，人工剪断脐带，用卫生纸把其身上的黏液擦干，送到保温箱中暂养；遇有难产或产仔快的母狐来不及舔舐仔狐时，也要人工擦干，直至母狐产仔结束，再将保温箱中暂养的仔狐送回哺乳。但要注意护理时不得有异味，应保持原母狐的气味（可用尿液喷刷法使仔狐与母狐气味一样）。

（3）代养

在助产时发现有母性不好、缺奶或没奶的初产母狐，可将其仔狐进行代养。将奶水好的母狐人工保定，让这些仔狐吃上初乳，直至母狐、仔狐都健康且能正常哺乳后，再让其回原窝饲养。银黑狐能抚养6～9只仔狐，北极狐产仔12只以上时就需要代养，否则很难成活。代养就是给仔狐找"乳娘"。代养方法是把将要被代养的仔狐用代养母狐窝的垫草或粪便涂嘴、肛门，使其气味相同，然后将仔狐放入窝箱口，让母狐自行叼入；或是擦完后直接混入其他仔狐中。选择的代养狐，一定要母狐产仔期相差不超过2d，而且代养母狐产仔数不应太多，才能保证仔狐成活率。

（4）难产的处置

有的母狐到了预产期，但是迟迟不见胎儿产出，母狐食欲突然下降，精神不振、惊恐、焦躁不安，频频出入小室，经常回头看腹部，并作痛苦状，不断呈蹲坐排粪姿势或舔舐外阴部；或已见羊水流出，有的仔狐头部嵌在阴道口，长时间不见产出，导致胎儿窒息死亡，称为难产。助产人员遇到难产时，为了提高母狐子宫肌的收缩力，可静脉滴注10％葡萄糖酸钙10～30mL，在确定子宫颈口开张充分的条件下，进行催产。可肌内注射脑垂体后叶激素0.2～0.5mL或0.05％麦角0.1～0.5mL；每千克体重肌内注射催产素1IU，如2～3h后，仍不见胎儿产出，可人工助产。即先用消毒液对外阴部消毒后，以甘油（灭菌）作阴道内润滑剂，将胎儿拉出；或用持针钳拉出嵌在阴道口的胎儿，进行助产。如经催产和助产仍不见胎儿产出，应马上实施剖宫术，以挽救母狐和仔狐生命。也可在难产时用前列腺素和催产素混合液，先用0.1％高锰酸钾或雷弗努尔消毒外阴部，然后用细导管（管内插一经火焰消毒的细铜线）徐徐插入子宫腔内（长度7～8cm），然后抽出铜线，在导管口处连接装有药液的注射器。如管内无回血或羊水流出，将药液注入。经催产仍无效时，可根据情况立即剖宫取胎。

### 5. 母狐产仔后的检查工作

（1）检查时间

检查前先判断产仔情况。其主要依据是听产箱内仔狐的叫声，并检查母狐的胎便。一般母狐在产后 6h 左右排出煤焦油样胎便，标志产仔结束。确定母狐产仔后，应于 24～48h 内对母狐进行产仔检查。检查时间应根据产仔时间灵活确定，如早上产仔，可在下午饲喂时或第 2d 早饲时检查；夜间产仔，应在下午饲喂时检查。因为母狐产仔后，大部分时间在哺乳仔狐，只有在排泄、饮水和吃食时离开产箱。所以，刚产完仔，不宜马上检查，以等母狐出来吃食时再进行产仔检查为宜。如果母狐母性好，护仔性强，很少出入产箱，总窝在产箱里，就不必强行驱赶它，若听到仔狐正常叫声，应保持安静，少检查或不检查。如发现母狐不在小室内哺育仔狐，或者仔狐叫声嘶哑、越来越弱，说明母狐母性差或缺奶，应立即进行急救或代养。因为环境嘈杂或检查惊扰母狐，母狐会叼着仔狐在笼内不安走动或跳动，此时应将母狐赶进产箱内，插上小室门，0.5～1h 后打开，同时给予充足饮水、饲料，以杜绝叼仔现象发生。

（2）检查内容和方法

检查内容包括母狐是否将胎衣吃掉，脐带是否已咬断，有无脐带缠身的现象；母狐是否将乳房周围的毛拔掉，仔狐是否吃上奶等。产仔检查是产仔保活的重要措施，采取听、看、检相结合的办法进行。听是听仔狐的叫声，看是看母狐的吃食、粪便、乳头及活动情况。若仔狐很少嘶叫，嘶叫声洪亮、短促有力，母狐食欲越来越好，乳头红润、饱满，活动正常，则说明仔狐健康和正常；反之，则不正常，要随时进行检查。检，就是打开小室直接检查仔狐的情况，如了解产仔数、仔狐的发育和健康情况，以及母狐泌乳好坏，以便及时发现问题，减少仔狐的死亡。

产仔检查方法是先将母狐引出小室外，关闭小室插板后进行检查。检查时应保持安静，动作要迅速，巢窝尽量保持原状。为了避免将异味带到仔狐身上，造成被母狐抛弃或吃掉仔狐，检查时应先用窝箱内垫草搓手，或戴上干净线手套，然后再检查仔狐。打开产箱后如果发现仔狐全身干燥，被毛发亮，叫声尖、短而有力，身体温暖，大小均匀，发育好，浑身圆胖，肤色较深，在产箱内抱窝成团，拿在手里挣扎有力，说明仔狐健康并已吃上母乳（吃上母乳的仔狐嘴巴黑，肚腹增大），这时记录产仔只数，盖上箱盖。如果有死亡仔狐，应及时捡出；弱仔则胎毛潮湿，发育不良，毛色浅，身体发凉，散乱分布在产箱内，四处乱爬，拿在手里挣扎无力，叫声嘶哑，腹部干瘪或松软，脚趾间有红肿破溃，大小相差悬殊，这时应及时代养，代养不了的应将其中最弱的仔狐扔掉。

仔狐第一次检查，应在母狐产完仔后的 2～3h 进行，以后的检查可根据听、看的情况而定。

**6. 母狐产仔后的恢复**

产后期是指从胎盘排出、母狐生殖器官恢复至下次正常妊娠前的阶段，此时期的主要变化是子宫内膜再生、子宫复原和重新开始发情。产后期母狐抵抗力较弱，易患病。应重视产后护理、注意卫生、改善营养，促进母狐身体恢复。

（1）产后子宫的恢复

分娩后子宫黏膜上发生再生现象，主要是子宫黏膜表层发生变性、脱落，由新生的黏膜代替曾作母体胎盘的黏膜。这个变化过程是由子宫排出恶露，母狐产后 1～2d 出现恶露，最初为红褐色，以后变黄褐色，最后变无色透明。若恶露持续时间过长，则说明子宫有病变。分娩后，子宫慢慢回缩至子宫复原。母狐需 10～15d 才能复原完毕。这个过程与糖胺聚糖类酶的分解作用有关，而且细胞很快萎缩，在复原末期，肌细胞核聚集得很远，这种收缩使得已伸长了的肌细胞变短。于产后 15～20d 子宫颈完全复原。哺乳母狐与初产母狐的子宫复原较快，而难产者复原时间延长。

（2）产后卵巢的恢复

卵巢内黄体到妊娠后期已开始萎缩，至分娩时已无黄体，从卵巢剖面上可以看到卵巢呈一白色组织，并有少数卵泡。也就是说妊娠黄体退化后出现卵泡发育。

（3）其他部位的恢复

母狐阴门一般在产仔后数天内即可恢复原状并收缩。骨盆韧带在分娩后 4～5d 复原。

**7. 母狐产仔后的护理**

产仔后几天，特别是在产仔后头 1～2d，母狐体内尤其是生殖器官的生理状态发生了很大变化，此时抵抗力、预防能力很低。一般产道黏膜的损伤可导致病原侵入阴门，所以母狐阴部要清洁与消毒，垫草要清洁，如果在阴门外及尾根上有恶露应及时洗净，并给予质量好、易消化的饲料；给足饮水，确保仔狐吃饱乳汁；注意检查和治疗母狐的胎衣不下、乳腺炎和仔狐拉稀等情况。

**8. 仔狐的护理**

（1）生长发育

狐是多胎动物，银黑狐及彩狐平均一胎产仔 4～5 只，仔狐初生重 80～130g；北极狐平均一胎产仔 7～8 只，仔狐初生重 60～90g。初生仔狐闭眼，无听觉，无牙齿，身上胎毛稀疏，呈灰黑色；出生后 14～16d 睁眼，并长出门齿和犬齿；18～19d 时开始吃由母狐叼入的饲料；30d 后吃食量猛增，应进行人工补饲；出生后 45～60d 进行人工断乳分窝。

（2）仔狐闯三关

仔狐在 20d 内完全依靠母乳来满足其生长发育的需要。据统计，在正常饲养情况下，无特殊传染病及中毒发生，哺乳期仔狐死亡率出现 3 个高峰。

① 仔狐 5 日龄死亡率占哺乳期死亡率的 47%，占总死亡率的 41%，原因是母狐妊娠期饲喂发霉变质的饲料、饲料单一或营养不全价、维生素供给不足、缺乏微量元素等，导致妊娠期胎儿发育终止呈死胎、烂胎。仔狐出生后 24h 内吃不上初乳，往往造成全窝饿死；产箱保温不良，仔狐冻死；或患病死亡，被压死、咬死等。

② 仔狐 10～15 日龄内死亡率分别占哺乳期死亡率和总死亡率的 24% 和 21%。

③ 仔狐 20～25 日龄内死亡率占哺乳期死亡率和总死亡率则分别降为 14% 和 12%。其死因主要是饲养条件差，产仔弱，母狐缺乳或无乳，造成仔狐饿死，以及环境噪声、异味、惊吓、缺水等。

（3）仔狐补饲和断乳

仔狐出生后 1 个月（1 月龄银黑狐体重为 700～750g、北极狐体重为 650g）吃食量猛增，此时母狐乳汁已经满足不了仔狐的需要，随着仔狐的长大，有的母狐乳头被仔狐咬掉、出血，造成乳腺炎、疼痛；有的母狐甚至吃掉仔狐，为减少损失，应及时进行补饲。补饲最好用富含蛋白质且新鲜的鱼粥和鸡蛋，有条件的可加牛奶或奶粉，饲料稍稀，保证每个仔狐都能吃到，满足供应，以不剩食为准。

仔狐到 40～45 日龄（体重达到 1500g 左右），大部分仔狐能够独立采食和生活，应适时断乳。断乳太迟，会对母狐体况恢复造成不良影响，如果同窝的狐发育均匀，可一次全部断乳。先将母狐分开，仔狐在产箱内饲养 1～2d，之后再按性别每 2 只放在一笼内饲养，到80～90 日龄改为单笼饲养。若同窝仔狐发育不均匀，可先将体形大、采食能力好的狐分出来，剩下体质较弱的继续留给母狐抚养一段时间再分出。分窝后幼狐即进入育成期饲养。

## 九、提高繁殖力的主要措施

### 1. 繁殖力的评价指标

繁殖力是指维持正常繁殖功能生育后代的能力，也就是指在一生或一段时间内繁殖后代的能力。欲提高狐的繁殖力，必须掌握繁殖力的评价指标。

（1）受配率

受配率用于配种期考察母狐交配进度。

受配率＝（达成配种的母狐数/参加配种并发情的母狐数）×100%

（2）产仔率

产仔率用于评价母狐妊娠情况。

产仔率＝产仔母狐数（包括流产数）/实配母狐数×100%

（3）胎平均产仔数

胎平均产仔数用于评价母狐产仔能力。

胎平均产仔数＝仔狐数（包括流产和死胎）/产仔母狐数

（4）群平均产仔数

群平均产仔数用于评价整个狐群产仔能力。

群平均产仔数＝仔狐数（包括流产和死胎）/配种期存栏母狐数

（5）成活率

成活率用于衡量仔、幼狐培育的好坏。

$$成活率＝(现活仔狐数/所产仔狐数)×100\%$$

（6）年增值率

年增值率用于衡量年度狐群变动情况。

$$年增值率＝(年末只数－年初只数)/年初只数×100\%$$

（7）死亡率

死亡率用于衡量狐群发病死亡的情况。

$$死亡率＝(死亡只数/年初只数)×100\%$$

**2. 提高狐繁殖力的措施**

影响狐繁殖力的因素较多，如遗传、营养、环境应激、饲养管理等。这些因素可直接或间接影响公狐的精液品质、配种能力，母狐的正常发情、排卵数和胚胎发育，最终影响到狐的繁殖功能。为提高狐的繁殖力，必须采取综合性技术措施。

（1）建立优良高产种群

在建场时就应先引入优良种狐，只有良种才能产出优良后代。实践中往往引入狐种并不理想，这就需要在实际工作中不断选育提高。具体做法是不断淘汰生产性能低、母性差、毛色差的种狐及其后裔，保留那些生产性能优良的种狐及其后裔，经过 3～5 年的精选和淘汰，就会使种群品质大大提高。

（2）科学饲养管理

科学饲养管理能保障种狐的健康，使种狐有良好的繁殖体况，保证精子和卵子的质量，这是提高狐繁殖力的前提条件。再好的种狐，如果饲养管理跟不上，也不能充分发挥良种的潜力和生产效能。因此，按狐不同生理时期的不同饲养标准进行适宜的饲养管理，是提高母狐繁殖力的必备条件之一，主要包括日粮全价、饲养环境适宜又干净卫生、无疾病和应激等。

（3）科学利用生殖激素

动物的繁殖生理活动如精子和卵子的生成、性器官发育、发情、妊娠、分娩等都是在生殖激素的作用下实现的。动物体内的生殖激素有十余种，由脑垂体、性腺等分泌。外源生殖激素是指人们根据生殖激素的化学结构人工合成或从动物的组织器官中分离提取的，而非狐体自身合成的生殖激素。目前在狐的繁殖方面主要应用以下 4 种外源生殖激素。

① 孕马血清促性腺激素（PMSG）　是一种比较特殊的促性腺激素，由糖蛋白组成，其同一分子具有促卵泡激素（FSH）和促黄体素（LH）两种活性。因此，具有促卵泡成熟和促排卵的作用。近年来，在大家畜人工授精和胚胎移植技术方面，常用 PMSG 促同步发情和超数排卵。

对狐主要用于促进发情、排卵及在人工授精时的同步发情。成年母狐初情期前或初情期，每只狐可用 PMSG 100～500IU。

② 人绒毛膜促性腺激素（HCG）　是人和高等动物灵长类胎盘分泌的一种糖蛋白类激素，主要作用是使月经黄体转变为妊娠黄体，促进卵泡的发育及排卵，对雌、雄动物均有促进发情作用。中国农业科学院特产研究所于 1994～1995 年利用 HCG 进行促进北极狐同步发情的试验，效果良好。

在试用 HCG 促进母狐发情时，其发情和自然发情母狐的外阴部变化一致，母狐外阴部均在处理后的 4～5d 开始肿胀，6～10d 发情达到持续期，能够顺利达成交配和产仔（产仔率为 30%～60%）。每只母狐用量为 200～250IU，一次注射较为适宜。HCG 也不是对所有母狐均有作用，种狐必须达到或接近标准体况时才有效。一般是在配种后期对发情较迟缓的母狐使用。

③ 促性腺激素释放激素（GnRH）　由丘脑下部分泌，其主要作用是促进母狐排卵。我国使用 GnRH 使紫貂繁殖力提高了 50% 左右。为了使母狐超数排卵，提高繁殖力，可在交配之后给每只母狐注射 GnRH 8～10μg。

④ 褪黑激素（Melatonin，简称 MT）　又称黑色紧张素，它是一种吲哚类物质，由松果体分泌。目前研究情况表明，MT 的主要作用是促进雄性睾丸发育；此外，在长日照条件下埋置 MT，可使动物提前换毛。

### 3. 合理利用现代繁育技术

狐属种狐较北极狐属种狐发情时间早，发情进程快，而且持续时间短，发情征候不明显，产仔数少。另外，狐属种狐在发情持续期时难以达成交配，因此交配准确性较高，故狐属的发情鉴定要及时准确，并结合试情放对达成初配，初配后要求连日复配1～2次。北极狐属由于发情持续期和排卵持续时间均较狐属长，发情前期又易达成交配，故交配准确性低，因此对北极狐属发情鉴定要严格准确，杜绝提早交配，初配后必须连日或隔日复配2～3次。北极狐属较狐属增加复配次数，可提高受胎率和产仔数。但复配次数过多易使母狐生殖道损伤而增加细菌感染的机会，引起子宫内膜炎，造成流产或空怀。

# 第五章 狐饲料安全配制加工新技术

# 第一节 狐营养需要及饲料

## 一、狐的消化特点

狐是杂食动物，主要消化特点有以下几点。

① 门齿小，犬齿长而尖锐，臼齿结构复杂，适合撕咬、撕裂肉类，不善于咀嚼。

② 狐的消化道短，食物通过消化道的速度快，消化道长 2.1～2.6m，是体长的 3～4 倍，容积为 500～1200mL，在体内存留时间较短，一般在采食 6～8h 后排便。

③ 狐的消化腺能够分泌大量的蛋白酶和脂肪酶，对蛋白质和脂肪的消化能力很强。

④ 狐消化腺分泌的淀粉酶较少，对碳水化合物的消化能力差，饲喂前要对其进行煮熟或对淀粉类进行糊化。

⑤ 盲肠退化，只剩下 4cm 左右的大小，所以在消化过程中微生物所起的作用很小，体内合成维生素的能力很差。

## 二、狐的营养需要

狐必须从体外吸收所需要的营养物质以维持生存、繁殖和正常的新陈代谢等生命活动。狐的营养需要包括能量、蛋白质、脂肪、碳水化合物、维生素、矿物质和水分。

### 1. 能量

饲料中的蛋白质、脂肪、碳水化合物等在体内代谢过程中会释放能量。狐的能量需要通常用代谢能来表示。饲料代谢能等于总的可消化营养物质的能量减去尿能。生产实践中，常用下列方式求得饲料代谢能：

代谢能＝可消化蛋白质×0.0188MJ＋可消化脂肪×0.0399MJ
＋可消化碳水化合物×0.0172MJ

狐的能量需要会随着季节因光照和温度等外界因素的不同而有不同的变化。狐通常在夏季的代谢水平最高，每千克体重需代谢能 0.2592MJ；冬季的代谢水平最低，每千克体重需代谢能 0.1167MJ；春、秋两季代谢水平相近，每千克体重需代谢能 0.209～0.217MJ。

成年狐日代谢能需要量见表 5-1，幼狐生长期日代谢能、粗蛋白质需要量见表 5-2。

**表 5-1　成年狐日代谢能需要量**

| 月份 | 母狐 | | | 公狐 | | |
| --- | --- | --- | --- | --- | --- | --- |
| | 活体重/kg | 日代谢能需要量/kJ | | 活体重/kg | 日代谢能需要量/kJ | |
| | | 每只 | 每千克体重 | | 每只 | 每千克体重 |
| 1～2 | 7.84 | 4.05 | 0.517 | 11.08 | 4.64 | 0.419 |
| 3～4 | 7.69 | 4.42 | 0.551 | 10.64 | 4.71 | 0.442 |
| 5～6 | | 4.32 | | 10.01 | 4.07 | 0.407 |
| 7～8 | 7.25 | 3.68 | 0.508 | 9.55 | 4.03 | 0.422 |
| 9～10 | 7.77 | 3.94 | 0.512 | 10.83 | 4.88 | 0.451 |
| 11～12 | 8.02 | 4.11 | 0.512 | 11.12 | 4.92 | 0.442 |

表 5-2 幼狐生长期日代谢能、粗蛋白质需要量

| 周龄<br>/周 | 体重<br>/kg | 日代谢能需要量<br>/kJ | 每千克体重需要量<br>/kJ | 日粗蛋白质需要量<br>/g |
|---|---|---|---|---|
| 7～11 | 1.5～2.4 | 1.88～3.11 | 1.25～1.30 | 40.4～60.9 |
| 11～15 | 2.4～3.5 | 3.11～4.16 | 1.19～1.30 | 60.9～80.1 |
| 15～19 | 3.5～5.0 | 4.16～4.87 | 0.79～1.19 | 80.1～100.6 |
| 19～23 | 5.0～7.3 | 4.87～5.09 | 0.70～0.79 | 100.6～102.4 |

## 2. 水分

水是狐机体组织和器官的重要组成部分，是构成细胞的主要成分，是各种营养物质的溶剂。水占狐体重的 60%～70%，消化道内各种营养物质的消化、吸收以及体温调节、血液循环等都离不开水。水使机体内各组织细胞保持一定形状，使其既有硬度又有弹性，而且具有润滑组织、减缓各组织及脏器间的冲击和摩擦功能。水与狐的新陈代谢关系极大。若饮水不足或缺水时间较长，狐生长发育速度会下降。缺水比缺乏其他任何营养物质对狐的致死速度都快。狐日常需要的水量受环境温度、湿度、狐的周龄、水质等因素的影响，其中环境温度对所需要的水量影响最大。当气温高于 20℃时，所需水量开始增加；32℃时，所需水量大约为 21℃时的 2 倍。

## 3. 蛋白质

蛋白质是狐日粮中最重要的营养物质，是构成肌肉、神经、皮肤、各种器官、血液、毛发等各种组织的主要成分，具有修补和更新组织、供给机体能量等作用。因此，在狐的日粮中必须保证足够的蛋白质供给。日粮中缺乏蛋白质时，狐生长发育缓慢，食欲减退，绒毛生长不良，体重下降，抗病力降低，容易发生各种疾病。

饲料中的蛋白质是粗蛋白，它包括纯蛋白质和非蛋白氮。狐是单胃动物，只吸收饲料中的纯蛋白质。纯蛋白质由 20 种氨基酸组成，狐对蛋白质的需要，实际上是对氨基酸的需要。氨基酸可分为必需氨基酸和非必需氨基酸。必需氨基酸是狐生存和生长所必需的，而体内又不能合成或者能合成但其合成速度或数量不能满足正常生长的需要，所以必须从饲料中获得。非必需氨基酸是指不需要饲料供给也能保证

狐的正常生长，如果日粮中含量不足或缺乏时，可由狐机体自己合成的氨基酸。计算狐日粮中蛋白质的需要量时，先要考虑必需氨基酸能否满足营养需要，这对于满足狐生长发育、维持生命及正常生长繁殖和生产优质皮张是非常必要的。

幼龄银黑狐要求每 0.418MJ 代谢能中保证有 7～8g 可消化蛋白质，日粮中蛋氨酸加胱氨酸不少于 200mg、色氨酸不少于 65mg 对狐的生长和换毛均有良好效果。如果氨基酸不足，则会导致翌年繁殖率下降。成年银黑狐及后备狐在夏季每 0.418MJ 代谢能中要保证有 8g 左右可消化蛋白质，冬季需要 10g 左右。在 7～10 月份日粮中蛋氨酸加胱氨酸不能低于 245mg，色氨酸不能低于 70mg。幼龄北极狐要求每 0.418MJ 代谢能中含 7g 可消化蛋白质、5g 左右脂肪。只要氨基酸达到平衡，就可保证正常生长，获得优质毛皮。成年北极狐每 0.418MJ 代谢能中要保证有 9～10g 可消化蛋白质。

**4. 脂肪**

饲料中的脂溶性成分称为粗脂肪。粗脂肪包括脂肪和脂质化合物，如固醇、磷脂、蜡酯等。脂肪是狐体组织和细胞的主要组成成分，可促进脂溶性维生素的吸收、氧化供能。

1g 脂肪在体内完全氧化释放的能量是碳水化合物或蛋白质的 2.25 倍，日粮中缺乏脂肪将影响脂溶性维生素的吸收和利用。脂肪由甘油和脂肪酸构成，脂肪酸又分为饱和脂肪酸和不饱和脂肪酸。必需脂肪酸是狐生存所必需的，但体内又不能合成或大量合成，必须从饲料中获得，对狐的生长发育十分重要，至少占饲料的 2% 左右。脂肪在贮存过程中，易氧化酸败。不饱和脂肪酸的氧化产物如脂质过氧化物、醛、酮等可造成消化障碍，导致食欲减退、生长发育缓慢或停滞，甚至造成母狐空怀、流产和胚胎吸收等，所以要尽量保证供给新鲜的脂肪。狐在繁殖季节的脂肪供给量应为饲料干物质的 12%，幼狐生长期脂肪供给量应达 17%。当脂肪供给量达 20%～22% 时，虽能促进狐的快速生长，但对绒毛质量有不良影响。

**5. 碳水化合物**

饲料中的碳水化合物包括易吸收的无氮浸出物和难消化的粗纤维两部分，是狐能量的重要来源。碳水化合物是由碳、氢、氧三种元素构成的有机物，主要包括淀粉、纤维素、半纤维素、木质素以及一些可溶性糖类。无氮浸出物的主要成分是淀粉和糖类。粗纤维的主要成分是纤维素、半纤维素、木质素和角质等，这些都是饲料中不易消化的物质。狐对碳水化合物的利用，实质就是对无氮浸出物的利用，狐的肠道结构决定了狐对粗纤维的利用率很低。但粗纤维可以刺激肠道正常蠕动，有利于废物的排出。

碳水化合物在日粮中的组成比例必须适当，狐日粮中碳水化合物需要量占25%左右。银黑狐和北极狐都可以很好地消化各种类型的淀粉和糖类。煮熟和膨化的饲料与生饲料相比可提高消化率10%左右，同时可杀灭危害狐的病原微生物，还可改善饲料的适口性。北极狐日粮中碳水化合物的比例可略高于银黑狐，但一般不超过30%。

#### 6. 矿物质

饲料中的无机物质就是矿物质，也叫灰分。矿物质中的无机元素可分为常量元素和微量元素两大类。常量元素是指占体重0.01%以上（每天需要量大于100mg）的元素，包括钙、磷、氯、钠、钾、镁、硫；微量元素是指占体重0.01%以下（每天需要量小于100mg）的元素，如铁、铜、锰、钴、锌、碘、硒、氟等。

矿物质是机体组织细胞的组成成分，对神经和肌肉组织的正常兴奋有重要作用。如钠、钾离子浓度升高，可提高神经系统的兴奋性；而钙、镁离子浓度升高，则会降低神经系统的兴奋性。另外，矿物质对维持水的代谢、酸碱平衡和渗透压平衡等都有重要作用。

（1）钙和磷

钙和磷是构成狐骨骼、牙齿的主要成分，还有少部分构成软组织，存于体液中。钙参与凝血，维持细胞的正常生理状态；磷还是核酸和蛋白质的主要组成成分。妊娠、哺乳的母狐和仔狐对钙和磷需要量较大。如果钙和磷缺乏，会导致狐食欲丧失、生长停滞、患佝偻病；母狐在泌乳期间，将会消耗体内骨骼中的钙、磷，影响其健康。钙、磷过多时，会抑制机体对锰和镁的吸收。狐日粮中要根据磷含量确定钙含量。骨粉是钙和磷的重要来源。饲料中最适宜的钙、磷比为1.7:1。

（2）氯、钠、钾

这三种元素可以调节狐体内阴阳离子的平衡，对保持水分，保持细胞与血液、组织液之间渗透压的均衡，维持机体内的酸碱平衡起着重要作用。狐日粮中缺乏这三种元素可导致消化不良、食欲减退；但摄入过量又会引起中毒甚至死亡。食盐是钠和氯的重要来源，每只狐每天可摄入 $1\sim2g$，为饲料的 $0.2\%\sim0.3\%$。

（3）铁、钴、铜

铁在体内可以与蛋白质结合形成血红蛋白、肌红蛋白、各种氧化酶以及细胞色素等，参与运输氧气和细胞内的生物氧化过程。铜可以催化血红蛋白的形成，是狐体内各种酶的组成成分和活化剂。铁和铜可参与造血过程，缺乏时会患贫血症，造成毛皮质量下降。钴是维生素 $B_{12}$ 的成分，缺乏时会影响体内铁的代谢，导致贫血，影响生长。

（4）镁

镁主要存在于狐的骨骼中，与骨骼发育有关。如果体内镁过少，会出现骨骼钙化不正常，骨骼生长发育不良；但若体内镁过多，则会扰乱钙磷平衡。

（5）锰

锰可以促进钙、磷的吸收和骨骼、牙齿的形成。若日粮中缺锰，狐的骨骼将发育不良，生长缓慢，出现运动障碍。妊娠母狐缺锰，将会对胚胎发育产生严重影响。

（6）硒

硒具有抗氧化作用，是谷胱甘肽过氧化物酶的组成成分，可促进仔狐、幼狐的生长发育。缺硒时，皮下出现水肿和组织出血，常发生骨骼肌和肌肉营养不良，诱发白肌病。

（7）碘

碘是甲状腺合成甲状腺激素必需的元素，参与机体的基础代谢。缺碘会导致甲状腺肿，生长发育缓慢，代谢受阻，严重者会使公狐精液品质不良，导致不育，母狐胚胎死亡或流产。

（8）硫

含硫氨基酸中的硫是体内硫的主要来源，以有机形式存在于蛋氨酸、胱氨酸及半胱氨酸中。机体缺硫时会导致狐血糖升高，生长速度减慢，甚至出现食毛等现象，影响毛皮质量。

**7. 维生素**

维生素对毛皮动物而言既不是能量来源，又不构成机体的组织和器官，但它是具有高度生物活性的低分子有机化合物，是动物体不可缺少的一种特殊物质，只需要少量即可维持机体正常的代谢、繁殖和生存。维生素作为酶类结构的一部分，参与体内各种新陈代谢。当体内缺乏维生素时，正常的新陈代谢就要受到破坏，导致新陈代谢紊乱，生理功能失调，影响机体对其他种类营养物质的吸收和利用，严重时可导致死亡。尤其是肉食性的毛皮动物对维生素缺乏更为敏感，因为其合成维生素的能力很低，加之动物性饲料在保存或加工的过程中维生素又易遭到破坏或损失。

维生素按其溶解性可分为脂溶性和水溶性两大类。脂溶性维生素包括维生素 A、维生素 D、维生素 E 和维生素 K。水溶性维生素包括 B 族维生素和维生素 C。B 族维生素又包括维生素 $B_1$（硫胺素）、维生素 $B_2$（核黄素）、烟酸、泛酸、维生素 $B_6$、叶酸、生物素、维生素 $B_{12}$ 和胆碱等。

（1）维生素 A

维生素 A 俗名为抗干眼病维生素。在对维持上皮细胞的完整性、正常视力、基因调节、繁殖、免疫功能、抗氧化作用等方面有重要作用，并能促进细胞的增殖和生长，增强机体抗感染能力，维持骨骼的正常生长代谢。机体缺乏维生素 A 时，会引起仔狐、幼狐生长发育缓慢，表皮和黏膜上皮（包括呼吸道、消化道、泌尿道、生殖道等）角质化，严重影响繁殖力、毛皮品质及抵抗疾病的能力。尤其是会对狐的视觉、呼吸、泌乳和生殖系统产生严重影响，公狐不能生成精子，性欲减退；母狐不排卵，空怀；胎儿营养不良，易造成流产和死胎。在动物性饲料中，肝脏和鱼肝油含维生素 A 最丰富；植物性饲料来源的 $\beta$-胡萝卜素及其他类胡萝卜素可转化为维生素 A，故称为维生素 A 原。但狐缺乏将维生素 A 原转化为维生素 A 的能力。因此，必须由饲料供给维生素 A。狐对维生素 A 的需要量在繁殖期最高，每只狐维生素 A 的需要量为 800～1000IU/d。补给维生素 A 的同时增喂脂肪和维生素 E，可提高维生素 A 的利用率。

（2）维生素 D

维生素 D 又称抗佝偻病维生素、骨化醇，是具有钙化醇生物活性的物质总称，与狐体内钙、磷有协同作用。其功能是维持钙和磷的正常代谢水平，增强肠道对钙、磷的吸收与利用，促进钙、磷在肠道内的吸收，保证骨的形成和正常生长。如果缺乏维生素 D，会出现软骨病、佝偻病，并对狐的繁殖产生不良影响。维生素 D 主要来源于鱼肝油、动物肝脏、蛋类和乳类，每只狐需要量为 $100\sim150\text{IU/d}$。维生素 $D_2$ 是由麦角固醇（存在于酵母饲料中）经日光中紫外线照射转化而成，维生素 $D_3$ 是由动物皮肤中的 7-脱氢胆固醇在紫外线照射下转化而成的。因此，狐除了从饲料中获得维生素 D 外，保证充足光照对防止维生素 D 缺乏也是必要的。

（3）维生素 E

维生素 E 又称抗不育维生素、生育酚，是由一类化学结构相似的酚类化合物组成的，在自然界中目前已知至少有 8 种，其中以 $\alpha$-生育酚的效力最高、分布最广。维生素 E 在狐体内参与脂肪的代谢调节，调节机体正常的内分泌，使细胞正常发育，缩短母狐妊娠期，提高产仔数。维生素 E 还是狐体内的抗氧化剂和代谢调节剂，对生殖、泌乳、铁元素的吸收都有重要作用。如果缺乏维生素 E，公狐的精子活力差，数量减少，畸形数增多，精液品质降低，甚至丧失配种能力；母狐产仔数下降，不孕或妊娠后胎儿死亡。缺乏维生素 E 时，还会出现脂肪代谢障碍，导致尿湿症，或出现肌肉营养不良或白肌病。可以在饲料中添加亚硒酸钠来防止维生素 E 缺乏。维生素 E 在植物油中含量较高，也可以在日粮中用以维生素 E 补充。狐需要量以仔狐、幼狐的生长期和种狐的繁殖期为最高，每只 $3\sim5\text{mg/d}$，其他时期可以适当减少。在毛皮动物饲料中，鱼类脂肪、植物油、禽类油脂等，富含不饱和脂肪酸，极易氧化酸败，从而引起脂溶性维生素和 B 族维生素破坏，如添加维生素 E 可以减缓维生素破坏。

（4）维生素 K

维生素 K 又称抗出血维生素，是一类醌类化合物，是血液凝固所必需的物质。维生素 K 对体内凝血酶原的形成有催化作用。维生素 K 缺乏，易导致脏器或鼻腔出血，狐受伤后血液不易凝固，流血不止甚至死亡。多数成年毛皮动物，通过肠道微生物合成维生素 K，能保证机体的需要。但是，当胃肠功能紊乱或长期服用抗生素药物时，能抑制肠道中微生物活动与繁殖，使合成维生素 K 的量减少，就会造成维生素 K 缺乏。一般在妊娠母狐和泌乳母狐饲料中添加维生素 K 是必要的。

（5）维生素 $B_1$

维生素 $B_1$ 由嘧啶环和噻唑环通过亚甲基结合而成，含有硫和氨基，故又称硫胺素，又称抗神经炎维生素。维生素 $B_1$ 可促进狐生长发育，维持神经系统、消化系统和循环系统的正常功能。狐体内不能合成维生素 $B_1$，只能靠日粮满足需要。当缺乏维生素 $B_1$ 时，狐体内的碳水化合物代谢和脂肪利用率会受到影响，出现食欲减退、消化紊乱、生长发育受阻、后肢麻痹、颈部强直震颤等多发性神经症状，严重时可出现抽搐、痉挛、瘫痪等。维生素 $B_1$ 在酵母中含量最丰富，在糠麸及各种青饲料中含量也较多。每只狐需要量为 3～5mg/d。维生素 $B_1$ 毒性小，超过狐最低需要量的 200 倍时也没有危险。利用淡水鱼饲喂毛皮动物，极易引起维生素 $B_1$ 不足，原因是其含有破坏维生素 $B_1$ 的硫胺素酶，但硫胺素酶不耐热。因此，在煮过的鱼中加硫胺素，可以预防维生素 $B_1$ 不足。

（6）维生素 $B_2$

维生素 $B_2$ 又称核黄素，是构成体内某些酶的辅基，参与生物氧化过程，与蛋白质、脂肪、碳水化合物的代谢密切相关；维生素 $B_2$ 在体内可与三磷酸腺苷作用，转化为核黄素-5-磷酸，在细胞代谢、呼吸反应中起控制作用，是营养呼吸作用所必需的。维生素 $B_2$ 不仅是幼龄动物生长所必需的，也是成年动物维持健康的要素。此外，维生素 $B_2$ 还参与体温调节，在冬季应提高维生素 $B_2$ 的饲喂量。维生素 $B_2$ 是饲料中最容易缺乏的一种维生素。缺乏维生素 $B_2$ 时，会导致蛋白质和氨基酸利用率降低，种狐丧失繁殖能力，仔狐、幼狐发育缓慢，新陈代谢功能障碍，肌肉痉挛无力等。维生素 $B_2$ 在酵母、糠麸以及青饲料中含量丰富。每只狐需要量为 2～3mg/d。夏季毛皮动物（尤其是肉食性毛皮动物）易患肝脂肪变性病，与饲料中缺乏维生素 $B_2$ 有关。现已肯定，缺乏维生素 $B_2$ 时，毛皮动物对链球菌和葡萄球菌的抵抗力降低，容易感染脓肿。在毛皮动物饲养的生产实践中，当利用高脂肪低蛋白的日粮，特别是利用鱼粉或鱼的废弃物（头、骨架、内脏等）及痘猪肉时，

容易患维生素 $B_2$ 缺乏症。所以，日粮中脂肪含量高时，要增加维生素 $B_2$ 的供给量。另外，妊娠期和哺乳期对维生素 $B_2$ 的需要量也较高，亦应提高其供给量。

（7）维生素 $B_6$

维生素 $B_6$ 又称为吡哆醇或氨基酸代谢维生素，主要在体内参与蛋白质代谢，促进抗体的形成，增强机体的抗病力，并供应神经系统所需要的营养。维生素 $B_6$ 基本上都与氨基酸代谢有关。因此，维生素 $B_6$ 缺乏主要表现为生长发育受阻。缺乏维生素 $B_6$ 时，母狐的空怀率和仔狐的死亡率增高；公狐无精子，性功能消失，睾丸显著缩小并变性；仔狐生长发育缓慢。健壮公狐患尿结石也与维生素 $B_6$ 缺乏有关。维生素 $B_6$ 在谷物、糠麸等饲料中含量较多且在体内也可以合成，很少有缺乏现象。

（8）维生素 $B_{12}$

维生素 $B_{12}$ 又称为氰钴胺素或抗贫血维生素，是唯一含钴的维生素。参与调节骨髓的造血过程以及红细胞的成熟，参与核酸合成以及碳水化合物、脂肪的代谢，可以促进狐生长、防止狐贫血。维生素 $B_{12}$ 缺乏时，红细胞的浓度降低，易发生贫血、消化不良或脂肪肝，饲料利用率低，食欲不振，仔狐、幼狐生长缓慢，种狐繁殖能力降低。维生素 $B_{12}$ 在动物性饲料中含量丰富。日粮中充足的动物性饲料或经常供给多种维生素制剂，就可以满足狐对维生素 $B_{12}$ 的需要。当谷物量加大，或者狐患有肝病和胃肠病时，会发生维生素 $B_{12}$ 不足，要增加其饲喂量。在毛皮动物的幼龄生长期，日粮中添加维生素 $B_{12}$，对生长发育有明显的促进作用。如果在补喂维生素 $B_{12}$ 的同时饲喂抗生素，效果更明显。

（9）维生素 C

维生素 C 又称为抗坏血酸。维生素 C 参与体内氧化还原反应，可以作为酶的激活剂、还原剂，参与激素的合成，具有解毒作用和抗坏血病的功能，还可促进钙、铁和叶酸的吸收与利用。维生素 C 缺乏时，会发生坏血病，母狐妊娠期要加大饲喂量，否则会造成狐食欲不振、泌乳能力降低，出生仔狐容易患红爪病。另外，在毛皮动物发生传染病时，全群投给维生素 C 和葡萄糖，具有增强抵抗力、强心解毒的作用。

狐对几种维生素的需要量见表 5-3。

表 5-3 狐对维生素的需要量

| 维生素种类 | 每 100g 干物质中含量 | 每 0.418MJ 中含量 | 每 1kg 混合饲料中含量 |
|---|---|---|---|
| 维生素 A/IU | 500~825 | 150~250 | 8000 |
| 维生素 D/IU | 100~165 | 30~50 | 1000 |
| 维生素 E/mg | 3~15 | 1~5 | 30 |
| 维生素 $B_1$/mg | 1.2~3.6 | 0.6~1 | 12 |
| 维生素 $B_2$/mg | 0.2~0.8 | 0.1~0.25 | 2 |
| 泛酸(维生素 $B_3$)/mg | 1.2~4 | 0.36~1.2 | 12 |
| 胆碱(维生素 $B_4$)/mg | 33~66 | 10~20 | 330 |
| 烟酸(维生素 $B_5$)/mg | 1.5~4 | 0.45~1.2 | 15 |
| 吡哆醇(维生素 $B_6$)/mg | 0.6~0.9 | 0.18~0.27 | 6 |
| 生物素(维生素 $B_7$)/mg | 13~20 | 4~6 | 0.13 |
| 叶酸(维生素 $B_{11}$)/mg | 0.06~0.3 | 0.02~0.09 | 0.6 |
| 维生素 $B_{12}$/mg | 5~8 | 1.5~2.5 | 0.05 |
| 维生素 C/mg | 33~66 | 10~20 | 330 |

## 三、狐的饲养标准

狐的饲养标准是保证狐正常生长发育、具有良好的生产性能和毛皮质量的技术标准。养狐生产中,一定要根据饲养标准作出计划,并因地制宜灵活运用,以达到高效养殖的目的。狐的不同时期,对营养物质和热能的需要不同。如配种期,性欲旺盛,食欲差,机体消耗大,此时期需要较多的蛋白质,因此应配制少而精的日粮。在制订日粮配方时,应根据不同时期的营养需要、食欲状况、当地饲料条件等情况,尽量达到饲养标准的要求。狐饲养标准只有美国 NRC(1982)标准,国内目前尚未颁布狐饲养标准。美国 NRC(1982)狐饲养标准见表 5-4~表 5-6。国内部分学者推荐的狐饲养标准见表 5-7 和表 5-8。

表5-4　NRC（1982）狐营养需要量（百分比或每千克干物质含量）

| 指标 | 生长阶段 | | 维持期 | 妊娠期 | 泌乳期 |
|---|---|---|---|---|---|
| | 7～23周龄 | 23周龄至成熟 | | | |
| 代谢能/MJ | | 13.4889 | | | |
| 蛋白质/% | 27.6～29.6 | 24.7 | 19.7 | 29.6 | 35.0 |
| 维生素A/IU | 2440 | 2440 | | | |
| 硫胺素/μg | 1.0 | 1.0 | | | |
| 核黄素/mg | 3.7 | 3.7 | | 5.5 | 5.5 |
| 泛酸/mg | 7.4 | 7.4 | | | |
| 维生素B₆/μg | 1.8 | 1.8 | | | |
| 烟酸/mg | 9.6 | 9.6 | | | |
| 叶酸/μg | 0.2 | 0.2 | | | |
| 钙/% | 0.6 | 0.6 | 0.6 | | |
| 磷/% | 0.6 | 0.6 | 0.4 | | |
| 钙磷比 | (1～1.7)：1 | (1～1.7)：1 | (1～1.7)：1 | | |
| 盐/% | 0.5 | 0.5 | 0.5 | 0.5 | 0.5 |

表5-5　NRC（1982）银黑狐营养需要量（每0.418MJ代谢能含量）

| 指标 | 生长阶段 | | 维持期 | 妊娠期 | 泌乳期 |
|---|---|---|---|---|---|
| | 7～23周龄 | 23周龄至成熟 | | | |
| 可消化蛋白质/g | 28～30 | 25 | 22 | 30 | 35 |
| 维生素A/IU | 66 | 66 | | | |
| 硫胺素/μg | 27 | 27 | | | |
| 核黄素/mg | 0.10 | 0.10 | | 0.15 | 0.15 |
| 泛酸/mg | 0.2 | 0.2 | | | |
| 维生素B₆/μg | 50 | 50 | | | |
| 烟酸/mg | 0.26 | 0.26 | | | |
| 叶酸/μg | 5.2 | 5.2 | | | |

**表 5-6 NRC（1982）银黑狐生长期平均每天代谢能和干饲料需要量**

| 指标 | | 周龄 | | | | | | | |
|---|---|---|---|---|---|---|---|---|---|
| | | 7 | 11 | 15 | 19 | 23 | 27 | 31 | 35 |
| 公 | | | | | | | | | |
| 体重/kg | | 1.45 | 2.50 | 3.60 | 4.40 | 5.10 | 5.76 | 6.25 | 6.50 |
| 代谢能/MJ | | 1.154 | 1.881 | 2.257 | 2.575 | 2.667 | 2.404 | 2.090 | 2.040 |
| 干饲料需要量/g | 11.704MJ/kg | 99 | 161 | 193 | 220 | 228 | 205 | 179 | 174 |
| | 14.212MJ/kg | 81 | 132 | 159 | 181 | 188 | 169 | 147 | 144 |
| | 16.720MJ/kg | 69 | 113 | 135 | 154 | 160 | 144 | 125 | 122 |
| 母 | | | | | | | | | |
| 体重/kg | | 1.35 | 2.30 | 3.25 | 3.95 | 4.60 | 5.10 | 5.40 | 5.50 |
| 代谢能/MJ | | 1.074 | 1.731 | 2.040 | 2.312 | 2.404 | 2.132 | 1.806 | 1.726 |
| 干饲料需要量/g | 11.704MJ/kg | 92 | 148 | 174 | 198 | 205 | 182 | 154 | 148 |
| | 14.212MJ/kg | 76 | 122 | 144 | 163 | 169 | 150 | 127 | 121 |
| | 16.720MJ/kg | 64 | 104 | 122 | 138 | 144 | 128 | 108 | 103 |

**表 5-7 幼狐的饲养标准**

| 月龄 | 银黑狐 | | | 北极狐 | | |
|---|---|---|---|---|---|---|
| | 代谢能/MJ | 可消化蛋白质/g | | 代谢能/MJ | 可消化蛋白质/g | |
| | | 种用 | 皮用 | | 种用 | 皮用 |
| 1.5～2 | 1.63～1.96 | 22.7～25.1 | 22.7～25.1 | 1.76～1.84 | 21.5～26.3 | 21.5～26.3 |
| 2～3 | 1.88～2.05 | 20.3～22.7 | 20.3～22.7 | 2.38～2.43 | 20.3～22.7 | 20.3～22.7 |
| 3～4 | 2.47～2.72 | 17.9～20.3 | 17.9～20.3 | 3.01～3.18 | 17.0～20.3 | 17.0～20.3 |
| 4--5 | 2.64～2.84 | 17.9～20.3 | 17.9～20.3 | 2.89～3.05 | 17.0～20.3 | 17.0～20.3 |
| 5～6 | 2.76～2.93 | 21.5～23.9 | 21.5～23.9 | 2.72～2.89 | 21.5～23.9 | 17.0～20.3 |
| 6～7 | 2.38～2.64 | 21.5～23.9 | 21.5～23.9 | 2.47～2.68 | 21.5～23.9 | 17.0～20.3 |
| 7～8 | 2.13～2.22 | 21.5～23.9 | 21.5～23.9 | 2.26～2.34 | 15.1～22.7 | 17.0～20.3 |

表 5-8　育成狐的饲养标准

| 狐别 | 月龄 | 不同体重的代谢能/MJ | | | | 每 0.1MJ 代谢能中可消化蛋白质/g | |
| --- | --- | --- | --- | --- | --- | --- | --- |
| | | 5.0kg | 5.5kg | 6.0kg | 7.0kg | 种用 | 皮用 |
| 银黑狐 | 1.5～2 | 1.46 | 1.55 | 1.63 | 1.76 | 2.27～2.51 | 2.27～2.51 |
| | 2～3 | 1.76 | 1.80 | 1.88 | 2.05 | 2.03～2.27 | 2.03～2.27 |
| | 3～4 | 2.22 | 2.34 | 2.47 | 2.70 | 1.79～2.03 | 1.79～2.03 |
| | 4～5 | 2.30 | 2.47 | 2.64 | 2.85 | 1.79～2.03 | 1.79～2.03 |
| | 5～6 | 2.34 | 2.55 | 2.76 | 2.96 | 1.79～2.03 | 1.79～2.03 |
| | 6～7 | 1.92～2.13 | 2.13～2.34 | 2.26～2.47 | 2.38～2.64 | 2.15～2.39 | 2.15～2.39 |
| | 7～8 | 1.72～1.88 | 1.88～2.09 | 2.05～2.26 | 2.13～2.34 | 2.15～2.39 | 1.79～2.03 |
| 北极狐 | 1.5～2 | 1.67 | 1.76 | 1.84 | 1.92 | 2.15～2.63 | 2.15～2.63 |
| | 2～3 | 2.09 | 2.38 | 2.43 | 2.59 | 2.03～2.27 | 2.03～2.27 |
| | 3～4 | 2.80 | 3.01 | 3.18 | 3.35 | 1.79～2.03 | 1.79～2.03 |
| | 4～5 | 2.72 | 2.89 | 3.05 | 3.26 | 1.79～2.03 | 1.79～2.03 |
| | 5～6 | 2.51 | 2.72 | 2.89 | 3.10 | 2.15～2.39 | 1.79～2.03 |
| | 6～7 | 2.30 | 2.47 | 2.68 | 2.85 | 2.15～2.39 | 1.79～2.03 |
| | 7～8 | 2.09 | 2.26 | 2.34 | 2.51 | 2.27～2.51 | 1.79～2.03 |

## 四、狐的饲料种类及其利用

狐的饲料按其来源和功能可分为动物性饲料、植物性饲料和添加剂类饲料等。狐为肉食性动物，动物性蛋白质饲料在其饲料中所占比例较大，但随着我国狐、貉、貂养殖量的增加及用于毛皮动物养殖海杂鱼资源的减少，狐主要饲料原料鲜海杂鱼、鲜肉及畜禽下杂等产品的价格逐渐升高，导致养殖成本上升。目前以鱼粉、肉骨粉、谷物饲料等为主要原料的狐干粉或颗粒配合饲料及浓缩饲料逐渐被广大养殖户接受和使用。在此，对常规饲料原料作为狐饲料使用时，应注意的事项进行简要介绍。

动物性饲料包括鲜动物性饲料，软体动物，干动物性饲料，乳、蛋类饲料等。

**1. 鲜动物性饲料**

（1）鱼类饲料

鱼类饲料是狐蛋白质饲料的主要来源之一。我国沿海地区及内陆的江河、湖泊和水库，每年可产出大量的小杂鱼，均可以用来养狐。鱼大小和种类不同，其营养价值也不同，一般每 100g 小杂鱼中平均含 10～15g 可消化蛋白质、1.5～2.3g 脂肪和 334.72～355.64kJ 代谢能。鱼肉相对其他蛋白质饲料来说，蛋白质利用率高，而且氨基酸比例比较平衡。

鱼脂肪中富含不饱和脂肪酸，所以比较容易酸败变质。鱼肉的矿物质含量丰富，尤其是磷的含量较高，钙、钠、氢、钾、镁等含量也较高。海产鱼类富含碘，鱼类也含有丰富的维生素，是核黄素和烟酰胺的良好来源，同时其肝脏中也含有丰富的维生素 A 和维生素 D。利用鱼作饲料时，最好利用杂鱼，这样可以利用蛋白质的互补作用。

注意事项如下：

① 海鱼类中的青皮红肉鱼类，如鲐鱼（鲐巴鱼）、竹荚鱼（刺巴鱼）等，肉中含有大量的组氨酸，经脱羧酶和细菌作用后，组氨酸脱羧基而产生组胺，组胺在动物体内会引起中毒。因此，要对青皮红肉鱼的新鲜程度给予重视。不新鲜鲤鱼也存在同样问题。

② 淡水鱼类多数含有硫胺素酶，利用淡水鱼饲喂狐时，多采用蒸煮方法来破坏硫胺素酶。

③ 在利用淡水鱼喂狐时，长年生喂，容易使狐感染华支睾吸虫病。因此，狐养殖场每年最好对全群进行预防性驱虫。丙硫苯咪唑的驱虫谱很广，对狐体内很多寄生虫有效。

④ 葫芦籽鱼、黄鲫鱼、清鳞鱼等脂肪含量高，而且有特殊苦味，尤其是干鱼。因此，不宜用量过多。

⑤ 新鲜的海杂鱼，可以全部生喂。但有些鱼，体表含有较多蛋白质黏液，对这些鱼应先用 2.5％盐水搅拌清洗，或用热水浸烫，去掉黏液后可提高适口性。

⑥ 鱼类含有大量的不饱和脂肪酸，在运输、贮存和加工过程中可随时与空气中的氧气发生反应，容易使脂肪酸败。因此，应控制好贮

存条件。

⑦ 当狐的蛋白质饲料 100％ 来自鱼类时，应特别注意供给含有 B 族维生素和维生素 E 的饲料，以预防 B 族维生素和维生素 E 的缺乏。

（2）肉类饲料

肉类饲料包括各种家畜、家禽和其他动物的肉，只要新鲜、无病、无毒均可作为狐的饲料。该类饲料含有比例和数量比较适宜的全部必需氨基酸，同时，还含有脂肪、维生素和矿物质等营养成分。

肉类饲料是营养价值较高的全价蛋白质饲料。因此，要合理利用。在妊娠期、哺乳期和幼龄动物生长发育期，可以利用肉类饲料和其他饲料搭配，较好的搭配比例（质量比）是：肌肉 10％～20％、肉类副产品 30％～40％、鱼类 40％～50％。牛、马、骡、驴的肌肉，含脂肪少，适口性好。因此，狐日粮中动物蛋白质可以 100％ 来源于肉类，但由于成本问题，肉类应不超过 50％，一般占 10％～20％ 较好。肉类必须经兽医卫生检疫合格后，才可以生喂，否则应进行高温无害化处理，以避免疾病发生。鲜碎骨是狐肉类饲料的一部分，含粗蛋白质约 20％，具有较好的饲喂价值。用鲜碎骨及肋骨、骨架喂狐，可连同残肉一起粉碎饲喂，较大骨架可用高压锅或蒸煮罐高温软化后投喂，鲜碎骨喂给量一般占 10％～20％。

肉类如果不及时冷冻，在 25～37℃ 条件下，正适合肉毒梭菌繁殖产生毒素。如果狐被饲喂了被肉毒梭菌污染的肉类，将会出现中毒事故。

利用痘猪肉喂狐时，应进行高温高压处理，去掉部分脂肪，并与脂肪含量低的鱼类等饲料配合，防止超过狐的吸收能力。

另外，患伪狂犬病猪的肉，也应进行高温高压处理，否则也容易诱发全群发病。

在用兔肉，尤其是野兔肉饲喂时，要注意该兔是否患巴氏杆菌病。如患病，兔肉也必须熟喂。

在狐的繁殖期，严禁饲喂经己烯雌酚等激素处理的肉类，否则可能会引起狐生殖功能紊乱，影响配种、受胎和产仔。

（3）动物副产品饲料

鱼、肉类副产品是狐动物性蛋白质来源的一部分，它除了含有蛋白质外，还含有丰富的钙、磷。这类饲料除了肝脏、肾脏、心脏中的蛋白质外，大部分蛋白质消化率低，生物学价值也不高，原因是矿物质和结缔组织含量高或某些必需氨基酸含量过低、比例不当。

① 鱼类副产品　沿海地区和水产制品厂有大量的鱼头、鱼骨架及其他下脚料。新鲜鱼骨架可以生喂，繁殖期喂鱼量不能超过日粮中动物性饲料的 20%，幼狐生长期和毛皮发育期可增加到 40%。新鲜程度较差的鱼类副产品应熟喂，也可烘干粉碎后饲喂，以占日粮 30% 左右为好。

② 兽类副产品　畜、禽、野生动物的肉类副产品包括头、蹄、骨架、内脏和血液等，这些副产品已广泛应用到狐的饲料中，用量占狐日粮动物性饲料的 40%～50%，对种狐的繁殖性能、幼狐生长发育及毛皮质量无不良影响。

a. 肝脏。是狐理想的蛋白质饲料，蛋白质生物学价值高，含有全部必需氨基酸。肝脏含 20% 左右的蛋白质、5% 左右的脂肪和丰富的维生素及矿物质等，特别是维生素 A、维生素 $B_{12}$ 及铁等含量高，对狐的生长发育、繁殖等均有非常重要的作用。

各种动物肝脏饲喂时，应先摘去胆囊。健康动物新鲜的肝脏，可以生喂；对来源不同、新鲜程度较差或可疑污染的肝脏，必须熟喂。由于肝脏有轻泻作用，饲喂量不可过高，一般日喂量为 15～30g，最高日喂量不宜超过 50g。

b. 心脏和肾脏。二者也是优质的蛋白质饲料，含有较多的维生素（维生素 A、B 族维生素、维生素 C）和微量元素，健康新鲜可生喂，营养价值和消化率均很高。肾上腺在狐的繁殖期不宜饲喂，防止发生繁殖功能紊乱。

c. 胃。由于牛、羊和兔等动物的胃蛋白质不全价，生物学利用率低。因此，需与肉类或鱼类饲料搭配使用。新鲜健康的牛、羊胃可以生喂，而猪、兔的胃必须熟喂。

d. 肺脏、肠和脾脏。动物的肺脏、肠和脾脏虽然生物学价值不高，但已广泛应用到毛皮动物养殖上，使用时应与肉类、鱼类饲料等混合搭配，可以取得良好的生产效果。

肺脏含较多的结缔组织，不易消化，且蛋白质生物学价值较低。

肺脏对狐的胃肠道还有刺激作用，饲喂后易发生呕吐，应少量投喂，一般占动物性饲料的5％～7％。

各种动物的胃肠都可作为毛皮动物的饲料，但其营养价值不高，粗蛋白质的含量仅14％，脂肪1.5％～2％，维生素和矿物质含量更少。因此，应与其他动物性饲料搭配饲喂。用新鲜的胃肠喂狐，虽适口性好，但因为胃肠中含有大量的病原微生物，所以一般需经灭菌、熟制后投喂，饲喂量可控制在动物性饲料的10％左右。

脾脏也不能单独作为动物性饲料，因为它不易消化，具有轻泻作用，可以在幼狐生长发育期大量利用。

配种期一般不要利用这些副产品，以防因含某些种类的激素而造成生殖紊乱。

e. 血液和脑。动物血液中含有较多的蛋白质、脂肪和丰富的无机盐类（铁、钠、钾、氯、钙、磷、锌等），尤其是富含甲硫氨酸，对绒毛生长有利，但血液蛋白质不易消化吸收。血液如果是取自屠宰后不超过5～6h，而且健康的动物，就可以生喂（猪血除外）。在繁殖期饲喂量可占日粮动物性饲料的5％，幼龄动物生长发育期占10％。饲喂量过多，由于无机盐的轻泻作用，可引起毛皮动物腹泻。不新鲜的血液应采取熟喂的方式。

动物的脑含蛋白质丰富，而且蛋白质生物学价值很高，不仅含有全部必需氨基酸，还含有丰富的脑磷脂。因此，对生殖器官的发育有一定的促进作用。如果有条件，在狐的配种期可以饲喂一些，以狐每天喂6～9g为好。

f. 头。兔、牛、羊的头可以绞碎饲喂，一般饲喂量可占动物性饲料的10％～15％，妊娠期和哺乳期不宜饲喂。

③ 禽类加工副产品　禽类加工副产品包括禽类的头、骨架、内脏和血液等，主要包括鸡架、鸭架、鸡肝、鸡心、鸡头、鸡肠等产品，需要绞碎、均质后饲喂。这类产品资源丰富，适口性好，已在毛皮动物生产中广泛应用。禽类加工副产品中蛋白质含量一般在20％以上，粗脂肪含量在10％～20％。日粮中一般占动物性饲料的30％～40％，但在狐繁殖期，不能饲喂含激素的副产品（如含甲状腺、肾上腺等内分泌腺的组织）。

（4）软体动物

软体动物包括河蚌、赤贝和乌贼类等，除含有蛋白质外，还含有丰富的维生素 A 和维生素 D。据分析，去壳的生蚌肉含蛋白质 6.8%、脂肪 0.8%、无氮浸出物 4.8%、灰分 1.5%。

软体动物蛋白质属硬蛋白质，消化率低，并含有硫胺素酶，所以应采取熟喂方式并限量。一般熟蚌肉或赤贝占动物性饲料的 10%～15%，最大饲喂量不超过 20%，在幼龄动物的生长发育期可以广泛采用。

河虾和海虾也可以作为狐的饲料，但由于含有过多角质化蛋白质，消化率低，用量不应超过日粮中动物性饲料的 20%。

**2. 干动物性饲料**

干动物性饲料的优点是便于运输、贮存，同时可以满足鱼、肉生产淡季或缺少饲料资源地方对动物性饲料的需求。干动物性饲料原料种类较多，常用的有鱼粉、干鱼、肉骨粉、血粉、肝渣粉、羽毛粉及蚕蛹粉等。

（1）鱼粉

鱼粉分为海鱼鱼粉和淡水鱼鱼粉，实践中又习惯分为优质鱼粉和普通鱼粉。优质鱼粉是以优质鱼为原料，采用现代加工设备和工艺生产的，营养丰富，有效成分损失少；普通鱼粉主要以水产品加工厂的副产品，如鱼骨、鱼头和鱼的其他废弃物加工而成，一般灰分含量高、蛋白质含量低。总之，鱼粉由于产地、加工方法和原料来源的不同，其质量差别较大。在生产中对新购入的鱼粉要经过检测后方可使用，一般都要对蛋白质和含盐量进行检测，含盐量高的鱼粉，就减少用量或水洗后饲喂，这样才比较安全有效。同时也应注意鱼粉掺假的问题。

狐最适宜饲喂灰分不高于 20%，或粗蛋白质不少于 50%（即消化率不低于 40%），脂肪不高于 10%，含盐量不超过 5% 的鱼粉。鱼排、鱼头和鱼的其他废料加工而成的鱼粉，灰分含量常超过 22%，这样的鱼粉蛋白质消化率低、营养价值不高，不适宜喂狐。饲喂优质鱼粉时，夏季可占动物性饲料的 70%，冬季可占动物性饲料的 30%～50%，其余必须喂鲜鱼和肉类副产品。

鱼粉易受潮发生霉变，甚至发臭，所以在运输、贮藏过程中，一定要注意防潮并防止鼠害，使用前应注意检查。好的鱼粉必须松散，没有团块，颜色要呈浅灰色或淡黄色，具有特殊的鱼香味。

（2）干鱼

在鲜鱼生产淡季或动物性饲料难以获得的地区，可以应用干鱼来养狐。干鱼的特点是体积小、热量高，但消化率低，而且在晾制过程中，一些必需氨基酸、脂肪酸和维生素可能受到一定程度的破坏。因此，饲喂量一般可占动物性饲料的 70%～75%，个别时期可达到100%，但前提是干鱼在晾制前后一定要新鲜，防止腐烂变质。

干鱼在喂狐时，尤其是在配种、妊娠、泌乳等关键时期，应搭配适当比例的鲜动物性饲料，同时增加一些酵母、维生素 $B_1$、鱼肝油、维生素 A 和维生素 E 等的供给，这样才可以达到理想效果。干鱼在晾制时，往往加入一定比例的食盐，因此咸干鱼在饲喂时要经过浸泡（冬季 2～3d，每天换水 2 次；夏季 1d，换水 3～4 次；淡干鱼浸泡12h），之后再与其他饲料混合调制。

在不同时期，饲喂干鱼可参考表 5-9。

表 5-9　以干鱼为主的狐日粮占动物性饲料的质量比

| 饲养时期 | 干鱼 | 肝脏 | 肉类 | 乳类 |
|---|---|---|---|---|
| 配种期/% | 70～80 | 10 | 10～20 | |
| 妊娠期/% | 70～75 | 5～10 | 10～15 | 5 |
| 哺乳期/% | 75～80 | 5～10 | 10～15 | 5 |
| 恢复期/% | 80～85 | | 5～10 | 10 |

（3）肝渣粉

生物制药厂利用牛、羊、猪的肝脏提取 B 族维生素和肝脏浸膏等副产品，经过干燥粉碎后就是肝渣粉。其营养物质含量为：水分7.3%左右、粗蛋白质 65%～67%、粗脂肪 14%～15%、无氮浸出物8.8%、灰分 3.1%。肝渣粉可以与其他动物性饲料搭配饲喂毛皮动物。在利用肝渣粉时，冬季要用清洁的水浸泡 12～15h，夏季浸泡 5～6h，然后用水煮沸，经过软化处理后，能提高其消化率。因为肝渣粉不易消化，所以饲喂量过大易引起腹泻，一般在繁殖期可占动物性饲料的 8%～10%，幼龄动物育成期和绒毛生长期占 20%～25%。

（4）血粉

血粉是从畜禽屠宰厂收集到的由动物血加工干燥而制成的，其粗蛋白质含量在80％以上，高于鱼粉、肉骨粉。血粉中赖氨酸、色氨酸含量很高，但所含氨基酸平衡性差、适口性差及消化率低，一般日粮中应控制在3％～7％。

（5）肉骨粉

肉骨粉由家畜躯体、骨头、胚胎、内脏及其他废弃物制成，也可用非传染病死亡的动物胴体制成。肉骨粉的营养价值很高，据分析，粗蛋白质的含量为54％～56％，粗脂肪为5％～7％，赖氨酸为3％～6％，同时含烟酸、维生素$B_{12}$丰富。一般在毛皮动物日粮中可占动物性饲料的20％～25％。

（6）羽毛粉

羽毛粉由各种家禽的新鲜羽毛及不适宜作羽绒制品的原料制成。近年来羽毛粉加工技术不断改进，如膨化羽毛粉等，使其蛋白质消化率大大提高。羽毛粉中含丰富的胱氨酸、谷氨酸、丝氨酸，这些氨基酸是绒毛生长所必需的，但由于羽毛粉含角蛋白过多，不易消化，所以不能作为狐的主要蛋白质饲料。一般在幼狐绒毛生长期和冬毛生长期时使用，添加量为4％～7％。

（7）蚕蛹粉

蚕蛹粉是一种高蛋白动物性饲料，氨基酸含量丰富，同时含有大量不饱和脂肪酸，但所含无机盐和维生素较少，而且它也含有毛皮动物不能消化的甲壳质，故用量不宜过多，一般可占日粮的5％左右。同时应补充无机盐、维生素A、维生素D、维生素E和维生素C。

**3. 乳、蛋类饲料**

乳制品和蛋类是比较全价的蛋白质饲料，含有全部的必需氨基酸，而且各种氨基酸的比例与毛皮动物营养需要相似，同时非常容易被消化吸收。另外，还含有能量很高的脂肪和多种维生素及易于吸收的矿物质。

（1）鲜乳

牛乳和羊乳是毛皮动物繁殖期和幼龄动物生长发育期的优质蛋白质来源，在日粮中加入一定量的鲜乳，可以提高日粮的适口性和蛋白质的生物学价值。在母狐妊娠期的日粮中加入鲜乳，有自然催乳的作用，可以提高母狐的泌乳力以促进幼狐的生长发育。

鲜乳是细菌生长的良好环境，极易腐败变质，特别是在夏季高温季节，如果不及时消毒，放置4～5h就会酸败（酸度超过22度）。鲜乳加热至70～80℃，经过15min的消毒，饲喂较安全。凡是未经消毒或酸败变质的乳类，不能用来饲喂毛皮动物。

（2）乳粉

经鲜奶加工而成的乳粉或次乳粉，也是毛皮动物优质蛋白质饲料。全脂乳粉含蛋白质25%～28%、脂肪25%～28%。1kg乳粉，可加水7～8kg，调制成复原乳，与鲜乳营养成分相近，只是维生素和糖类稍有损失。

（3）蛋类

蛋类主要是家禽蛋，以鸡蛋为主。蛋类几乎含有动物必需的所有营养物质，一般含蛋白质14%左右，以卵白磷蛋白和卵黄磷蛋白为主，其中赖氨酸和甲硫氨酸含量丰富。脂肪主要存在卵黄中，含量为30%左右，易于消化吸收。

在毛皮动物准备配种期，给种公狐喂少量蛋类（每天每千克体重10～15g），可提高精液品质和增强精子活力。对哺乳期母狐（每天每千克体重20g）能维持较高的泌乳量。妊娠母狐日粮中搭配占动物性饲料8%～10%的蛋类，对胚胎发育和提高出生仔狐的活力有显著作用。

蛋类均应熟喂，因为生蛋白中含有抗生物素蛋白，不利于蛋白质的消化。孵化后的各种蛋类（毛蛋）经蒸煮消毒后也可饲喂。

**4. 植物性饲料**

植物性饲料包括谷物饲料、豆类作物、饼粕类和果蔬类等，是狐碳水化合物、能量和维生素的主要来源，也是狐日粮的主要组成部分。为了提高饲料利用率，有利于狐消化吸收，通常把谷物饲料和饼粕类粉碎成细粉，再经过熟化调制，与动物性饲料配合成日粮饲喂。蔬菜、水果等青绿饲料一般经过切碎，加在日粮中生喂。

（1）谷物饲料

各种谷物粉，如玉米、小麦及其他谷物含有大量碳水化合物（70%～80%，主要是淀粉），是狐比较便宜的热能来源，但含蛋白质偏低，如玉米仅含蛋白质 8% 左右。

　　谷物占狐日粮中的量，取决于狐所处的生物学时期和混合日粮中脂肪的含量，加入的量一般占日粮热量的 15%～30%。狐对熟谷物中的淀粉消化率较高，可达 90% 左右，因此一般将谷物煮成粥或加工成窝头来喂。膨化谷物是当前较新的饲料熟化方式，它可以提高谷物消化率，同时也可灭活有害细菌。膨化是指谷物经过水分、热、机械剪切、摩擦、揉搓及压力差综合作用下的淀粉糊化过程。

　　膨化玉米色泽淡黄，粉细蓬松，具有爆米花香，易溶于水。膨化玉米糊化度在 90% 左右，适口性好，消化率高。小麦的有效能低于玉米，但蛋白质含量比玉米高。膨化小麦，外观呈茶褐色，适口性好，可破坏阿拉伯木聚糖等抗营养因子，提高养分消化率。

　　谷物的糠麸，含有丰富的 B 族维生素和较多纤维素。狐对糠麸的消化率低，但能促进肠蠕动，可少量利用，而且最好利用细糠麸。在狐日粮中，最多不超过谷物总量的 25%。

　　狐日粮中谷物最好多样混合，其比例为：玉米粉、高粱粉、小麦粉和小麦麸各按 1∶1∶1∶1 混合；也可玉米粉、小麦粉、小麦麸按 2∶1∶1 混合。饲喂狐的谷物要充分晾干，防止发霉变质，尤其是黄曲霉，狐对其分泌的毒素非常敏感。使谷物水分降至 12% 以下，保持贮藏室通风、干燥，可以有效防止霉变。

　　（2）豆类作物

　　在豆类作物中，主要是大豆在狐养殖中应用较多。大豆既含有丰富的蛋白质，又含有大量的脂肪，而且蛋白质中含有全部必需氨基酸，只是甲硫氨酸、胱氨酸和色氨酸含量低，降低了生物学价值，与其他富含这几种氨基酸的饲料搭配饲喂，效果较好。在饲喂过程中，一定要充分粉碎后煮熟，否则大豆富含脂肪，饲喂量过大容易引起狐消化不良。一般占谷物饲料用量的 20%～25%，最大不得超过 30%。

　　其他油料作物，如芝麻、亚麻籽、花生、向日葵等，也有少数养殖场在绒毛生长期应用。捣碎的油料作物日添加量为每千克体重 3～4g，在增进毛皮质量和光泽度方面有一定效果。

　　（3）饼粕类饲料

　　豆类经过提油后的副产品是油饼或油粕类。用于狐饲料的有豆饼、豆粕、去皮的葵花籽饼和去皮的花生饼等。

夏秋季节，在狐的日粮中，饼粕类饲料允许代替鱼饲料40%～50%（占动物性饲料的量），而冬季占30%。去皮的花生饼可代替动物性饲料的50%以上。应用这类饲料时，要增加脂溶性维生素和酵母用量。饼粕类饲料饲喂量一般不宜超过谷物饲料用量的1/3，否则易引起软便或下痢。

（4）果蔬类饲料

果蔬类饲料包括叶菜、野菜、块根、块茎及瓜果等，是维生素C、维生素K的主要来源，同时提供可溶性的无机盐类及帮助消化的纤维素，并可增加食欲。一般占日粮的10%～20%。

利用蔬菜时，应采用新鲜菜，严禁大量堆积，否则会使菜内温度上升。温度达30～40℃时，菜中的硝酸盐被还原成亚硝酸盐，且放置时间越长，其含量越高。蔬菜切碎后不能在水中长时间浸泡，防止维生素流失，腐烂的部分应摘去。

另外，农药污染过的蔬菜最好也不用或慎用。

**5. 微生物类饲料**

（1）饲料酵母

饲料酵母泛指以糖蜜、味精、酒精、造纸等的废液为培养基生产的酵母。饲料酵母外观多呈淡褐色，蛋白质含量很高，可达40%～60%，富含B族维生素。酵母能使胃肠中的消化酶稳定，并且氨基酸种类齐全，容易被狐消化吸收，是狐的一种常年不可缺少的优质饲料。

（2）发酵饲料

发酵饲料是指在人工控制条件下，利用有益微生物自身的代谢活动，将植物性、动物性和矿物质性物质中的抗营养因子分解，生产出更易被动物采食、消化、吸收并且无毒害作用的饲料。狐饲料中添加一定量的发酵饲料，可提高粗脂肪的消化率，减少氮的排放。

**6. 添加剂类饲料**

（1）钙磷添加剂

在狐饲养中，主要的钙磷添加剂有骨粉、蛎粉、蛋壳粉、白垩粉、石灰石粉、蚌壳粉、磷酸钙等。毛皮动物幼龄时对钙的需要量占日粮干物质的0.5%～0.6%，磷占0.4%～0.5%，即每418.4kJ日粮中钙为 0.15～0.18g、磷为 0.12～0.15g；泌乳的母狐每 418.4kJ 日粮中钙为 0.24g，磷为 0.17g。毛皮动物钙磷含量一般能满足需要，但二者比例常不平衡。如果动物性蛋白质饲料中，骨的成分少，则易磷多钙少，适当补充一些钙源即可。

（2）维生素添加剂

① 维生素 A　狐所需维生素 A，主要来源于鱼肝油、鱼类及家畜的肝脏，鸡蛋中维生素 A 含量为 300～800IU/个，牛乳中为 132～156IU/100g，羊乳中为 134IU/100g。因此，在肉食性毛皮动物日粮中供给 5%～10% 的肝脏、5% 左右的乳、一定量的鸡蛋，或一定量的维生素 A 添加剂，可满足毛皮动物对维生素 A 的需要。

目前研究认为，毛皮动物维生素 A 的需要量，非繁殖期摄入量最低为每千克体重 250～400IU/d，繁殖期为每千克体重 500～800IU/d。

② 维生素 D　毛皮动物所需维生素 D，主要依靠鱼肝油、肝脏、蛋类、乳类及其他动物性饲料。在日常饲养中，只要饲料新鲜，就不需要另外添加。但在繁殖期和幼龄动物生长期，对维生素 D 需要量增加，可适当增添一些维生素 D。据研究，毛皮动物对维生素 D 的最低日需要量是每千克体重 10IU。但在实际饲养中，维生素 D 供给量比需要量高 5～10 倍。在光照充足的环境下，毛皮动物对维生素 D 的需要量少，而在阴暗的棚舍中饲养的毛皮动物对维生素 D 需要量多。

③ 维生素 E　多种谷物胚芽和植物油富含维生素 E，如 100g 小麦芽含有维生素 E 25～35mg。在繁殖期的毛皮动物日粮中，小麦芽可占日粮重的 5% 左右（每天每头 15～25g），小麦胚油每千克体重可添加 0.5～1g/d，棉籽油、大豆油和玉米籽油每千克体重 1～3g/d。青绿植物中也含有一定量的维生素 E，春季可以大量饲喂。

毛皮动物对维生素 E 的需要量，一般是每千克体重 3～4mg/d，妊娠期日粮中不饱和脂肪酸含量高时，用量可增加 1 倍。

④ B 族维生素　动植物性饲料中，B 族维生素含量丰富的饲料有：各种酵母、谷物胚芽、细糠麸等；哺乳动物肝脏、心脏、肾脏和肌肉等。鱼类、谷物、蔬菜中含量少。日粮中提供的 B 族维生素基本上能满足毛皮动物的需要。但在妊娠期和哺乳期，应在日粮中补充一些 B 族维生素制剂，一般在妊娠中期每千克体重添加 B 族维生素纯品

10～20mg/d。

(3) 食盐

食盐是钠和氯原料，单纯依靠饲料中的钠和氯，毛皮动物会感到不足。因此，要不断地小剂量（每天每千克体重0.5～1g）供给，才能维持正常代谢。高产的毛皮动物，哺乳期日粮中食盐的添加量比其他时期高，达到混合饲料质量的 0.3%～0.4%，或每天每千克体重1～1.2g。

(4) 合成氨基酸

当狐日粮中某些氨基酸缺乏或不平衡时，可以补充一些合成氨基酸。目前主要常用的合成氨基酸有赖氨酸、甲硫氨酸和苏氨酸等。

(5) 酶制剂

酶制剂是一种新型饲料添加剂，外源酶可以补充内源酶的不足，刺激机体内源酶分泌。目前已有试验和应用报道中，有人研究了复合酶制剂818A对幼龄狐生长发育的影响，结果表明，添加复合酶制剂使狐的日增重、周体长增长值、料重比都显著优于对照组，而且换毛时间也较对照组缩短。有报道，给狐投喂含有酶制剂的颗粒料或粉料，效果非常好。特别是育成期，仔狐消化吸收好、生长迅速、增重快、肠炎犯病率很低，仔狐育成率达95%～98%以上，取得了良好的经济效益。

# 第二节　狐日粮配方设计

日粮是指一只狐在一昼夜内所采食的各种饲料组分的总量。狐的日粮是以狐在不同生理阶段对不同营养物质的需要量为标准，根据各种饲料的营养成分含量，科学配合得到的。这个配合比例就是饲料配方。

## 一、配制狐日粮的依据

① 应考虑狐的食性和消化生理特点。狐属于肉食性毛皮动物，对动物性饲料消化能力强，对植物性饲料消化能力弱。因此，狐日粮要

以动物性饲料为主。

② 应明确处于不同生物学时期的狐对各种营养物质的需要，即饲养标准，它是狐日粮配制最根本的依据。再结合各种饲料中所含的营养成分，适当配合，尽量达到标准规定的要求。当然饲养标准并不是绝对的，它是各种研究的积累和总结，随着研究和实践的深入，饲养标准应作出相应的调整，以更加趋于完善。

③ 在拟定日粮时，应充分考虑当地的饲料条件和现有的饲料种类，尽可能用多种饲料配合，充分发挥蛋白质互补作用，满足狐对必需氨基酸的需要和提高日粮中氨基酸的利用率，以达到营养完全的目的，并能节省饲料，降低饲养成本。狐日粮所需要的饲料种类及所占比例一般是：植物性饲料中的谷物饲料选 2～3 种或以上，占日粮的 30％～40％；油饼类饲料选 1～2 种或以上，占日粮的 10％～20％；果蔬类饲料选 1～2 种或以上，占日粮的 5％～15％；动物性饲料应选 2～3 种或以上，占日粮的 30％～50％。在动物性饲料来源广且价格便宜的地区，还可以适当加大比例。添加剂类饲料应选 2～3 种或以上，微量元素和维生素等添加剂，可根据需要添加。

④ 在配制日粮时，要注意各种饲料的理化性质，避免营养物质之间的破坏和拮抗作用。

⑤ 拟定日粮时，还需考虑狐的体况、季节变化、性别，以及各种饲料的适口性和利用率问题。拟定日粮还要考虑过去的日粮营养水平、狐群的体况以及存在的问题等，同时也要保持饲料的相对稳定，避免突然改变饲料品种，否则会引起狐对饲料的不适应而影响生产。

⑥ 新日粮拟定后要注意观察饲喂效果，遇有问题时应及时加以修正。

## 二、配制狐日粮的方法

配制狐日粮的方法主要有手工计算法和计算机辅助设计两种。利用计算机通过线性规划或多目标规划原理，可在较短时间内，快速设计出营养全价且成本最低的优化饲料配方。手工计算法设计过程清晰，可充分体现设计者的意图，充分发挥不同饲料的优势，规避不足。由于手工计算量不及计算机，因此手工计算法更依赖于经验值。

随着饲料工业的快速发展，许多饲料厂推出了狐的商品配合饲料。

商品配合饲料是将各种动植物性饲料，如鱼粉、肉骨粉、大豆浓缩蛋白、谷物等干燥粉碎，并添加矿物质和维生素混合而成的干配合饲料，其运输、储存、使用方便，许多中、小型养殖场都在使用，仅在狐繁殖期适当添加部分营养价值高、适口性好的新鲜饲料。由于新鲜自配饲料的消化率和适口性优于干配合饲料，目前仍然有许多养殖场在使用自配饲料。

这里仅介绍常用手工计算配方的基本方法。

**1. 热量配比法**

① 热量配比法拟定日粮，是以狐所需代谢能或总能为依据搭配的饲料，其以热量为计算单位，混合饲料所组成的日粮其能量和能量构成达到规定的饲养标准。

② 对没有热量价值或热量价值很低的饲料（如添加剂类饲料和维生素类饲料、微量元素、矿物质饲料、水分等）可忽略不计算其热量，以每千克体重或日粮所需计算。

③ 为满足狐对可消化蛋白质的需要，要核算蛋白质的含量，经调整使蛋白质含量满足要求。必要时也应计算脂肪和碳水化合物的含量，使之与蛋白质形成适宜的蛋能比。为了掌握蛋白质的全价性，对限制性氨基酸的含量也应计算调整。

④ 具体计算时可先算 1 份代谢能，即 418.68kJ（100kcal）中各种饲料的相应质量，再按照总代谢能（或总能）的份数求出每只狐每日的各种饲料供给量，并核算可消化营养物质是否符合狐该生长时期的营养需要；最后算出全群狐对各种饲料的需要量及早、晚饲喂分配量，提出加工调制要求，供饲料加工室遵照执行。

**2. 质量配比法**

① 根据狐所处饲养时期和营养需要首先确定 1 只狐 1 日应提供的混合饲料总量。

② 结合本场饲料确定各种饲料所占质量百分比及其具体数量；核算可消化蛋白质的含量，必要时需核算脂肪和碳水化合物的含量及能量，使日粮满足营养需要的要求。

③ 最后算出全群狐对各种饲料的需要量及早、晚饲喂分配量，提出加工调制要求。

## 三、狐营养需要及经验标准

国内对狐营养需要研究尚不透彻，目前仅有国家林业局发布的行业标准《蓝狐饲养技术规程》（LY/T 1290—2005）中有相关内容。我国地域很广，各地理、气候、饲料资源、管理方式各异，也很难制定出一个适用于全国范围应用的准确标准。本书仅根据国内饲养狐的经验资料，归纳成下述经验标准，同时将国家林业和草原局行业标准中相关内容、芬兰北极狐饲养标准同时列出，以便于借鉴采用。

表 5-10～表 5-13 为一些狐典型饲料配方和狐对营养的需要量数据总结。

### 表 5-10　狐的经验饲养标准（热量比）

| 饲养时期 | 代谢能/kJ | 热量比/% | | | | |
| --- | --- | --- | --- | --- | --- | --- |
| | | 肉副产品、鱼类 | 蛋、奶 | 谷物 | 果蔬类 | 其他 |
| 银黑狐 | | | | | | |
| 6～8月份 | 2.1～2.3 | 40～50 | 5 | 30～40 | 3 | 2 |
| 9～10月份 | 2.3～2.4 | 45～60 | 5 | 30～45 | 3 | 2 |
| 11月～翌年1月份 | 2.4～2.5 | 50～60 | 5 | 30～40 | 3 | 2 |
| 配种期 | 2.1 | 60～65 | 5～7 | 25 | 3～4 | 3～4 |
| 妊娠前期 | 2.3～2.5 | 50 | 10 | 34 | 3 | 3 |
| 妊娠后期 | 2.9～3.1 | 50 | 10 | 34 | 3 | 3 |
| 哺乳期 | 2.1[①] | 45 | 15 | 34 | 3 | 3 |
| 北极狐 | | | | | | |
| 6～9月份 | 2.5 | 55 | | 30～40 | 5 | |
| 10～12月份 | 2.9 | 60 | | 30 | 8 | 2 |
| 1～2月份 | 2.9 | 65 | 5 | 21 | 5 | 4 |
| 配种期 | 2.5 | 70 | 5 | 18 | 5 | 2 |
| 妊娠前期 | 2.9～3.1 | 65 | 5 | 23 | 5 | 2 |
| 妊娠后期 | 3.4～3.6 | 65 | 10 | 20 | 3 | 2 |
| 哺乳期 | 2.7[①] | 55 | 13 | 25 | 5 | 2 |

① 母狐基础标准根据胎产仔数和仔狐日龄逐渐增加。

表 5-11 狐的经验饲养标准（质量比）

| 饲养时期 | 代谢能/kJ | 日粮量/g | 粗蛋白质/g | 肉副产品、鱼类/% | 蛋、奶/% | 谷物/% | 果蔬类/% | 水/% |
|---|---|---|---|---|---|---|---|---|
| 准备配种期 | 2.2~2.3 | 540~550 | 60~63 | 50~52 | 5~6 | 18~20 | 5~8 | 13~15 |
| 配种期 | 2.1~2.2 | 500 | 60~65 | 57~60 | 6~8 | 17~18 | 5~6 | 10~12 |
| 妊娠期 | 2.2~2.3 | 530 | 65~70 | 52~55 | 8~10 | 15~17 | 5~6 | 10~12 |
| 产仔哺乳期 | 2.7~2.9 | 620~800 | 73~75 | 53~55 | 8~10 | 12~18 | 5~6 | 12~14 |

添加饲料

| 酵母/[g/(只·d)] | 食盐/[g/(只·d)] | 肉骨粉/[g/(只·d)] | 添加剂/[g/(只·d)] | 维生素 $B_1$/[mg/(只·d)] | 维生素 C/[mg/(只·d)] | 维生素 E/[mg/(只·d)] | 鱼肝油/[IU/(只·d)] | 脑/[g/(只·d)] |
|---|---|---|---|---|---|---|---|---|
| 7 | 1.5 | 5 | 1.5 | 2 | 20 | 20 | 1500 | 5 |
| 6 | 1.5 | 5 | 1.5 | 3 | 25 | 25 | 1800 | |
| 8 | 1.5 | 8~12 | 1.5 | 5 | 35 | 25 | 2000 | |
| 8 | 2.5 | 5 | 2.0 | 5 | 30 | 30 | 2000 | |

**表 5-12　芬兰北极狐饲料的能量构成和蛋白质水平**

| 可吸收能量平均值 | | | | |
| --- | --- | --- | --- | --- |
| 营养成分 | 12月～翌年4月份 | 5～6月份 | 7～8月份 | 9～11月份 |
| 鲜配料/(kcal/kg) | 1200 | 1350 | 1570 | 1850 |
| 干物质/(kcal/kg) | <4000 | >4000 | 4200 | 4200 |
| 可吸收能量分布 | | | | |
| 蛋白质/% | 40～50 | 38～45 | 30～40 | 25～35 |
| 脂肪/% | 32～40 | 37～45 | 42～50 | 45～55 |
| 碳水化合物/% | 15～20 | 15～20 | 18～25 | 16～25 |

**表 5-13　北极狐的饲料配方**

| 饲料名称 | | 准备配种期(1～2月份) | 配种期(3～4月份) | | 妊娠期、哺乳期(5～6月份) | 恢复期(公5～8月份、母7～8月份) | 育成期(6～8月份) | 冬毛生长期(9～12月份) |
| --- | --- | --- | --- | --- | --- | --- | --- | --- |
| | | | 公 | 母 | | | | |
| 鱼及其下杂/% | | 30 | 35 | 30 | 30 | 20 | 20 | 20 |
| 肉及畜禽下杂/% | | 10 | 20 | 20 | 20 | 10 | 20 | 20 |
| 蛋、奶/% | | | 5 | | | | | |
| 谷物、窝头/% | | 25 | 15 | 20 | 15 | 30 | 25 | 25 |
| 蔬菜/% | | 10 | 10 | 10 | 10 | 10 | 10 | 10 |
| 水/% | | 25 | 15 | 20 | 15 | 30 | 25 | 25 |
| 其他饲料(日只量) | 肉骨粉/g | | | | 5 | | 10 | 5 |
| | 酵母/g | 5 | 5 | 5 | 5 | 3 | 10 | 5 |
| | 食盐/g | 2 | 2 | 2 | 2 | 2 | 2 | 2 |
| | 维生素B$_1$/mg | 5 | 5 | 5 | 5 | 5 | 5 | 5 |
| | 维生素E/mg | 10 | 50 | 30 | | 10 | 20 | |
| | 维生素C/mg | | | | 50 | | | |
| | 维生素AD合剂/IU | 800 | 800 | 800 | 1000 | 500 | 1000 | 500 |

续表

| 饲料名称 | 准备配种期（1～2月份） | 配种期（3～4月份） | | 妊娠期、哺乳期（5～6月份） | 恢复期（公5～8月份、母7～8月份） | 育成期（6～8月份） | 冬毛生长期（9～12月份） |
|---|---|---|---|---|---|---|---|
| | | 公 | 母 | | | | |
| 日供给饲料总量/g | 700 | 600 | 600 | 不限量 | 600 | 不限量 | 800 |
| 喂次/(次/d) | 1 | 2 | 2 | 2～3 | 1 | 2～3 | 2 |

注：1. 谷物、窝头由90%玉米面和10%麸皮加1倍量水熟制。如果采用玉米面和豆饼，则比例为7∶3。

2. 在以鱼类饲料为主时，鱼及其下杂可占75%，肉及畜禽下杂占25%；在以肉类饲料为主时，肉及畜禽下杂可占75%，鱼及其下杂占25%。

3. 有蔬菜时可不加维生素C，但在妊娠期、哺乳期必须补给。

4. 用奶粉代替鲜奶时需加7～8倍利用，蛋类要熟喂。

5. 饲料种类各地差异很大，要尽可能新鲜、多样，多种饲料配合饲喂，可使蛋白质互补，有利于营养物质的利用。

# 第三节 狐饲料调制及加工新技术

## 一、饲料调制方法

狐饲料种类较多，有些可以直接食用，有些需要加工后才可利用，有些则需要加工后再调制，才能提高适口性、增加食欲、减少浪费，尤其是提高营养物质的可消化性，促进吸收与利用。

**1. 调制前准备工作**

① 应先对将要调制的饲料品质及卫生指标进行鉴定。疫区的动物性饲料和霉变、腐烂变质的饲料禁止饲喂。遇有大量饲料质量有问题时，应及时请示主管技术人员或养殖场领导处理，不能盲目进行加工调制。

② 新鲜的动物性饲料先用水充分洗涤，再用0.1%的高锰酸钾溶液消毒，然后用清水冲洗。

③ 去掉肉类饲料中过多的脂肪。

④ 动物的胃、肠、肺脏、脾脏等要高温煮熟后冷却备用。

⑤ 冷冻的饲料要先解冻，经洗涤后备用。

⑥ 鱼类饲料或咸干鱼饲料，要先用水浸泡，洗掉表面上的黏液和去掉盐分再用。

⑦ 蔬菜要先去除腐烂部分和根部，再用 0.1％的高锰酸钾溶液消毒，然后用清水洗净，切成小块备用。小白菜有苦味，菠菜含草酸较多，最好用开水烫一下再用。

⑧ 小麦芽要去掉腐烂部分。

⑨ 谷物饲料要熟制后备用。

**2. 饲料加工**

（1）不同饲料原料的处理

① 肉类和鱼类饲料　洗净后进行绞碎备用，淡水鱼、轻微变质或杂菌污染的肉类，要煮熟后饲喂；经高温干燥的肝渣粉和血粉，不但要浸泡，而且要蒸煮达到软化后再饲喂。

② 牛乳和羊乳　喂前要消毒，用锅加热至 70～80℃，保持 15min 冷却后备用。乳桶每天用热碱水洗刷干净。如果是乳粉，按 1：7 加水调制，然后加到混合饲料中，搅拌均匀后饲喂。

③ 谷物、饼粕、糠麸　应先粉碎，再按一定比例搭配，然后进行熟制，可以制成窝头或烤糕，也可以制成粥混合饲喂。

④ 酵母　常用的有药用酵母、饲料酵母、面包酵母和啤酒酵母。药用酵母和饲料酵母是经过高温处理的，酵母菌已被杀死，可以直接加入混合饲料中饲喂；面包酵母和啤酒酵母为活菌，喂前需加热杀死酵母菌。方法是把酵母先放在冷水中搅匀，然后加热到 70～80℃，保持 15min 即可。

⑤ 麦芽　富含维生素 E。其方法是先把小麦浸泡 12～15h，捞出来后放在木槽中堆积，室温控制在 15～18℃，每天用清水淘洗一遍，待长出白色须根，要在露芽时再分槽，每天喷水两次。经过 3～4d，可生出 1～1.5cm 长淡黄色的芽，即可饲喂。麦芽需要用绞肉机绞碎，一般要绞两遍。

⑥ 植物油　富含维生素 E，应放在非金属容器中低温保存，否则

保存时间长易酸败。狐养殖场常用棉籽油补充维生素 E，但饲喂前要先用铁锅煎熬，使棉籽毒挥发。

⑦ 维生素制剂　鱼肝油和维生素 E 浓度高时，可用豆油稀释后加入饲料。但目前维生素 A、维生素 D、维生素 E 都有粉状添加剂，可以直接拌入饲料中。B 族维生素目前也有原粉出售，可直接拌入饲料中应用，比较方便简洁。

⑧ 食盐　一般在谷物熟制过程中加入，直接加入粉料或颗粒料中即可。

（2）饲料加工注意事项

① 生喂冷冻饲料的要事先解冻，充分洗涤干净，挑出饲料中的杂质，特别是铁丝、铁钉等金属废品，以防损坏绞肉机。

② 将洗净和经挑选的生喂饲料置容器中摊开放置备用，严禁在容器内堆积存放，以防腐败变质。

③ 熟喂的饲料按规程要求进行熟制加工，不论采取哪种熟制方法（膨化、蒸、煮、炒等）必须熟制彻底。熟制方法以膨化效果最佳，其次是蒸、煮，炒的效果不太好。

④ 熟制后的热饲料要及时摊开散热，严禁堆积闷热存放，以防腐坏变质或引起饲料发酵。

⑤ 将冷凉后的熟喂饲料装在容器中备用，注意不能和生喂饲料混在一起存放。

⑥ 熟喂饲料必须在单独的加工间内存放加工，未经熟制的生料不能存放在饲料调制间内，以防污染。

**3. 饲料调制**

饲料调制是指把各种饲料原料调制成混合饲料的加工工序，在专用的饲料调制间内完成。

（1）饲料的绞制

一是饲料绞制时间一般在饲喂前 1h 开始，不宜过早进行；二是饲料绞制的顺序一般是先绞动物性饲料，然后绞谷物和果蔬类饲料，也可先混合在一起绞制；三是饲料类别不同，要求绞碎的细度也不相同，动物性饲料不宜绞得太碎（绞肉机板孔＝10mm），而植物性饲料添加的精补饲料（肝、蛋、精肉等）则应绞碎一些（绞肉机板孔＝5mm），以便在混合饲料中混合均匀，更有利于动物消化吸收；四是绞制时以均匀速度搅料，发挥绞肉机的有效功率。

（2）饲料的搅拌程序

饲料搅拌的目的是将绞碎的饲料原料充分混合搅拌均匀，使每只狐所食混合饲料能均匀一致。

① 用机械和人力将绞碎的饲料搅拌均匀，添加剂类饲料可同时加入混合饲料中搅拌，混合饲料多时也可先搅拌少许饲料，然后再加在整个混合饲料中搅匀。中、大型狐养殖场提倡用机械搅匀饲料。

② 搅拌饲料时加入水的量也一定要按饲料单规定量称量准确，不允许随意添加。如遇混合饲料太稠或太稀时，应及时请示技术人员或场领导予以调整。

**4. 饲料分发**

① 混合饲料搅拌均匀后，应尽快分发到各饲养员，尽量缩短分发时间。

② 饲料分发时，严格按饲料分配单规定数量，称量过秤如数分发。不允许按饲养员要求随意增减饲料分发量。

③ 分发饲料如有少许剩余，均摊给各饲养员，以免造成浪费。如剩余较多，则应向技术人员反映，及时予以调整。

## 二、狐饲料加工新技术

**1. 鲜动物性饲料的加工新技术**

动物性饲料一般要经过切碎或绞碎后直接生喂，因此保证饲料原料的新鲜至关重要。破冰、绞肉、搅拌、传送等专门的狐饲料加工调制设施与设备的出现，打破了原有饲料加工过程中一些陈旧的方法和理念，如冷冻饲料原料要提前解冻等。目前，狐饲料加工厂在饲料加工调制过程中，冷冻饲料利用破冰机破冰可直接低温加工，避免了解冻过程中微生物在饲料中的滋生。调制好的饲料应尽快饲喂，不宜在饲料加工室久放。

**2. 植物性饲料的加工新技术**

谷物饲料使用前要将其粉碎成粉状，去掉粗糙的皮壳。最好数种谷物搭配使用（目前多用玉米面、大豆面、小麦面按 2∶1∶1 混合），传统上将混合的谷物饲料制成窝头。现在多对植物性饲料进行膨化处理。膨化是指将物料加湿、加压、加温调制处理，并挤出模孔或突然喷出压力容器，使之因骤然降压而实现体积膨大的工艺操作。按其工作原理的不同，膨化可分为挤压膨化和气体热压膨化两种。膨化过程中的热、湿、压力和各种机械作用，能够提高饲料中淀粉的糊化度，破坏和软化纤维结构的细胞壁部分，使蛋白质变性、脂肪稳定，有利于消化吸收，提高饲料的消化率和利用率；同时，脂肪从颗粒内部渗透至表面，使饲料具有特殊的香味，有利于增加动物的食欲；膨化的高温、高压处理，可杀死饲料原料中多种有害病菌，使饲料满足有关卫生要求，从而有效预防消化道疾病；膨化颗粒饲料含水量低，可以较长时间贮藏而不会霉烂变质。

对植物性饲料也可以进行发酵处理。发酵可以改变原料特性并提高饲料利用率，如酵母菌等微生物能分解蛋白质，把蛋白质变成更容易被动物吸收的小分子肽类，能够产生有机酸和 B 族维生素等促生长因子；发酵饲料可以改善饲料适口性、补充益生菌，抑制肠道中有害菌群的生长发育，预防肠道疾病、防止腹泻；发酵饲料还有发酵脱毒的作用，分解或转化抗营养因子；发酵还可以降低饲料中粗纤维的含量。

### 3. 乳制品和蛋类的加工新技术

乳制品即便经过消毒再添加至饲料中仍容易变质，最好制成酸奶加在饲料中。蛋类（鸡蛋、鸭蛋、毛蛋等）均需熟喂，这样能防止生物素被破坏，还可以抑制副伤寒菌类的传播。

# 第六章　　狐健康高效饲养管理新技术

人工饲养狐，是为了获得数量多、质量好的毛皮。为了实现这一目的，必须根据狐的生活习性、生理需要和遗传特性，为狐的生长发育与繁殖提供适宜的环境条件和饲养管理条件，并在此基础上，运用遗传学理论，不断培育出人类所需要的新的优良狐类型。在生产中，如果营养水平不当，会造成狐绒毛品质变差；光照不合理，会导致狐不发情。因此，在狐的生产实践中，应根据狐消化、繁殖和换毛等生理特点，以及对营养物质的需求情况，考虑不同饲养时期、饲料品种的组成及搭配比例，及时调整饲料品种及饲料量，对不同性别、年龄、生理时期的狐进行科学管理。

# 第一节　　狐生物学时期的划分

## 一、狐生物学时期与日照周期的密切关系

依据狐一年内不同的生理特点而划分的饲养期，称为狐的生物学时期。狐各生物学时期与日照周期关系密切，依照日照周期变化而变化。狐年生产周期起始于秋分，秋分至冬至是日照时间的渐短期，冬

至时白昼时间最短。冬至后白昼时间逐渐增加。但至春分前白昼时间均短于黑夜，故秋分至春分这半年时间被称为短日照阶段。狐在短日照阶段主要生理变化是夏毛转换成冬毛、冬毛生长和成熟，性器官生长发育至成熟并发情和交配。这些生理功能均需短日照制约，称为短日照效应。春分过后日照时间升至白昼长于黑夜，直至秋分为止，故这半年时间被称为长日照阶段。狐在此阶段主要生理变化是脱冬毛换夏毛，母狐妊娠和产仔哺乳，仔狐分窝、幼狐生长和种狐恢复，称为长日照效应（图 6-1）。

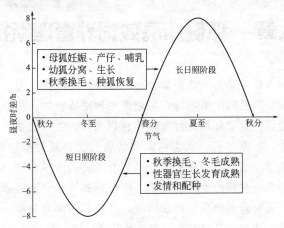

**图 6-1　狐各生物学时期与日照周期的密切关系**

狐的生物学时期划分严格依照或遵循日照周期，因此要为狐创造良好的自然光照环境条件。首先狐必须饲养在适宜地理纬度（北纬 35°以北）内，同时饲养的局部环境和管理行为不要与自然光照变化有相悖之处。如养殖场内不能有人工照明，植树不能过密，短日照阶段不宜把狐由光照弱的地方向光照强的地方移动，长日照阶段尤其是母狐妊娠期和产仔哺乳期，不宜把狐由光照强的地方向光照弱的地方移动。

## 二、狐各生物学时期的具体划分

在狐的饲养管理过程中，其饲料和生活条件完全由人来提供。人工环境是否合适，提供的饲料是否能满足其生长发育的需求，即饲养管理的好坏，对狐的生命活动、生长、繁殖和毛皮生产影响极大。因此，必须根据狐的生长发育特性，对其各生物学时期进行准确判定，采取适宜的、科学的营养搭配和饲养管理，才能提高狐的生产力。为了便于饲养管理，根据狐季节繁殖、换毛等生物学特点，可将全年划分为不同的饲养时期（表6-1）。

表6-1　狐各生物学时期的划分

| 狐别 | 性别 | 准备配种期 | 配种期 | 妊娠期 | 产仔哺乳期 | 幼狐育成期 | | 种狐恢复期 |
|---|---|---|---|---|---|---|---|---|
| | | | | | | 生长期 | 冬毛期 | |
| 北极狐 | ♂雄 | 9月下旬至翌年2月下旬 | 2月下旬至4月上旬 | | | 6月中旬至9月下旬 | 9月下旬至12月下旬 | 4月中旬至9月下旬 |
| | ♀雌 | 9月下旬至翌年2月下旬 | 2月下旬至4月上旬 | 3月上旬至6月上旬 | 4月下旬至7月中旬 | 6月下旬至9月下旬 | 9月下旬至12月下旬 | 6月下旬至9月下旬 |
| 银黑狐 | ♂雄 | 9月下旬至翌年1月下旬 | 1月下旬至3月下旬 | | | 5月上旬至9月下旬 | 9月下旬至12月下旬 | 3月下旬至9月下旬 |
| | ♀雌 | 9月下旬至翌年1月下旬 | 1月下旬至3月下旬 | 1月下旬至5月下旬 | 3月下旬至5月下旬 | 5月上旬至9月下旬 | 9月下旬至12月下旬 | 5月下旬至9月下旬 |

注：银黑狐、北极狐的取皮期均为11月下旬至12月。

狐年生长周期中各生物学时期的划分，是对种群而言，但个体间会存在参差不齐和互相交错的情况。如先配种的狐，有的已进入妊娠期或产仔哺乳期，而后配种的狐可能仍在配种期或妊娠期（北极狐差别更明显）。本时期划分考虑了狐群中大多数个体所处的生物学时期，因此对整个狐群的绝大多数个体饲养管理有利。

狐的每个饲养时期不能截然分开，彼此互相联系又互相影响，但都是以前期为基础的。全年各生物学时期均重要，前一时期的管理失利会对后一时期带来不利影响，任何一个时期的管理失误都会给全年生产带来不可逆转的损失。但相对来讲，繁殖期（准备配种期至产仔哺乳期）更重要一些，其中尤以妊娠期更为重要，是年生长周期中最重要的管理阶段。如在准备配种期饲养管理不当，尽管配种期加强了饲养管理，增加了很多动物性饲料，也很难取得好的效果。只有重视每一时期的管理工作，狐的生产才能取得好成绩。

# 第二节　准备配种期的饲养管理

准备配种期（从 9 月份至翌年 1 月份）是配种期的基础。此时期饲养管理的好坏将直接影响生殖器官的发育，影响狐的发情、交配与受孕。准备配种期是全年狐生产成败的关键基础时期。

## 一、准备配种期的饲养

狐整个准备配种期的饲养任务，是供给生殖器官发育和换毛所需的营养，并贮备越冬期所需的营养物质。因为幼狐还处于继续生长发育后期，成年公狐在配种期和母狐在产仔哺乳期体力消耗很大，要有一个体力恢复阶段，从 8 月末到 9 月初，公母狐（包括幼狐）的性器官开始发育，以迎接下一个配种期的到来。所以，准备配种期是一个长期的准备过程。为了加速种狐的体力恢复，种公狐配种结束后、种母狐断乳后 10～15d 以内，饲料营养水平仍要保持原有水平。从 8 月末到 9 月初，公狐睾丸和母狐卵巢开始发育，饲料营养水平要有所提高，银黑狐每 418kJ 代谢能可消化蛋白质 9g；北极狐每 418kJ 代谢能可消化蛋白质 8g，并补加维生素 E 5～10mg。只有保证上述营养水平，才能使性器官正常发育。银黑狐从 11 月中旬开始，北极狐从 12 月中旬开始已进入准备配种期的关键阶段，饲料营养水平要求进一步提高，418kJ 代谢能可消化蛋白质不低于 10g，每日每只需维生素 E 10～15mg。此时期如果饲养日粮不全价或数量不足，会导致种狐精子和卵子生成障碍，并影响母狐的妊娠、分娩。皮狐此时期如果营养不良，其绒毛品质低劣，皮张小，也必然会降低经济效益。

## 二、准备配种期的管理

准备配种期除应给狐群增加营养外，还应加强此时期的饲养管理工作。

### 1. 增加光照

光照是动物繁殖不可缺少的因素之一。为促进种狐性器官的正常发育，要把所有种狐放在朝阳处，接受光照。实践证明，光照有利于性器官发育、发情和交配。

**2. 防寒保暖**

准备配种后期气候寒冷，为减少狐因抵御外界寒冷而消耗营养物质，必须注意做好小室保温工作，保证小室内有干燥、柔软的垫草，并用油毡纸、塑料布等堵住小室的孔隙。对个别在小室里撒尿或大便的狐狸，要经常检查和清理小室，勤换或补充垫草。

**3. 保证采食量和充足饮水**

准备配种后期由于气温逐渐降低，饲料在室外很快结冰，影响狐的采食。因此，在投喂饲料时应适当提高温度，使狐可以吃到温暖的食物。另外，水是狐身体不可缺少的物质，缺水会使狐口渴、食欲减退、消化能力减弱、抗病力下降，严重时会导致代谢紊乱。天热时缺水的后果比低温时更加严重。因此，每天要保证水槽有水，而且要勤添清洁饮水。天气寒冷时，每天补给 1 次温水。在准备配种期应保证狐群饮水供应，每天至少 2~3 次。

**4. 加强驯化**

通过食物引逗等方式进行驯化，使狐不怕人，这对其繁殖有利。尤其是声音驯化。

**5. 驱虫与免疫**

参考生长期驱虫免疫程序进行。另外，本时期应对母狐注射阴道加德纳氏菌疫苗，这对预防阴道加德纳菌引起的流产、空怀效果显著。

**6. 严格选种**

根据预留种狐的健康状况，外生殖器官的发育成熟情况，是否存在怪癖，对寒冷气候的抵抗状况，鼻镜色素沉积情况，以及性情是否温顺等，对种狐进行进一步筛选。对个别营养不良、发育受阻或患有疾病、有自咬症、食毛症的种狐，可淘汰取皮。此外，避免选择体形最大的动物留作种用，一般来讲，体形越大繁殖率越低。在对种狐选择的过程中，应避免过分关注某一单一性状，综合评估对整个种群更有意义。

**7. 做好种狐体况的平衡**

种狐体况与其发情、配种、产仔等密切相关，身体过肥或过瘦，

147

均不利于繁殖。公狐如果肥胖，一般性欲较低；母狐如果脂肪过多，其卵巢也易被过多的脂肪包埋，影响卵子的正常发育。因此，在准备配种期必须经常关注种狐体况的营养平衡工作，使种狐具有标准体况。在准备配种期末期，保证母狐体况中等或中等偏下，公狐体况中等偏上。北极狐体况调整难度大于银黑狐，因为银黑狐不像北极狐那么容易囤积脂肪。北极狐从秋季开始囤积脂肪，所以从秋季开始，要注意避免将北极狐饲喂过胖，否则在准备配种期体况调整难度将加大。

在养狐生产中，种狐体况鉴定一般在 12 月份开始，鉴别种狐体况的方法主要是以目测、触摸为主，并结合称重来进行。其体况可分为肥胖、适中、较瘦或列为 1、2、3 级（图 6-2）。

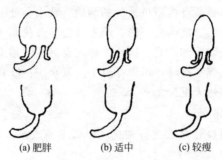

|  (a) 肥胖 | (b) 适中 | (c) 较瘦 |

**图 6-2　种狐体况示意图**

① 触摸法　通过触摸狐的背部、后腹部和肋部判断种狐体况。过肥的狐背平，肋骨不明显，后腹部浑圆肉厚，用手触摸不到脊椎骨和肋骨，甚至脊背中间有沟，全身脂肪非常发达；过瘦的狐，脊椎骨、肋骨突起，可感到突出挡手，后腹空松；中等体况介于两者之间，用手触摸脊背和肋骨时，既不挡手又可触到脊椎骨和肋骨，肌肉丰满，腹部圆平。

② 目测法　观察狐体躯，特别是根据后躯的丰满度、运动的灵活度、皮毛的光亮度，以及精神状态等来判断狐的体况。过肥则体粗腹大，行动迟缓，被毛平顺光滑，不爱活动；过瘦则全身被毛粗糙、蓬乱而无光泽，肌肉不丰满；体况适中则被毛平顺光亮，体躯匀称，行动灵活，肌肉丰满。

③ 体重法　银黑狐中等体况，一般公狐体重 6～7kg，母狐体重 5.5～6.5kg；芬兰原种北极狐中等体况，公狐体重 12～15kg，母狐体

重 8～10kg。用体重指数的方法〔即狐狸的体重（g）与体长（cm）之比〕来确定体况较准确，银黑狐体重指数 90～100g/cm，北极狐体重指数 100～110g/cm。

对于体况过肥的种狐要及时进行"减肥"，如果场区中，因秋季饲喂食物过分充足，肥胖种狐比例达到半数左右，则应调整饲料配方。在保证蛋白质、维生素和微量元素等的供给前提下，降低能量饲料比例，饲料的投喂量不做大幅度调整，同时借助准备配种期的低温天气，只做简单保温措施或不做保温措施，促进自身脂肪（尤其是北极狐）的消耗。把种狐放在较大的笼里，能自由运动，或把种狐放在院内，用网片隔一个小运动场，每天逗引种狐强制运动 2～3 次，通过加强运动，增加种狐能量消耗，同时还起到增强体质的作用。采取饥饿减肥等极端方式对狐的健康很不利，饥饿减肥法容易导致狐蛋白质、维生素等营养缺乏而出现营养代谢性疾病，长久饥饿还容易导致狐胃溃疡甚至胃穿孔。如果种狐体况过瘦，则应提高日粮标准，适当增加日粮中脂肪和蛋白质的比例。

### 8. 加强运动

适当增加种狐特别是公狐的运动量，并增加寒冷刺激，以促进代谢、增强活力。运动能使种狐正常发情、性欲旺盛，公狐配种能力强，母狐发情配种顺利。

### 9. 异性刺激

准备配种后期把公狐笼和母狐笼交叉摆开，使异性狐隔网相望，增加异性接触时间和异性气味刺激，刺激性腺发育，促进发情。也可以在准备配种期末期将公、母狐混合圈养，通过"跑狐"促进发情。对于每年外送输精的养殖场，建议取皮季节不要将公狐全部取皮，可留下几只公狐在准备配种期促进母狐发情。异性刺激一定要把握好时间，要在进入繁殖期前 10d 左右进行，不宜过早，否则会造成公狐性欲衰退。

### 10. 发情检查

准备配种后期要注意母狐的发情表现。银黑狐进入 1 月份，北极狐进入 2 月份就应对全群母狐进行检查。因经产母狐发情期有逐年提前的趋势，要做好记录，做到对母狐哪个发情早、哪个发情晚心中有数，以使发情的母狐能及时交配。

**11. 做好配种前的准备工作**

银黑狐在1月中旬，北极狐在2月中旬以前，应周密做好配种前的一切准备工作，维修好笼舍并用喷灯消毒一次。编制选配方案和配种计划，做好配种登记表、配种标签。准备好配种用具如捕兽钳或捕兽网、手套、显微镜、记录本以及药品等，并开展技术培训工作。上述工作就绪后，应同时将饲养和管理工作，正式转入配种期的饲养和管理日程上。在配种前，种公狐、种母狐的性器官要用0.1%高锰酸钾水洗一次，以防交配时带菌引起子宫内膜炎。准备配种后期，应留意经产母狐的发情鉴定工作。

# 第三节 配种期的饲养管理

对于季节性发情的动物来说，配种工作是否顺利关乎一年的收益，配种期是狐养殖场全年生产的重要时期。配种时饲料原料的选择、营养的搭配、发情鉴定的准确性、配种的方式等都将影响母狐的受胎率。

银黑狐的配种期一般在每年的1月下旬至3月上旬；北极狐的配种期则稍后，在2月下旬到4月末或5月初。进入配种期的公、母狐，由于性激素的作用，食欲普遍下降，并出现发情、求偶等性行为。

## 一、配种期的饲养

配种期饲养的中心任务是使公狐有旺盛、持久的配种能力和良好的精液品质；使母狐能够正常发情，适时完成交配。

此时期公、母狐由于性激素的作用，表现出性欲冲动，精神兴奋，表现为不安，运动量增大，加之食欲下降。公狐为完成配种任务，排出大量精液；母狐也要陆续产生和排出较多的卵细胞，种狐营养消耗很大。因此，应供给优质全价、适口性好、易于消化的饲料，并适当提高日粮中动物性饲料的比例，如蛋、脑、鲜肉、肝、乳，同时加喂多种维生素和矿物质。饲料投喂要做到少而精。此时期饲料营养水平以每418kJ代谢能可消化蛋白质不低于10g，每只供应维生素 E 15mg/d 为宜。由于种公狐在配种期性欲高度兴奋活跃，体力消耗较大，采食不正常，每日中午要补一顿营养丰富的饲料，或给0.5～1个鸡蛋。北极狐配种期的营养需要见表6-2。

表 6-2　北极狐配种期的营养需要

| 狐的性别 | 代谢能/kJ | 可消化蛋白质/g | 维生素 | | | | | 钙（Ca）/％ | 磷（P）/％ |
| --- | --- | --- | --- | --- | --- | --- | --- | --- | --- |
| | | | A/IU | E/mg | B$_1$/mg | B$_2$/mg | B$_6$/mg | | |
| 公狐 | 1924.6 | 46 | 2500 | 30 | 3 | 3～6 | 1 | 0.5 | 0.5 |
| 母狐 | 1759.3 | 42 | 2400 | 30 | 3 | 3～6 | 1 | 0.5 | 0.5 |

配种期投给饲料的体积过大，在某种程度上会降低公狐活跃性而影响交配能力。配种期间每日可实行1～2次喂食制，如在早食前放对，公狐的补充饲料应在午前喂；在早食后放对，应在饲喂后半小时进行。

## 二、配种期的管理

### 1. 防止跑狐

配种期由于公母狐性欲冲动、精神不安，故应随时注意检查笼舍牢固性，严防跑狐。在对母狐发情鉴定和放对操作时，要方法正确并注意力集中，否则易发生人狐皆伤的事故。

### 2. 做好发情鉴定和配种记录

在配种期要先进行母狐的发情鉴定，以便掌握放对的最佳时机。发情检查一般每2～3d一次，对发情接近持续期者，要天天检查或放对。对首次参加配种的公狐要进行精液品质检查，配种末期要注意精液抽检，以确保配种质量。

狐养殖场在进行商品狐生产时，一只母狐可与多只公狐交配，这样可增加受孕机会；在进行种狐生产时，一只母狐只能与同一只公狐进行交配，以保证所产仔狐谱系清楚。一只母狐一般要进行2～3次交配，过多交配则易使阴道、子宫带进异物的概率增大，引起子宫内膜炎，进而造成空怀或流产。配种期间要做好配种记录，记录公母狐编号、每次放对日期、交配时间、交配次数及交配情况。

### 3. 加强引水

配种期公母狐运动量增大，加之气温逐渐由寒变暖，狐的需水量也日益增加。此时期每日要经常保持水盆里有足够的饮水，或每日供水至少4次以上。

### 4. 保证配种环境

配种期公狐对周围环境非常敏感，容易受惊，有的狐因外界环境干扰而分散精力，导致配种能力下降。因此，种狐在配种期间，要保证养殖场的安静，谢绝游人参观。放对后要注意观察公母狐的行为，防止咬伤，若发现公母狐互相有敌意时，要及时把它们分开。另外，要做好食具、笼舍和地面卫生工作，特别是在温度较高的地区，更应重视卫生防疫工作。

### 5. 针对狐的不同表现，采取相应措施

对性欲旺盛的公狐，要适当控制，防止利用过度；对发情较晚的公狐，要耐心训练，使其与初配过的母狐交配，争取初配成功；对发情晚的母狐，每天把笼上盖子打开，增加光照，补充维生素E，争取使母狐提前发情。

### 6. 区别发情和发病狐

在配种期因性欲冲动、食欲下降，公狐尤其在放对初期，母狐在临近发情时期，有的连续几天不吃，要注意与发生疾病或外伤狐的区别，以便对病狐、伤狐及时治疗。此时期要经常观察狐群的食欲、粪便、精神、活动等情况，做到心中有数。

# 第四节　妊娠期的饲养管理

从受精卵形成到胎儿分娩这段时间为狐的妊娠期。此时期母狐的生理特点是胎儿发育，乳腺发育，开始脱冬毛换夏毛。

## 一、妊娠期的饲养

妊娠期是母狐全年各生物学时期中营养水平要求最高的时期。一方面要供给胎儿生长发育所需要的各种营养物质，另一方面还要为产后泌乳蓄积营养。妊娠期母狐由于受精卵开始发育，雌、雄激素分泌停止，孕酮增加，母狐性欲消失，外生殖器官恢复常态而食欲逐渐增加。此时期除应供给其营养丰富全价、易消化的饲料外，还要求饲料多样化，以保证必需氨基酸互补。要求饲料的营养水平：银黑狐每418kJ 代谢能可消化蛋白质不低于 10g、北极狐不低于 11g；维生素 E要求 30mg/d。

妊娠期天气逐渐转暖，饲料不易储存，要求饲料品质新鲜，并保持相对稳定。否则，腐败变质的饲料会造成胎儿中毒死亡。

妊娠期饲料的饲喂量要适度，可随妊娠天数的增加而递增，并根据个体情况（体况、食欲）不同灵活掌握。妊娠期母狐的体况不可过肥。否则，会影响胎儿的发育。

## 二、妊娠期的管理

妊娠期的管理主要是给妊娠母狐创造一个安静舒适的环境，以保证胎儿的正常发育。为此，应做好以下几点工作。

### 1. 保证环境安静

在母狐的妊娠期应禁止外人参观，饲养人员操作动作要轻，不可在场内大声喧哗，避免母狐受到惊吓而引起流产。为使母狐习惯与人接触，产仔时见人不致惊动，从妊娠中期开始饲养人员要多进狐养殖场。

### 2. 保证充足饮水

母狐妊娠期需水量大增，每日饮水不能少于 3 次，同时要保证饮水的清洁卫生。

### 3. 搞好环境卫生

母狐妊娠期正是万物复苏的春季，也是致病菌大量繁殖、疫病开始流行的时期。因此，要搞好笼舍卫生，每日洗刷饮、食具，每周消毒 1～2 次。同时要保持小室里经常有清洁、干燥和充足的垫草，以防寒流侵袭引起感冒。饲养人员每日都要注意观察狐群动态，发现有病不食者，要及时请兽医治疗，使其尽早恢复食欲，避免影响胎儿发育。如果发现有流产征候者，每只妊娠狐应肌内注射孕酮 20～30mg。

**4. 做好产前准备**

预产期前 5～10d 要做好产仔箱的清理、消毒及垫草保温工作，准备齐全检查仔狐用的一切用具。对已到预产期的狐更要注意观察，看其有无临产征候，乳房周围的毛是否已拔好，有无难产的表现等。如有，应采取相应措施。

**5. 加强防逃**

母狐妊娠期内，饲养人员要注意笼舍的维修，防止跑狐。一旦跑狐，不要猛追猛捉，以防机械性损伤而造成流产，或引起其他妊娠狐的惊恐。

# 第五节　产仔哺乳期的饲养管理

产仔哺乳期是从母狐产仔开始直到仔狐离乳分窝为止。此时期母狐的生理变化较大，体质消耗较多。这个时期的中心任务是确保仔狐成活和正常发育，达到丰产、丰收的目的。确保仔狐正常发育的关键就在于保障母狐的泌乳力和持续泌乳时间。

## 一、产仔哺乳期的饲养

确保仔狐正常发育的关键在于母乳的数量和质量，尤其是出生后 3 周内所获得母狐的乳量和品质，所以哺乳母狐饲养的好坏，直接影响仔狐的生长发育。

母狐的泌乳量很高，每昼夜的泌乳量要占体重的 10%～15%，如 1 只北极狐带 10 只仔狐，产后每昼夜平均泌乳量：产后第一旬为 360～380g，产后第二旬为 413～484g，产后第三旬为 349～366g。带 13 只仔狐的母狐泌乳量第一旬至第三旬分别为 442g、424g 和 455g。仔狐对乳的需求量随日龄的增加而提高，但开始采食饲料后便逐日下降，母狐泌乳量也逐渐减少。

狐乳的营养价值很高，特别是初乳中除含有丰富的蛋白质、脂肪、无机盐外，还含有免疫抗体。狐乳所含营养物质几乎是牛乳的一倍。狐乳与其他动物乳营养成分比较如表6-3所示。

表6-3　狐乳与其他动物乳营养成分比较

| 营养成分 | 银黑狐 | 蓝狐 | 水貂 | 乳牛 | 山羊 |
|---|---|---|---|---|---|
| 干物质/% | 18.0～25.0 | 28.0～32.0 | 19.0 | 13.0 | 18.0 |
| 蛋白质/% | 6.9～12.9 | 15.5～17.1 | 11.0 | 3.5 | 8.5 |
| 脂肪/% | 5.4～9.5 | 9.0～18.0 | 4.8 | 3.8 | 4.1 |
| 糖/% | 3.5～5.1 | 2.3～3.7 | 4.1 | 4.8 | 4.8 |
| 灰分/% | 0.9 | 1.1 | 0.7 | 0.7 | 0.9 |

影响母狐泌乳能力的因素有两个：一是母狐自身的遗传性能；二是产仔哺乳期的饲料组成。此时期的饲料营养水平与妊娠后期相似，在妊娠期的基础上增加乳制品饲料2%～3%，对母狐泌乳大有好处。母狐产后最初几天食欲不佳，但5d以后，特别是到哺乳中后期仔狐吃食时，食量大增。因此，要根据每胎产仔数、仔狐日龄增长并结合母狐食欲情况，随时调整母狐的饲料量，以保证仔狐正常生长发育的需要。哺乳期日粮的营养水平，应维持在妊娠期的营养水平，饲料种类尽可能多样化。饲料应含有2.72MJ的热量，除此以外，每带1只仔狐平均要给哺乳母狐增加热量标准为：哺乳1～10d，每天增加0.42MJ；哺乳11～20d，每天增加0.63MJ；哺乳21～30d，每天增加0.94MJ；哺乳31～40d，每天增加1.25MJ；哺乳41～50d，每天增加1.46MJ；哺乳51～60d，每天增加1.67MJ。

在哺乳母狐的日粮中鱼、肉、乳类应占到70%，谷物饲料占25%，果蔬类占5%。哺乳期为增加母狐的泌乳量，可用骨头汤或猪蹄汤拌饲料。在哺乳仔狐数量多时，母狐每日饲料的总量应达到2.0～2.5kg，且哺乳母狐1天要喂3次。饲料要求全价、清洁、易消化、新鲜。发霉腐败的饲料绝不能喂狐，否则会引起仔狐及母狐的胃肠疾病。

## 二、产仔哺乳期的管理

### 1. 保持环境安静

在母狐的产仔哺乳期内，特别是在产后 20d 内，一定要保持饲养环境的安静，谢绝游人参观，严禁在附近燃放鞭炮和机动车鸣喇叭，避免环境嘈杂造成母狐惊恐不安、吃仔或泌乳量下降。母狐产后缺水，或日粮中维生素和矿物质不足时，也可造成吃仔现象。改善环境条件并补加维生素和矿物质后，仍具有吃仔恶癖的母狐，应及时将母狐与仔狐分开，并将母狐当年淘汰。

### 2. 保证母狐的充足饮水

母狐生产时体能消耗很大，产奶又需要大量的水，因此产仔哺乳期必须供给狐充足、清洁的饮水。同时，由于天气渐热、渴感增强，饮水有防暑降温的作用。

### 3. 防止发生乳腺炎

哺乳后期，由于仔狐吮乳量加大，母狐泌乳量日渐下降，仔狐因争夺吮吸乳汁，很容易咬伤母狐乳头，从而导致母狐乳腺疾病的发生。这时，饲养人员必须随时注意观察，发生乳腺炎的母狐，一般表现为不安，在笼舍内跑动，常避离仔狐吃乳，不予护理仔狐；而仔狐则不停发出饥饿叫声。抓出母狐检查，可见其乳头红肿，有伤痕，或有肿块，严重的可化脓溃烂。发现这种情况，应将母仔狐分开，仔狐可并到其他窝内代养或人工哺乳。如已超过 40 日龄，可分窝饲养，对于这样分出的仔狐，要加强饲养管理，日粮中要加些奶、肝、蛋等。对发生乳腺炎的母狐应给予及时治疗，并在年末淘汰取皮。

### 4. 精心护理仔狐

① 营造温暖的产窝 出生仔狐体温调节功能还不健全，生活能力很弱，全靠温暖良好的产窝，以及母狐的照料而生存。因此，小室内要有充足、干燥的垫草，以利保暖。（详见第四章第三节）

当仔狐开始吃食后，母狐即不再舔舐仔狐粪便，仔狐的粪尿排在小室里，易污染小室和狐体。所以，要注意小室的卫生，及时清除仔狐的粪便及被污染的垫草，并添加适量干草。否则，小室过脏和潮湿，易造成仔狐胃肠道和呼吸道疾病，特别是阴雨连绵的低温天气，可导致仔狐患感冒而大量死亡。

②做好产后检查　母狐产后应立即检查，最多不超过12h。主要目的是看仔狐是否吃上母乳。吃上母乳的仔狐嘴巴黑，肚腹增大，集中群卧，安静，不嘶叫；反之，若未吃上母乳，仔狐分散在产箱内，肚腹小，不停地嘶叫。还应观察有无脐带缠身或脐带未咬断，有无胎衣未剥离，产多少仔狐，有无死胎等。发现问题，应及时解决。

检查时，动作要迅速、准确，不可破坏产窝。检查人员手上不准粘有刺激性较强的异味，如汽油、酒精、香水和其他化妆品气味。

③催乳和代养　对乳汁不足的母狐，一要加强营养；二要以药物催乳。可喂给4～5片催乳片，连续喂3～4次。经喂催乳片后，乳汁仍不足时，需将仔狐部分或全部取出，寻找保姆狐或保姆猫（犬）代养。发现母狐母性不好可将其仔狐进行代养。另外，母狐泌乳量充足但产仔超过13只，或泌乳量一般，产仔10只以上的仔狐均需进行代养，以尽量增加仔狐的成活率。

应选择产仔日期不超过2d及仔狐数量少、母乳充足、母性强、性情温顺的母狐代养。代养前，将母狐引出产箱，用其窝内垫草、毛或尿液在需代养狐身上擦抹一下，使其气味相同，然后将仔狐放在产室门口，让母狐自己将被代养仔狐叼入产室和原窝仔狐放在一起，或者擦完后直接混入其他仔狐中。若发现母狐叼或咬代养仔狐，则需另找母狐代养。如果没有合适的母狐代养，则对仔狐进行人工代养，先使仔狐采食至少1d的初乳，然后用滴管或犬猫宠物奶瓶，饲喂消毒过的牛羊奶粉或宠物犬奶粉，按1∶7与水稀释，温度控制在40℃左右，每次饲喂1.5～3mL，每4h饲喂1次，每次喂前先用手指或棉签刺激仔狐会阴部使其排出粪尿，饲喂量随采食量增加而增加。

④及时补饲　在正常的饲养条件下，仔狐在出生后20～25d内全靠母乳满足其全部营养需要。随着母狐泌乳量逐渐减少以及仔狐不断生长，母乳就不能满足仔狐的全部营养需要。因此，要事先训练仔狐的采食能力。当仔狐长到15日龄时，开始练习吃食，常爬出窝箱，此时开始给仔狐补饲用肉糜、鱼糜、牛奶、鸡蛋和肝脏等优质、易消化饲料组成的补饲料，要调制得稀一些，以便仔狐采食。以后随着日龄

的增长可以稠一些，在 40 日龄左右可在食物中加一些谷物饲料，和成年狐同样饲喂。从补饲开始，在补饲料里加入胃蛋白酶、酵母等助消化的药物。补饲料制作一定要精细，不要有大块。

开始补饲时，往往由母狐带领仔狐同时采食。如果有个别仔狐不会吃，饲养人员可将其嘴巴接触食物，或把饲料抹在仔狐嘴巴上训练其吃食，经过 3～4 次的训练，仔狐就能独立采食。从 30 日龄起，仔狐的采食量猛增，要根据仔狐的采食量增加补饲量。在饲喂母狐的时候给仔狐补饲最好，这时母、仔狐可以分开喂，防止母狐抢食。

⑤ 防止仔狐被咬伤　30 日龄以上的仔狐特别活跃，在笼内到处乱跑，此时期应将笼舍的大缝隙堵严，以防仔狐窜到相邻的笼舍内，而被其他母狐咬死、咬伤。

**5. 适时断乳分窝**

根据仔狐与母狐的身体状况，对仔狐可进行适时断乳。一般情况下，当仔狐 45 日龄，并已具有进食饲料的能力时，应进行断乳。断乳的方法一般有 3 种，即突然断乳法、渐进断乳法和分批断乳法。

① 突然断乳法　即是当仔狐达到一定日龄后，已具有一定的进食饲料能力，此时果断给予断乳，强行把仔狐与母狐分开。这种断乳方法简单快捷，断乳持续时间短，但对母狐和仔狐的影响较大。仔狐突然失去母狐的保护和照顾，会变得恐慌不安，并且由于食物的突然改变，还会食欲不振、消化不良。母狐也会因仔狐的突然离去而显得失落、恐慌、精神恍惚，对于一些还在大量分泌乳汁的母狐来说，还可能会造成乳腺炎。突然断乳法，要求仔狐在断乳前已经补料和补饲，对母乳的需要量并不是很高的情况下进行。在断乳期间，仔狐的饲料应与补饲料相同；而对于母狐，尤其是乳汁分泌旺盛的母狐，在断乳前 3～5d 应停喂促进乳汁分泌的饲料或少投饲料，从而减少乳汁的分泌。断乳后，为防止母狐发生乳腺炎，还应使母狐常运动。

② 渐进断乳法　是采取逐渐减少哺乳次数的一种断乳方法。一般在断乳前 1 周，白天将母狐牵走，仔狐留原舍饲养，母狐定时回来哺乳，晚上母狐回舍休息。在这过程中哺乳次数应逐渐减少，或者将仔狐、母狐一同移至幼狐笼，再按上述方法进行。这样有利于仔狐适应新环境，并避免了母仔狐突然分离而引起不安和躁动，防止了母狐乳

腺炎的发生，是一种比较安全的方法。

③ 分批断乳法 就是根据同窝仔狐的不同发育情况，体重大、体质强的仔狐先断乳，发育差、体质弱的仔狐后断乳。这样可避免母狐乳腺炎的发生，并可使发育参差不齐的仔狐群趋于一致。分批断乳时，先断乳的仔狐就留原舍饲养，母狐与后断乳仔狐移至另一笼舍，以防先断乳仔狐由于食物、环境等突然改变而产生强的应激。其缺点是断乳时间延长，给管理上带来麻烦。

断乳之后的仔狐，由原来完全依赖母乳生活过渡到自己完全独立生活，是其一生中重要的转折点。此时仔狐仍处于旺盛的生长发育时期，其消化功能和抵抗力还没有发育完全，如果饲养管理不当，仔狐不但生长发育受阻，而且极易患病或死亡。因此，这一时期的饲养管理绝不能放松，要给予仔狐丰富的营养和精心的护理，减少和消除疾病的侵袭，以保证其正常生长、健壮结实。

**6. 重视卫生防疫**

母狐产仔哺乳期正值春雨季节，阴雨天多，空气湿度大。加之产仔母狐体质较弱，哺乳后期体重下降 20％～30％。另外，仔狐在出生后 20～28d 开始吃母狐叼入产箱内的饲料，所以要注意经常打扫，防止其中的饲料腐败变质。因此，必须重视卫生防疫工作。饲养人员对食、饮具每日都要清洗，每周要消毒 2 次，对笼舍内外的粪便要随时清理。

# 第六节 种狐恢复期的饲养管理

种狐恢复期是指公狐从配种结束到性器官再次发育的这段时间（银黑狐从 3 月下旬至 9 月初，北极狐从 4 月下旬至 9 月中旬）；母狐从断乳分窝到性器官再次发育（银黑狐 5～8 月份、北极狐 6～9 月份）。种狐经过繁殖后体质消耗、体况较瘦、采食量少、体重处于全群最低水平（特别是母狐）。此时期的另外一个生理特点是种狐开始脱掉冬毛，换成稀疏暗淡的夏毛，并逐渐构成致密的冬季绒毛，到秋季冬毛迅速生长。

## 一、种狐恢复期的饲养

为促进种狐的体况恢复，以利翌年生产，在种狐的恢复期初期，不要急于更换饲料。公狐在配种结束后、母狐在断乳分窝后的 20d 内，应继续给予配种期和产仔哺乳期的日粮，因为公狐经过一个多月的配种，体力消耗很大，体重普遍下降；母狐由于产仔和泌乳，体力和营养消耗比公狐更为严重，变得极为消瘦。为了使其尽快恢复体况，不影响来年的正常繁殖，配种结束后的公狐，应该饲喂和哺乳母狐相同的日粮，经 15～20d 后，再改换日粮。断乳后的母狐，有时食欲不振，又易得病，应供给优质饲料，并补加足够的维生素和其他营养物质，待食欲和体况基本上恢复后，再转入恢复期饲养。

生产中常遇到当年公狐配种能力很强，母狐繁殖力也高，但第二年大不相同的情况。表现为公狐配种晚，性欲差，交配次数少，精子密度小，精液品质不良；母狐发情晚，外阴部肿胀小，外阴部肿得不大就消退下去，在腹部摸母狐子宫颈时，子宫颈发育很小，有的母狐子宫颈就像黄豆粒大小，繁殖力普遍下降等。这与恢复期饲养水平过低，未能及时恢复体况有直接关系。如果恢复期公、母狐饲料正常，保证日粮标准水平，第二年公狐性欲旺盛，精液品质好，配种顺利；母狐发情也很好，阴门高度肿胀，多呈圆形，外翻状态突出。这种体况好的母狐配上种，很少有空怀的。因此，在公狐配种结束、母狐断乳后的前 2～3 周饲养极为重要。

生产性能较好的种狐一般 7～8 月份体重最轻，而到 12 月底又增重到 7～8 月份最低体重水平的 140%～150%。要特别注意种狐要常年每日喂食 2 次，有的新养殖场在冬季公、母种狐每天只喂一次。喂一次的公狐性欲低、精液少且精子活力差；母狐发情慢、发情晚。

夏季或初秋过量饲喂蛋白质，会促使绒毛早期发育，但对针毛生长极为不利。蛋白质在 10 月中旬开始增加有利于绒毛的生长。由于针毛仅占总被毛的 10%，而且在初秋针毛总是在绒毛生长之前开始生长，因此不需要大量的蛋白质。在 10～11 月份，高蛋白日粮促进优质绒毛的生长，也会使针毛继续生长。毛皮生长期以蛋白质 27%、脂肪

8％～10％、碳水化合物 50％～55％（占干物质的百分比）为宜。

## 二、种狐恢复期的管理

种狐恢复期历经时间较长，气温差别很大，管理上应根据不同时间的生理特点和气候特点，认真做好管理工作。

### 1. 加强卫生防疫

炎热的夏、秋季，各种饲料应妥善保管，严防腐败变质。饲料加工时必须清洗干净，各种用具要洗刷干净，并定期消毒，笼舍、地面要随时清扫或洗刷，不能积存粪便。

### 2. 保证供水

天气炎热时要保证饮水供给，并定期饮用 1/10000 的高锰酸钾水溶液。

### 3. 防暑降温

在异常炎热的夏秋季也要注意防暑降温。除加强供水外，还要将笼舍遮蔽阳光，防止阳光直射产生热射病。

### 4. 防寒保暖

在寒冷的地区，进入冬季后，应及时给予足够垫草，以防寒保暖。

### 5. 坚持自然光照

狐养殖场严禁随意开灯或遮光，以避免因光周期的改变而影响狐的正常发情。

### 6. 搞好梳毛工作

在绒毛生长或成熟季节，如发现绒毛有缠结现象，应及时梳整，以减少其绒毛粘连而影响毛皮质量。

# 第七节　幼狐育成期的饲养管理

幼狐育成期是指幼狐脱离母狐的哺育，开始独立生活到性成熟前的生长阶段。此时期是幼狐继续生长发育的关键时期，也是逐渐形成冬毛的阶段。可以说，最终幼狐体形的大小、毛皮质量的优劣，完全取决于育成期的饲养管理。

育成期又分为育成前期和育成后期。育成前期是指仔狐断乳分窝后到冬毛开始生长前的阶段，育成后期是指冬毛开始生长到性成熟前的阶段。仔狐断乳后，前两个月是生长发育最快的时期，此期间的饲养管理状况，对体形大小和皮张幅度影响很大。

## 一、幼狐育成期的生长特点

仔狐出生后前 4 个月生长发育很快，北极狐 1 月龄内平均日增重可达 20g，2 月龄内约 30g，3～4 月龄时其增重最快，日增重达 30～40g，4 月龄后生长速度稍慢。随着日龄的增长，生长发育速度逐渐减慢，达到体成熟后，生长发育几乎停滞。从断乳到 9 月底，是幼狐的育成期。

幼狐在 4 月龄时开始换乳齿，这时有许多幼狐吃食不正常，为消除这些拒食现象，应检查幼狐口腔，对已活动但尚未脱落的牙齿，用钳子夹出，使其很快恢复食欲。

断乳以后，幼狐进入育成期，其营养来源由原来依赖母乳供给转为从饲料中摄取，饲养条件起了很大变化，此时期幼狐的适应能力还很弱，消化系统功能也不健全，因此饲料标准要高，营养要全。同时在日粮中要添加 3％的酵母粉或片，特别是动物性饲料，在断乳后动物性饲料比例为 55％、玉米面 35％、豆饼 6％，各种添加剂如维生素 $B_1$、维生素 $B_2$、其他各种维生素、亚硒酸钠 E 粉、微量元素预混剂 1％，同时要注意供给新鲜易消化的饲料。

在哺乳期间，幼狐体长和体重从外观看明显渐长。公狐比母狐生长快，随着月龄的增加，差异越来越显著。

根据幼狐的生长发育规律，在其生长发育最快阶段 60～160 日龄，要给予丰富全价饲料；30～120 日龄的幼狐，日喂 4 次，4h 喂 1 次，仔狐长得非常快。如果 6 个月龄后取皮，体重可达 17.5kg 以上，皮张可达 1m 以上。

## 二、幼狐育成期的饲养

幼狐育成期是其一生中生长发育最快的时期，此期间，被毛也发生一系列变化。为保证幼狐育成期的生长发育和被毛的良好品质，幼狐育成期的饲养标准规定为：幼狐的代谢能不低于2.7MJ/d，每418kJ代谢能中可消化蛋白质7.5～8.5g，并补充维生素A、维生素D、维生素C、B族维生素和钙、磷等矿物质。饲料中适宜的钙磷比为（1.5～1.7）：1，赖氨酸的需求量为90mg/d，蛋氨酸为30mg/d。饲料中蛋白质占代谢的35%，脂肪占代谢的40%～50%，碳水化合物占代谢的25%。但刚断乳的仔狐，由于离开母狐和同伴，很不适应新的环境，大都表现为应激反应，不想吃食，因此分窝后不宜马上更换饲料，一般在断乳后的10d内，仍按哺乳期的饲料饲喂，以后逐渐过渡到育成期饲料。不同地区北极狐哺乳期和断乳早期饲料经验配方见表6-4。

表6-4　不同地区北极狐哺乳期和断乳早期饲料经验配方

（风干基础）

| 河北 | | 山东 | | 天津 | | 吉林 | |
| --- | --- | --- | --- | --- | --- | --- | --- |
| 饲料原料 | 用量/% | 饲料原料 | 用量/% | 饲料原料 | 用量/% | 饲料原料 | 用量/% |
| 玉米 | 15.00 | 膨化玉米 | 36.63 | 玉米 | 18.35 | 玉米 | 42.00 |
| 血粉 | 1.85 | 豆粕 | 9.00 | 豆粕 | 3.65 | 鸡腺胃 | 8.00 |
| 蔬菜 | 17.28 | 蛋白粉 | 10.35 | 麸皮 | 0.90 | 海杂鱼 | 14.60 |
| 全脂奶粉 | 1.24 | 胚芽粕 | 12.50 | 鱼粉 | 5.50 | 小红鱼 | 15.80 |
| 进口鱼粉 | 12.35 | 血粉 | 1.00 | 鸡肉 | 71.12 | 鸡肝 | 6.00 |
| 肉骨粉 | 4.75 | 肉骨粉 | 6.60 | 海杂鱼 | | 鸡骨架 | 12.00 |
| 毛鸡 | 18.53 | 乳酪粉 | 1.34 | 鸡蛋 | | LYS（赖氨酸） | 0.30 |
| 鸭肝 | 9.25 | 鱼粉 | 17.00 | 添加剂 | 0.48 | MET（蛋氨酸） | 0.30 |
| 鸭架 | 14.81 | 豆油 | 4.18 | | | 添加剂 | 1.00 |
| 鸡肺 | 4.44 | 食盐 | 0.30 | | | | |
| 添加剂 | 0.50 | 磷酸氢钙 | 0.10 | | | | |
| | | 预混料 | 1.00 | | | | |
| 合计 | 100 | | 100 | | 100 | | 100 |

对于留种的幼狐，在其育成后期，饲料可逐渐转为成年种狐的饲养标准，但饲料量要比其高 10%，并每只增加维生素 E 5mg/d；而不留作种用的皮狐，从 9 月份初期到取皮前，在日粮中可适当增加含脂肪高和含硫氨基酸多的饲料，以利冬毛的生长。

## 三、幼狐育成期的管理

### 1. 断乳初期的管理

刚断乳的仔狐，由于不适应新的环境，常发出嘶叫，并表现出行动不安、怕人等。一般应先将同性别、体质、体长相近的仔狐 2～4 只放在同一笼内饲养，1～2 周后，再逐渐分开。

仔狐刚分窝时，因消化功能不健全，经常出现消化不良现象，所以在日粮中可适当增加酵母或乳酶生等助消化药物。

### 2. 合理投喂

育成初期幼狐日粮不易掌握，幼狐大小不均，其食欲和投喂量也不相同，应分别对待。一般在饲喂后 30～35min 检查摄食情况，此时如果有剩食，可能供给量过大或日粮质量差，要找出原因，随时调整饲料量和饲料组成。日粮要随日龄增长而增加，一般不要限制摄食量，以吃饱又不剩食为原则。

### 3. 预防接种

狐的疫苗一般都在分窝后 2～3 周龄注射。可根据狐群的状况注射犬瘟热、狐脑炎、病毒性肠炎等疫苗，也可注射二联苗或多联苗。育成期幼狐从母体接受的免疫力逐渐减弱，机体免疫功能还不够完善，因此要加强防疫工作，防止通过饲料和饮水传播疾病。食具要经常冲洗，不喂腐败变质的饲料，饮水要清洁卫生。

### 4. 定期称重

仔狐体重的变化是它们生长发育的指标。为了及时掌握仔狐的发育情况，每月至少称重 1 次，以了解和衡量育成期饲养管理的好坏。在分析体重资料时，还应考虑仔狐出生时的个体差异和性别差异，作为仔狐发育情况的评定指数，还有绒毛发育状况、齿的更换及体形大小等。

**5. 做好选种和留种工作**

挑选一部分育成狐留种，原则上要挑选早产（银黑狐4月5日前，北极狐5月5日前出生）、繁殖力高（银黑狐产5只以上，北极狐产8只以上）、毛色符合标准的后裔作预备种狐。挑选出来的预备种狐要单独组群，由专人管理。

**6. 加强日常管理**

幼狐育成期正值盛暑，气温较高，在管理上应注意防暑降温。如气温高，早饲时间要提前，晚饲时间要延后，充分利用早晚相对凉爽时间进行投喂。除保证全天饮水供应外，还可采取地面洒水降温。对太阳直射的笼舍要遮阳。饲料要保证卫生，腐败变质的饲料绝不能喂狐，以防止肠炎和其他疾病的发生。

## 四、褪黑激素的使用

褪黑激素（MT）是由动物脑内松果体分泌的一种吲哚类激素，也称松果腺激素。1985年首先在北美的毛皮养殖场应用，我国于1993年初开展了国产化工原料人工合成褪黑激素和制造褪黑激素植入物的技术，使我国成为继美国和苏联之后第三个规模化生产MT植入物的国家。褪黑激素植入物，是用人工合成的褪黑激素制成的一种体内缓释物，可用特制的埋植器，埋植于动物皮下。该技术是国际毛皮兽养殖业公认的一项先进技术。1998年后，褪黑激素在我国东北地区毛皮养殖业中普遍应用。

**1. 促进冬毛生长**

狐被毛生长的周期性受光周期制约，其实质是通过松果体分泌的褪黑激素控制的。长日照抑制褪黑激素的合成，褪黑激素分泌量减少；而当光照时间缩短时，就会减轻这种抑制，褪黑激素分泌量也随之增加，从而诱发夏毛脱落、冬毛生长。因此，冬毛生长与褪黑激素水平密切相关。人为控制褪黑激素的量，如在夏季采用外源褪黑激素埋植在狐皮下，并且使褪黑激素逐渐释放出来，则会使体内的褪黑激素水平升高，也就相当于短日照作用，调节狐生理功能，提高新陈代谢水平，促进营养吸收，加快生长速度，诱导狐夏毛提前脱落，冬毛提前生长并成熟，从而节省饲料费用，降低生产成本。埋植 MT 还有增强动物免疫力的作用，使死亡率下降。适时皮下埋植褪黑激素，成年狐的冬皮可提前 2～3 个月成熟，当年狐冬皮可提前 1 个多月成熟。

褪黑激素的制成品为圆柱体，用褪黑激素专用埋植器（包埋注射枪，又叫包埋枪）将褪黑激素药品按要求植入狐的颈背部略靠近耳根部的皮下处。埋植时先用一只手捏起狐的颈背部皮肤，另一只手将装好药粒的埋植针头斜向下刺透皮肤，再将针头稍抬起平刺到皮下深部，将药粒推置于颈背部的皮肤下和肌肉外的结缔组织中。注意勿将药粒植入肌肉中，否则会因加快药物释放速度而影响使用效果。褪黑激素埋植物体积小、易丢失，因此应注意检查褪黑激素植入物是否按要求的数量经埋植器推入皮下。另外，在狐传染病期间禁止埋植褪黑激素植入物，以避免加速传染病的传播流行。

要提高应用褪黑激素的经济效益，关键是适时埋植褪黑激素植入物，准确掌握判断冬皮成熟的标准，适时取皮。

① 淘汰种狐的适宜埋植时间。种母狐繁殖结束即仔狐断乳分窝后要适时初选，淘汰的老种狐在 6 月上旬至 7 月下旬埋植褪黑激素。淘汰种公狐配种结束后就可以埋植，种公狐应有明显的春季脱毛迹象，如冬毛尚未脱换，则应暂缓埋植，否则效果不佳。

② 幼狐埋植时间。当年淘汰的幼狐应在断乳分窝 3 周以后，一般在 7 月上旬至下旬埋植褪黑激素。幼狐要以体长为标准，够中等以上长度的才可以埋植激素，过小的狐最好养季节皮，不推荐埋植激素。

埋植褪黑激素后，狐已转入冬毛生长期，故应采用冬毛生长期饲养标准饲养，应适时增加和保证饲料量。埋植褪黑激素 2 周以后，狐食欲旺盛，采食量急剧增加，要适时增加饲料供给量，以吃饱而少有剩食为度，特别是在能量方面应进一步加强，以利于褪黑激素发挥作用，加速生长。后期狐食量减少，要逐渐减少饲料量，以减少剩料的浪费。

另外，宜将埋植褪黑激素的狐养在棚舍内光照较少的地方，防止阳光直射，从而提高毛皮质量。

注意经常察看换毛和被毛生长状况，遇有局部脱毛不净或绒毛缠结时，要及时梳毛，清除缠结的夏毛，促进针毛生长。加强笼舍卫生管理，根治螨、癣类皮肤病。

**2. 调控发情时间**

此外，埋植褪黑激素还用于人工调控银黑狐和北极狐的繁殖期（提前或延后），使之同步，以扩大高效益蓝霜狐皮的生产规模。养狐生产中，为了生产蓝霜狐，往往要延迟公银黑狐的发情时间，而狐属于季节性繁殖动物，其性腺发育、发情配种和妊娠都受光照调控，为了改变其发情时间，传统方法是采取控光养殖技术。采用褪黑激素后，可以节约劳力，减少烦琐的日常管理，同样可达到预期的效果。

使用剂量：每只 4 粒（40mg）。

使用方法：背部两肩胛骨间颈部皮下埋植。

使用时间：11 月 15 日～12 月 20 日。

使用效果：公银黑狐的发情时间可以延迟到 4 月份，与北极狐的发情时间基本同步。

# 第八节　皮用狐冬毛生长期的饲养管理

进入 9 月份，当年幼狐身体开始由主要生长骨骼和内脏转为主要生长肌肉和沉积脂肪。随着秋分以后光照时间快速缩短，狐开始慢慢脱掉夏毛，长出浓密的冬毛，这一时期被称为冬毛生长期。狐的换毛是一个复杂的生理变化过程，从每年的 9 月中旬至 11 月下旬，约有90d 的时间才能完成被毛的脱换及冬毛生长发育成熟过程。养殖狐的主要目的就是为了获得优质毛皮，因此冬毛生长期的营养需求极为重要。

## 一、冬毛生长期的饲养

冬毛生长期狐的蛋白质水平较育成期略有降低，但新陈代谢水平仍较高，为满足肌肉等生长，蛋白质水平仍呈正平衡状态，继续沉积。同时，冬毛生长期正是狐毛皮快速生长时期，因此此时期日粮中一定要保证充足的构成绒毛的含硫必需氨基酸的供应，如蛋氨酸、胱氨酸和半胱氨酸等，但其他非必需氨基酸也不能短缺。冬毛生长期狐对脂肪的需求量也相对较高，首先起到沉积脂肪的作用，其次脂肪中的脂肪酸对增强绒毛灵活性和光泽度有很大的影响。同其他生物学时期一样，冬毛生长期不仅要保证蛋白质与脂肪的需求量，其他各种维生素以及矿物质元素也是不可缺少的。

冬毛生长期，狐机体除保持基础代谢营养物质外，还需要充足的营养供给新毛生长发育，根据这一营养需求的特点，该时期狐日粮蛋白质水平不能低于 30%，能量应达到 13.38MJ/kg 以上，保证维持正常体温和生命活动。狐被毛的结构是通过含硫氨基酸的二硫键连接的，因此日粮中需要添加蛋氨酸添加剂。冬季给狐适当的保温，可减少机体热能消耗，有利于冬毛生长和安全越冬，同时还可节省日粮用量，降低饲料成本。冬毛生长期日粮参考配方为海杂鱼或淡水小杂鱼30%，动物副产品 25%，饼粕类 15%，玉米面 22%，小麦麸 7.45%，食盐 0.5%，复合维生素 0.02%，复合酶 0.03%，另外每只狐添加油脂 25g/d。这段时间，狐的脂肪沉积较快，能够为冬季防寒做好准备。如果条件允许，还可上调动物性饲料的比例。投喂的饲料量以吃饱为度，不能在这一时期节省饲料，应尽量让狐多采食，尤其是当年出生的青年狐，必须给予充足的营养，促进其快速生长和生长冬毛。如果饲喂得当，青年狐体重每天可增重 80～100g 以上，到冬季屠宰取皮前长得膘肥体大、被毛丰满，定能得到尺码大的优质狐皮。

## 二、冬毛生长期的饲养管理

冬毛生长期在保证饲料营养全面的同时，管理工作也是不容忽视的，加强饲养管理工作，才能生产出尺码大的优质皮张。

### 1. 检修、清理笼舍

冬毛生长期笼舍内毛屑、尘埃较多，应注意搞好笼舍卫生，做好消毒工作。认真检查笼舍内有无裸露的钉头和铁丝头，如有则必须进行处理，防止划伤狐皮肤和钩挂狐毛，从而造成毛皮损伤，降低毛皮等级。

### 2. 把好饲料关，严禁饲喂腐败变质饲料

冬毛生长期在保证饲料营养的基础上，质量一定要把好关，防止

病从口入。此时期禁止饲喂腐败变质的饲料，除海杂鱼外，其他鱼类及畜、禽内脏，特别是禽类肉及其副产品，都应煮熟后饲喂。食盆、场地和笼舍要注意定期消毒。

**3. 饮水充足**

狐冬毛生长期饮水缺乏，会使各种饲料不能充分利用，影响机体的代谢功能和绒毛生长。所以要不间断供给清洁饮水，并注意及时更换新水。

**4. 梳理绒毛**

为使狐安全越冬，从秋分开始换毛以后，就要在产箱内及时添加垫草，不仅能减少毛皮狐本身热量的消耗、节省饲料、防止感冒，而且还能起到梳毛、加快绒毛脱落的作用。注意给毛皮狐梳理绒毛时，由于绒毛大量脱落，加之饲喂时毛皮狐身上会粘一些饲料，很容易造成绒毛缠结，若不及时梳理，就会影响毛皮质量。所以，此期间一定要搞好笼舍卫生，保持笼舍环境的洁净干燥，及时检查并清理笼底和小室内的剩余饲料与粪便。

**5. 防止狐自咬**

自咬症是一种由于某些营养物质缺乏而引起的一种营养代谢病，病因尚未明了。一般认为导致本病发生的原因主要有：日粮中含硫氨基酸（蛋氨酸和胱氨酸）不足；饲料中长期缺乏某些微量元素，如铜、钴、镁、钠、钙等；外界环境因素的影响；机体本身代谢紊乱，患软骨症、胃肠炎、寄生虫病；自咬症还和遗传有关。如发现狐自咬，应根据自咬部位采取"套脖"或"戴箍嘴"的办法，以防破坏皮张。

**6. 疾病防治**

冬毛生长期阶段，成年狐已经具备了一定的免疫能力，除拉稀和感冒外，患其他疾病的概率比较低。若有拉稀还照常吃食，则可能是投食过量、食未熬熟或饲料变质，查找原因做相应调整后，加喂庆大霉素 2 支，一般 2d 后症状即可消失。若拉稀不吃食，则采取肌内注射黄连素、利巴韦林和安痛定，每天 1 次，3d 后病症可痊愈。感冒则表现为突然剩食或不吃食、鼻头干燥，应即刻注射青霉素、安痛定、地塞米松各 1 支，每天 2 次，直到病狐恢复正常。

# 第七章 狐养殖场卫生防疫新技术

　　狐的疾病防治工作，必须遵循"养重于防，防重于治"的方针，科学地饲养管理，严格执行卫生、防疫制度，降低狐的发病风险，保证狐群健康。只有坚定不移地把这一方针切实落实到养狐生产的每一环节，才能保证有健康的狐群。否则，狐群容易感染疾病，即使投入了大量人力、物力进行治疗，也免不了有损失，降低了养狐的经济效益。

# 第一节 狐养殖场卫生防疫新概念

## 一、狐养殖场卫生

　　狐养殖场卫生包括环境卫生、饲料卫生、饮水卫生、笼舍卫生、饲料加工室和用具卫生等。

### 1. 环境卫生

　　环境卫生是指狐养殖场内外的卫生。狐养殖场内外应经常打扫，注意环境清洁。狐养殖场附近的小坑和小水沟都要及时填平，防止积存污水，以防病原微生物和蚊蝇滋生；污水沟要及时疏通，使污水尽快流走，不能在狐养殖场附近积存，以免污染狐养殖场环境。要经常打扫狐养殖场内外卫生，保持狐养殖场清洁，减少病菌滋生。还要重视杀虫、灭鼠工作。

（1）杀虫

蝇、蚊等节肢动物是动物传染病的重要传播媒介，杀灭这些媒介昆虫和防止其出现，在预防和扑灭动物疫病方面有重要的意义。消灭蝇、蚊的最好办法就是管好粪便和剩食，应及时将粪便、剩食清离狐养殖场，搞好环境卫生，清除一切腐败污物，避免蝇、蚊滋生。定期在狐粪上、下水道周围等地方撒生石灰，可以彻底消灭蝇蛆，这样苍蝇才能大大减少。也可以在饲料中添加有效微生物，不仅具有驱蝇的作用，还能有效降低狐粪的臭味。常用的杀虫方法有物理杀虫法、药物杀虫法等。

① 物理杀虫法　以喷灯火焰喷烧昆虫聚居的墙壁、用具等的缝隙，或以火焰焚烧昆虫聚居的垃圾等废物；用沸水或蒸汽烧烫狐舍和衣物上的昆虫；机械地拍、打、捕、捉等方法，也能杀灭一部分昆虫。

② 药物杀虫法　主要是应用化学杀虫剂来杀虫，根据杀虫剂对节肢动物的毒杀作用，可将其分为胃毒作用药剂、触杀作用药剂、熏蒸作用药剂以及内吸作用药剂等。

（2）灭鼠

鼠类给人类经济、生活造成了巨大损失，同时也严重危害了人与动物的健康。鼠类是很多种人与动物传染病的重要传播媒介和传染源，可以传播炭疽、布鲁菌病、结核病、土拉菌病、李氏杆菌病、钩端螺旋体病、伪狂犬病、巴氏杆菌病和立克次体病等。所以灭鼠对保护人与动物的健康以及国民经济建设具有重大意义。

灭鼠的工作应从两个方面进行：一方面根据鼠类的生态学特点防鼠、灭鼠，应从棚舍建筑和卫生措施方面着手，预防鼠类的繁殖和活动，使其难以得到食物和藏身之处，使鼠类在各种场所生存的可能性达到最低限度；另一方面，直接杀灭鼠类。灭鼠的方法大体上可分两类，即器械灭鼠法和药物灭鼠法。

## 2. 饲料卫生

饲料的采购、运输、贮藏、加工各个环节都必须防止污染，保证饲料新鲜卫生。狐养殖场不能购进来源不明的动物性饲料，从外地购进动物性饲料时，一定要对当地的疫情考察清楚，不准从疫区采购饲料。大批购进动物性饲料，一定要经检疫确认无疫病的病原体污染时，方能入库。因传染病原体或不明原因死亡的畜禽肉、内脏不能用作狐的饲料。绝对禁止使用发霉、变质的谷物饲料。狐吃入变质的饲料常常引起厌食、拒食和感染各种疾病。妊娠母狐若吃入发霉变质的饲料，往往导致胚胎吸收、流产、难产或产出死胎和发育不良的仔狐，而母狐往往产后无奶或缺奶，造成仔狐大批死亡。

对饲料采购、使用要层层把关，杜绝因饲料品质不好而出现问题。采购员不采购腐败变质的饲料；仓库保管员不接收腐败变质的饲料；取料人员不领取腐败变质的饲料；饲料加工人员不加工腐败变质的饲料；饲养员不饲喂由变质饲料加工的饲料。经过制度性的层层把关，防止腐败变质饲料进场。

### 3. 饮水卫生

饮水要充足、新鲜。最好使用自动饮水器，可有效避免传统水盒出现落入粪便、尿和食物残渣的现象。采用水盒喂水要勤给勤换，保证饮水卫生。禁止使用死水和污水，因为其中含有很多细菌和寄生虫，狐饮用这种水以后容易感染疾病。当怀疑水中含有病原体时，要对饮水进行消毒。

### 4. 笼舍卫生

狐有藏食习性，常将饲料叼到小室内存放，因此应每天清除小室内积存的剩食和粪便，笼内也应每天打扫。小室内要勤换垫草，尤其是在秋、冬季节，用于防寒、保暖和吸潮，所用的垫草必须柔软干燥。

哺乳期从仔狐开始吃饲料时起，母狐就不再舔舐仔狐的粪便，仔狐往往又缺乏到室外排便的习惯，会将粪便排在小室内，再加上母狐叼食，仔狐争相抢食，最容易将小室内的垫草弄脏、弄湿，所以要求每天按时清理脏草，更换干燥的刨花或柔软的垫草。

笼舍下面的粪便要及时清理。尤其在夏季，粪便清理不及时会发酵，散发臭味，影响环境。同时，也容易通过粪便传播疾病。运出场外的粪便，至少要远离饲养区100m，使粪便进行生物发酵，利用发酵过程产生的热杀死粪便中的微生物和虫卵。

### 5. 饲料加工室和用具卫生

饲料加工室和用具卫生非常重要。鱼、肉饲料是细菌很好的"培养基"，容易成为细菌滋生的场所。所以，饲料加工室地面和墙壁最好用水泥抹成，以利冲洗、消毒。每次加工完饲料，必须彻底冲洗，要消灭每一处死角，使细菌无滋生之地。饲料加工室内绝对禁止存放各种消毒剂和农药，以防加工时不慎投入饲料中使狐食后中毒。饲料加工室除加工饲料外，不能兼作他用，如宰猪、加工其他产品等，避免将病原带入饲料加工室内。饲料加工室要防蝇、防鼠。饲料加工工具，如绞肉机等使用后必须及时清洗、保持洁净。

狐常用食具要保持清洁卫生，防止狐吃剩饲料，特别是夏季气温较高的时期，防止剩饲料发酵变质、滋生细菌。水盒也应经常洗刷，保证狐能喝到清洁饮水。

## 二、防疫消毒

### 1. 控制传染源

某些动物和害虫都有可能成为传染病的传染源或媒介，应消灭狐养殖场内的有害动物（如老鼠、野猫等）和害虫（蚊、蝇等）。因传染病死亡的尸体，必须焚烧或深埋。对于患传染病狐所用的笼舍、用具、排泄物，以及饲养人员的衣服等必须严格清洗消毒。狐养殖场内的出入口、饲料加工室出入口设消毒池。非养狐人员不得随意进出狐养殖场和饲料加工室，外来参观人员必须严格消毒后方可进入狐养殖场。养狐人员工作服和胶靴禁止穿出场外。

### 2. 隔离

病狐和患过传染病的狐是引起传染病流行的传染源。因此，从外地、外场引种时，应隔离饲养2周以上再进入养殖场内。在隔离饲养观察期间要进行主要传染性疾病的检疫，发现有问题的及时挑出，再进行隔离。从国外引种时，也要在口岸或机场观察1~2周，确认无传染病后，方可进入狐养殖场正常饲养管理。狐养殖场一旦发生疫情，应马上采取紧急措施，把患病和疑似患病的狐隔离开，必要时封锁狐养殖场。

### 3. 消毒

消毒是预防传染病、扑灭传染源的有效措施。养殖场必须建立严格的消毒制度。消毒可分为预防性消毒、临时性消毒和终末性消毒 3 种。

① 预防性消毒　是为了预防狐养殖场发生传染病，经常性地进行定期消毒工作。如狐养殖场地定期用生石灰或石灰乳喷洒消毒。每年产仔和仔狐分窝前对笼舍消毒。饲料加工用具、食盆、水盒、饲料桶、饲料加工室和狐棚附近环境等，均应定期消毒。

② 临时性消毒　这种消毒通常用于已发生某种传染病的狐养殖场。可连续或不定期地对病狐排出的粪便所污染的环境和工具、用具等进行消毒。临时性消毒可防止传染病继续蔓延。

③ 终末性消毒　当最后一只病狐痊愈并解除疫情时，为彻底消灭传染源而进行的消毒称终末性消毒。终末性消毒必须做到完全彻底。凡被病狐污染或疑似污染的一切区域、笼舍、工具、食具以及饲养员的工作服等，均应进行彻底消毒，否则就可能留下后患，使传染病再次爆发。

## 三、预防接种

传染病是所有疾病中最重要的一类。到目前为止，许多传染病尚无有效的治疗药物，而一部分疾病却已有了较好的疫苗预防。因此，在整个饲养管理过程中，除做好日常卫生工作外，还应制订和实施一个科学的免疫程序。

预防接种是防止传染病发生的有效办法，多在传染病流行季节到来之前进行。预防接种方式有 3 种：一是定期化预防接种，即在疫病发生前的预定时间，定期有计划地给健康动物进行免疫接种，这是预防疫病的有效措施；二是不定期预防接种，指对定期预防接种被遗漏的新引进狐或新生幼狐离乳分窝刚到 2 周的预防补注疫苗；三是紧急预防接种，是在已经发生疫情的地区，对尚未发病但已受到威胁的狐进行的接种。

疫苗是一种特殊的生物制品，能使狐群对某一种传染病产生抗体，从而预防该病的发生。

### 1. 疫苗的种类

疫苗的种类很多，按毒株的强弱可分为弱毒苗和强毒苗；按剂型可分为活苗和死苗；按制作方法又可分为冻干苗、液体苗、干粉苗、油剂苗、组织苗和佐剂苗等。疫苗接种的方法和途径也是多种多样的，有的疫苗需接种给种狐，为的是提高母源抗体水平，使其下一代在一定期间内具有被动免疫力；有的疫苗用于新生狐接种，接种后经一定的时间可获得数月至一年以上的免疫力。因此，搞好免疫接种是确保狐群健康、提高狐群成活率的一项重要举措。

**2. 疫苗使用注意事项**

① 生化制品怕热　特别是活疫苗必须低温冷藏，防止保存温度忽高忽低。运输时要有冷藏设备，使用时不可将疫苗靠近高温或在阳光下暴晒。

② 使用前要逐瓶检查　注意疫苗瓶的封口是否严密，有无破损，瓶签上有关疫苗的名称、有效日期、剂量等是否清楚。用后要记下疫苗的批号、检验号和生产厂家，若疫苗出现质量问题便于追查。

③ 注意消毒　生化药品使用的器具，如注射器、针头、稀释液瓶等，都要事先洗净，并经煮沸消毒后方可使用。针头要做到注射一只换一个，切勿用一个针头注射到底，吸取疫苗液时，若一次不能用完，不要拔出疫苗瓶上的针头，以便于继续吸取，避免污染瓶内的疫苗。

④ 稀释疫苗　需稀释后使用的疫苗要根据每瓶规定的头份用稀释液进行稀释，要求稀释液无异物杂质，并在冷暗处存放。已经打开瓶塞的疫苗或稀释液，须当天使用完，若用不完则应废弃。

⑤ 执行正确的免疫程序　预防不同的传染病，应使用不同的疫苗，即使预防同一种传染病，也要根据具体情况选用不同毒株或类型的疫苗。同时要了解本地传染病流行的情况，以便有的放矢地使用疫苗。饲养狐必须在健康状态下接种疫苗才能发挥作用，正在发病或不健康的狐不宜接种疫苗。

⑥ 紧急接种　如狐群中发现急性传染病，可进行紧急预防接种，但已经发病的狐禁止使用疫苗，应选择免疫血清注射。

⑦ 减少应激　免疫接种后要搞好饲养管理，减少应激，因为一般于接种后 5～14d 才能使机体产生一定的免疫力，在这段时间要注意饲喂全价饲料，防止病原入侵，减少应激因素（如寒冷、闷热、通风不良等），使机体产生足够的免疫力。

**3. 免疫程序**

狐养殖场应根据当地的疫情流行情况及狐的抗体水平等实际情况

注射，其效率比注射免疫提高了数倍。

## 五、药物预防

根据狐养殖场常见病的发病规律和发病情况，在饲料中加入一些药物能有效预防某些疫病的发生。药物对某些细菌性传染病有一定的预防效果，最好定期或不定期给药，应交叉使用抗生素、磺胺类、呋喃类药物。如每周每只在饲料中喂给土霉素 1 粒，不但能防止饲料酸败，还可预防肠道疾病的发生。

## 六、种群净化

自咬症是肉食性毛皮动物发生的以定期兴奋、啃咬自己身体某一部分为特征的一种慢性疾病。在兴奋时，病狐常啃咬自己身体的一定部位，咬坏皮毛，严重者可导致败血症，最后因极度衰竭而死亡，严重影响狐养殖的经济效益。目前病因还不十分清楚，也没有有效的免疫与治疗方法，有研究报道该病和遗传有关。要对养殖中出现自咬现象的狐及与其有亲缘关系的狐进行淘汰处理，以实现种群净化。

# 第二节　狐养殖场卫生消毒技术

消毒是预防传染病、扑灭传染源的有力措施。做好养殖场日常消毒工作，对防治狐疾病发生非常重要。因此，狐养殖场必须建立严格的消毒制度。

## 一、常用的消毒方法

### 1. 机械清除法

机械清除法指通过清扫、清除、水冲、洗涮、粉刷等手段，直接减少病原体的方法。及时清除粪尿可使疾病传播的风险降低 90%。

### 2. 物理消毒法

物理消毒法是指利用阳光、紫外线、火焰及高温等手段杀灭病原体的方法。将消毒物品如笼舍、垫草、用具、衣物等，置于太阳光下照射，由于紫外线、可视光线和红外线的协同穿透作用，可使病原微生物的蛋白质变性而死亡。饲料加工室、消毒间等可利用紫外线使微生物遗传物质的活性丧失而达到消毒目的。对笼舍、金属器具、尸体等，均可用火焰进行消毒，此法简便、消毒彻底（包括寄生虫、虫卵等）。对玻璃器皿和金属工具，可用干热灭菌箱，保持160℃ 2h杀死病原体。对医疗器械和工作服等，可用煮沸消毒。对病料、敷料、手术用具等，可将其置于高压灭菌器进行高压蒸汽消毒。

**3. 化学消毒法**

化学消毒法指利用各种化学消毒剂，通过浸泡、喷洒、喷雾、熏蒸等方法杀灭病原体。如利用喷雾器将消毒剂喷出细小雾滴进行喷雾消毒。

**4. 生物消毒法**

生物消毒法指利用微生物发酵的方法杀灭病原体。主要针对粪便和垫料。如把粪便集中在一起，发酵后用作肥料，利用发酵过程中的高温杀死病原微生物和虫卵。

## 二、常用的化学消毒剂

消毒剂种类繁多，按其性质可分为醇类、碘类、酸类、碱类、卤素类、酚类、氧化剂类、挥发性烷化剂类等。不同消毒剂的杀菌原理不同，用途和用法也各不相同。

**1. 漂白粉**

漂白粉常用于对水源、墙壁、地面、垃圾、粪便等的消毒，浓度为10％～20％，密闭环境中使用效果较好。因其化学性质不稳定，应现用现配。

**2. 生石灰**

生石灰的干粉常用作通道口的消毒或地面的直接撒布（在湿润状态下才有杀菌作用）；乳剂（熟石灰）用于地面、垃圾的消毒，浓度为20％。因其化学性质不稳定，需现用现配。

**3. 氢氧化钠**

氢氧化钠具有腐蚀性，可用其3％～5％的热水溶液进行消毒。如果再加入 5％的食盐，可增加对滤过性病毒和炭疽芽孢的杀伤力。氢氧化钠消毒后要用清水冲洗。

**4. 高锰酸钾**

常用高锰酸钾 0.5％～1％的水溶液对饲料用具、水食具和某些饲料进行消毒。因其易于分解失效，故应现用现配。

**5. 福尔马林（甲醛水溶液）**

常用福尔马林（甲醛水溶液）1％～2％的水溶液对笼舍、工具和排泄物进行消毒。另外，福尔马林可用于消毒室蒸汽消毒。应先筹建一密闭消毒室，将需要消毒的笼舍、笼具、工具、工作服等放入消毒室，使用福尔马林蒸汽进行消毒。

**6. 碳酸钠**

2％～5％碳酸钠溶液可用于饲料加工用具、水槽、食盒及窝箱的消毒。

**7. 双氧水（过氧化氢水溶液）**

常用双氧水（过氧化氢水溶液）3％水溶液对深部脓腔进行消毒。

**8. 百毒杀**

百毒杀无腐蚀、无刺激，其药效可达 10～14d。可用于狐养殖场各部分及用具的消毒、狐舍的带狐消毒，也可用于饮水消毒。

**9. 洗必泰**

洗必泰可用于带狐消毒。使用时应注意勿与肥皂、洗衣粉等阴性离子表面活性剂混合。冲洗消毒时，若创面脓液过多，应延长冲洗时间。

**10. 戊二醛**

戊二醛有一定的毒性，可引起支气管炎及肺水肿。

**11. 过氧乙酸**

过氧乙酸有腐蚀和漂白作用，有强烈酸味，对皮肤黏膜有明显的刺激。适用于耐腐蚀物品、环境、皮肤等的消毒。

**12. 臭氧**

臭氧是已知最强的氧化剂之一。臭氧在水中的溶解度较低（3％），臭氧稳定性差，在常温下可分解为氧气。所以臭氧不能瓶装贮备，只

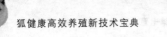

能现场生产，立即使用，即现用现配。

**13. 碘伏**

碘伏适用于皮肤、黏膜的消毒。缺点是受有机物影响大；对铝、铜、碳钢等二价金属有腐蚀性。

**14. 新洁尔灭**

新洁尔灭适用于皮肤、黏膜及细菌繁殖体污染的消毒。最好随用随配，放置时间一般不超过 3d。不要与肥皂或其他阴离子洗涤剂同用，也不可与碘或过氧化物等消毒剂合用。

## 三、环境消毒药的选择

环境消毒药是指在短时间内迅速杀灭周围环境中病原微生物的药物。理想的消毒药应具备的条件是：杀菌性能强，低浓度时就能杀死病原微生物，且作用迅速，对人及畜禽无毒害作用；价格低廉易购买，性质稳定，无臭味，可溶于水，对金属、木质、塑料制品等没有损坏作用；无易燃性和爆炸性等。常用的消毒药有苛性钠（氢氧化钠）、生石灰、高锰酸钾、甲醛以及市售的杀菌、杀病毒的消毒药，养殖场可根据本场的实际情况选择用药。

## 四、狐养殖场常用的消毒方法

**1. 饲料加工室、储物室**

饲料加工室、储物室选择紫外线灯、高锰酸钾、漂白粉是较为合适的。漂白粉使用时关紧门窗效果较好。

**2. 水**

水常用氯消毒，每立方米水中加 2～4g 含 25％有效氯的漂白粉。污水可在每立方米水中加 6～10g 漂白粉（具体视水的污染程度增减用量），6h 后可杀灭水中的病原体。

**3. 工作人员和外来人员**

养殖场的工作人员，在进入生产区前要更换工作服和胶靴，并在消毒池内进行消毒。有条件的养殖场，在生产区入口设置消毒室，在消毒室内更换衣物，穿戴清洁消毒好的工作服、帽和靴经消毒池后进入生产区。工作服、工作靴和更衣室应定期洗刷消毒。消毒室内一般选用紫外线灯、漂白粉喷雾、百毒杀等，在消毒室待 5～15min。

工作人员在接触狐之前必须洗手，应用消毒肥皂多次擦洗手进行消毒；有疫情时应在用药皂洗净后，浸于 1:1000 新洁尔灭溶液内 3～5min，以清水冲洗后擦干。

**4. 狐养殖场衣物**

应对工作服、胶靴及护理用具编号，固定人员使用，不得转借他人。要求勤换、勤洗衣裤，并定期进行消毒。可用 84 消毒液、紫外线照射或甲醛（福尔马林）水溶液熏蒸消毒，还可选择煮沸或蒸汽灭菌，除了效果较好外，对棉质衣物还有软化作用，穿着更舒适。有疫情时更应注意工作服和鞋帽的清洁消毒工作，必要时每天更换。不论平时或有疫病时，工作服均不准穿出生产区。

**5. 伤口**

伤口包括人的擦伤及狐的咬伤等，常选用碘酊、碘甘油、酒精、双氧水、聚维酮碘等。不可以将消毒液直接倒在伤口上，特殊伤口除外。

**6. 笼舍**

双氧水、过氧乙酸、洗必泰、百毒杀、聚维酮碘都是可以带狐消毒的药剂。火焰消毒主要用于空笼舍的彻底消毒。

**7. 狐养殖场地面**

石灰、苛性钠（氢氧化钠）是较为廉价、实用的消毒剂，可用于对狐养殖场地面的消毒。

**8. 车辆和工具**

装运健康狐及一般产品的车运工具，先进行机械清除脏物，再清洗，如果能用 60～70℃ 热水冲洗效果更好。装运过病狐（含病毒、细菌）的车辆、工具，除用 1%～2% 热苛性钠溶液进行清洗、消毒外，隔天再用水清洗。如污染严重，病情恶劣，应反复进行有效的消毒清洗。

要想达到满意的消毒效果，就一定要按科学的程序进行。单独一次消毒通常达不到满意的效果，狐养殖场的环境及饲养设备或用具的消毒要按以下程序：清扫→清洗→干燥→消毒→清洗→干燥→再消毒→再清洗→再干燥。消毒过程中的顺序通常是从高到低、从一侧到另一侧。除了平时注意预防消毒外，狐一旦出现发病，还要注意发病时的消毒，当疫病平息后，还要进行一次彻底的消毒。

### 五、消毒时的注意事项

第一，狐舍大消毒应将舍内的狐狸全部清出后才能进行。

第二，机械清扫是做好消毒工作的前提。研究表明，用清扫的方法，可使狐舍内的细菌数减少20％左右；如果清扫后再用清水冲洗，则狐舍内的细菌数能再减少50％～60％；清扫冲洗后再用消毒药液喷雾，狐舍内的细菌数可减少90％以上，这样才能达到消毒的要求。

第三，影响消毒药作用的因素很多，一般来讲，消毒药的温度、浓度及作用时间与消毒效果呈正比，即消毒药的浓度越大、温度越高、作用时间越长，其消毒效果越好。

第四，有些消毒药具有挥发性气味，如福尔马林、来苏尔等，有些消毒药对人及狐的皮肤有刺激性，如氢氧化钠等，因此狐舍消毒后不能立即进狐，应晾晒一段时间之后才能使用。

第五，几种消毒药不能混合使用，避免影响药效。但对同一消毒对象，将几种消毒药先后交替使用，能提高消毒效果。

第六，每种消毒药的消毒方法和浓度应按说明书的要求使用，对于某些有挥发性的消毒药，应注意其保存方法是否适当，保存期是否已超过，否则将影响消毒效果。

# 第三节　狐发病规律及狐养殖场综合防控技术

## 一、狐发病规律

随着养狐规模化程度不断提高，狐发病率高、死亡率高、传染病发病急的特点越发明显，疾病已成为影响狐养殖业健康发展和经济效益的重要因素。有些疾病发生和流行具有一定的季节性特征，有些疾病对狐群（幼狐、成狐、公狐、母狐）易感性存在差异。因此，一年之中，由于季节不同，狐的生理状态不同，狐病发生也表现出一定的规律性。

1～2月份，狐脑炎症状较多，正值疫苗免疫前后，要注意免疫后的反应。

3～4月份，狐狸流产、胎儿吸收特别多。主要分离铜绿假单胞菌、大肠杆菌、沙门菌、变形杆菌、阴道加德纳菌，与饲养环境、人工授精污染有关。

5月份，主要有仔狐死亡、食仔、腹泻、母狐瘫痪、高产母狐多发突然死亡，母狐体况下降、消瘦。多分离沙门菌，主要原因是妊娠期、哺乳期母狐消耗严重。

5～6月份，断奶应激，细菌感染。多分离大肠杆菌、沙门菌、链球菌等。

7月份，狐大肾病、犬瘟热病例增多，母源抗体在分窝前降到保护值以下，起不到保护作用。

8～9月份，狐脑炎和沙门菌病较多。

10～12月份，秋痢、急性魏氏梭菌病较多，与季节及食物有关，黑便带黏液，寒流来临多发。细菌分离多为魏氏梭菌。

## 二、狐养殖场综合防控新技术

疾病发生的原因可分为外界致病因素（即外因）和内部因素（即内因）。能促进疾病发生的条件又称诱因。在疾病发生方面，外因是重要的，没有外因的作用，许多疾病就不会发生。但是，在外因作用下，是否能引起发病，则往往取决于机体内部因素。具体到某一种疾病来讲，外因和内因哪个起主导作用，不可一概而论。如遗传与过敏性疾病的发生，是内因起主导作用；而机械力所致创伤，则是外因起决定作用。疾病的外因包括机械性致病因素、物理性致病因素、化学性致病因素、生物性致病因素和营养性致病因素。疾病的内因主要取决于机体的感受性和机体本身对致病因素的防御能力，即抵抗力，这种感受性和防御能力与机体的一般特性和防御机构的功能状态等有关。当外界致病因素的强度过大或数量过多，或者机体的抵抗力被削弱时，则发生疾病；当机体的抵抗力增强，或者外界致病因素的强度降低或数量少时，则狐群健康，不易发生疾病。

**1. 加强饲养管理**

根据狐品种和生理阶段的不同，提供相应满足狐营养需要的优质饲料，提高狐的健康水平，既避免了营养性疾病的发生，还增强了狐对疾病的抵抗力，减少了疾病的发生。

强化日常管理，严防犬、猫、鸡等动物窜入狐养殖场，同时应注意灭鼠。严禁在狐养殖场内屠宰和剖检病狐尸体，更不准随意乱扔，病死狐应深埋或焚烧。从外地引种时，一定要检查狐是否有病，请兽医部门检疫。为防止带入传染病原，进场前必须隔离观察1个月左右，疫苗接种、严格检疫后，经过观察确认无病后再进场饲养，在此期间必要时要进行免疫注射，证明健康后方能合群饲养。死狐及剖检场地要严格消毒。特殊病致死的狐要焚毁。

**2. 创造良好环境**

合理的场址选择、场区布局和规划，为狐创造良好的生活环境，减少外界环境对狐的干扰（远离居民区和公路500m以上），也可减少场内狐病的传播（净道、污道的设计；兽医室、病狐舍和隔离狐舍位于下风向处）。

**3. 加强卫生管理**

狐养殖场卫生包括环境卫生、饲料卫生、饮水卫生、笼舍卫生、饲料加工室和用具卫生（详见本章第一节）。

**4. 强化防疫措施**

要切断一切传播途径。平时禁止非工作人员、其他动物或禽类进入狐养殖场，其他动物不能和狐混养在一个场内，以防互相传染。严禁疫区人员和动物进场，一般生产区不允许参观。

在传染病流行季节到来之前进行预防接种是防止传染病发生的有效办法。养殖过程中要严格按照免疫程序进行免疫接种，包括定期预防接种、不定期预防接种和紧急预防接种。

根据狐养殖场常见病的发病规律和发病情况，可以定期或不定期进行药物预防。

### 5. 严格疫病控制

狐养殖场一旦发生疫情，必须先迅速做出初步诊断，尽早确诊，尽早治疗。因各狐养殖场很少有实验室诊断条件，如果只靠送检病料等待化验结果，必将失去宝贵时间。因此，尽快确诊的首选方法就是临床诊治并结合剖检作出判断。当发生犬瘟热、细小病毒性肠炎、肝炎等传染病时，不仅要及时上报疫情，而且要通知邻近狐养殖场及早防治。

在未作出确切诊断之前，应先对病狐停留过的地方和污染过的环境、用具等进行消毒，狐尸体则应由专业人员剖检、化验、深埋或焚烧。当确认发生传染病时，应及时进行全群检疫（测温、临床检查、送检做血清检测等），以查明疫病的性质和感染程度。

当大批检疫时，一定要遵守检疫技术操作规程，检疫人员的白大衣、鞋帽和检疫器材等，在检疫前后均应彻底消毒。一经认定爆发了犬瘟热、病毒性肠炎等传染病时，必须立即封锁疫区（设立明显疫区标志，禁止易感动物通过封锁区），必须通过的车辆、人员和易感动物，则应消毒检疫。要根据检疫结果，将被检狐分为病狐、可疑感染狐和假定健康狐三类，并分别隔离处理。把疫病控制在封锁区，以便消除传染源，切断传播途径。

对于病狐，这是最危险的传染源，应选择不易传播病原体又便于消毒处理的地方进行隔离，应在彻底消毒情况下移入隔离区，要由专人饲养，严加护理治疗，不允许逃离出隔离场所。如病狐数量大，可集中隔离在原来的狐笼内严加管理。对早期感染、有明显临床症状的病狐可选用高免血清进行特异性治疗，待康复半月后再进行疫苗接种。对病情较重，尤其是没有食欲的病狐，应进行综合治疗，一般采取强心补液、解毒利尿、抗菌消炎等综合性办法。

对重症无治疗价值、危害性大的病狐，要果断扑杀并深埋或焚烧。有些病愈狐在一定时期内仍然带菌（毒），因此对这些狐应限制其活动范围，尤其不能将它们调到安全区内。

可疑感染狐是指未发现任何临床症状，但与病狐及污染的环境有过接触并有排菌（毒）危险的狐，应在消毒后另地看管，限制其活动范围，详加观察，出现症状的则按病狐处理。对可疑感染狐应先是尽快选择可用于紧急接种的疫苗，接种疫苗时应以超出正常剂量的 1/3 为宜；必要时也可先注射高免血清，在康复半月后，再进行预防接种。1～2 周后不发病者，可取消限制。

假定健康狐主要指既无任何症状又与患病狐没有接触过，但与患病狐笼相邻的狐。此狐应与前两者分开饲养，除严加管理外，关键是立即进行紧急预防接种。如暂无疫苗预防，必要时可划分小群，转移至安全地区饲养。

当爆发某些传染病时，除严格隔离病狐外，还应划区封锁。采取"早、快、严、小"的原则，即封锁应在流行早期，行动要果断迅速，封锁要严密，范围不宜过大。在封锁区边缘设立明显标志，禁止易感动物通过封锁线；在必要的交通口设立检疫消毒站，对必须进出的车辆、人和非易感兽禽进行消毒。在封锁区对病狐进行治疗、扑杀等处理，彻底消毒被污染的饲料、场地、圈舍、用具及粪便等；病死狐的尸体应焚毁，禁止从疫区输出动物和物品；对疫区和受威胁区内易感动物及时作预防接种，建立防疫带；在最后 1 只病狐痊愈、急宰和扑杀后，经过一定封锁期（一般为 15d）再无疫病发生时，经全面终末消毒后解除封锁。

发生疫情后，采取适当的治疗方法是控制传染病的方法之一，同时可以减少因动物死亡所造成的经济损失。一些细菌性疾病、寄生虫病可通过有效药物治愈。病毒性疾病无特效药，发病时用药主要是防止患病狐的继发感染。

# 第八章　狐的取皮及产品初加工

# 第一节　狐皮的结构

　　获取狐皮是人工养狐的主要目的之一。目前，在国际裘皮市场有3种大众商品，即水貂皮、狐皮和波斯羔羊皮，被称为"国际裘皮市场的三大支柱"。它们价格和数量的变化可以说是裘皮市场的晴雨表。

　　狐皮是毛和皮肤的全称，它将狐机体和外界环境隔开，执行着各种保护作用，如保护动物有机体不受机械、化学的伤害及细菌作用，调节狐的体温等。狐皮由皮板及被毛组成。狐皮的皮肤和其他动物的皮肤一样，由表皮层、真皮层和皮下组织层构成。

## 一、被毛的结构

　　被毛是皮肤上的角质衍生物，来自表皮的生发层，是一种坚韧而富有弹性的胶质丝状物。其被覆在皮肤的外表，是热的不良导体，有保暖作用。单根被毛可分为毛干、毛根两部分，露在皮肤外面的部分称为毛干，埋在真皮和皮下组织内的部分称为毛根。毛干由外到内又可以分为鳞片层、皮质层和髓质层。

狐皮上的毛可分为3种，即触毛（锋毛）、针毛和绒毛。

**1. 触毛**

触毛（锋毛）是狐的触觉毛，多长在头部的吻端、脸部，是被毛中最粗、最高的毛，弹性强，毛干直而光滑，呈圆锥状。主要有感觉功能。

**2. 针毛**

针毛是一类呈纺锤形的毛，其毛的远端尖而韧，毛的上中段较粗硬，毛干下部细软。针毛覆盖于绒毛之上，也称盖毛，起导热、防湿和保护绒毛不缠结的作用，占被毛总数的2%～4%。

**3. 绒毛**

绒毛是被毛中最细、最短、最柔软、数量最多的一类毛，占被毛总数的95%～98%，起护体保温作用。

## 二、皮肤的结构

皮肤由表皮层、真皮层、皮下组织层所构成。各部分具有不同的生理功能，并在某种程度上影响毛皮的品质。皮肤厚度一般为0.14～0.3cm，其厚度随换毛时期而发生变化，狐体各部分皮肤厚度也不一致。

**1. 表皮层**

表皮层位于皮肤的最表层，占皮肤厚度的1%～2%。狐皮的表皮层受季节影响较大，冬季较厚，春、夏、秋季表皮层较薄。

表皮层又分为角质层和生发层。角质层由覆瓦状多层扁平上皮细胞构成，即透明角质化的死细胞；生发层由直立圆柱形的数层细胞构成，有分裂增生能力。表皮层的发育，不同个体和不同部位都不相同，成年狐皮比幼龄狐皮厚，背部皮比腹部皮厚。

**2. 真皮层**

真皮层位于表皮深层，由致密结缔组织构成，一般占皮肤厚度的88%～92%。其胶原纤维和弹性纤维交错排列，使皮肤具有一定的弹性和韧性。真皮层又分为乳头层和网状层。乳头层与表皮生发层毗连，内有毛囊，周围有弹性纤维缠绕，使毛根有一定的强度与弹性。网状层与皮下组织层相连，由胶原纤维构成，并按一定方向排列着。毗连皮下组织处很松软，方向也不规则，因此在毛皮成熟时容易去掉皮下组织层。

### 3. 皮下组织层

皮下组织层位于皮肤深层，是含有脂肪的疏松结缔组织层，占皮肤厚度的 6%～10%。它可分为脂肪层和肌肉层。由于脂肪层在网状层和肌肉层之间，因此在冬季毛皮成熟时，毛根在真皮层的中上部，所以很容易从此剥离；但在春、秋季脱换毛时，毛根在真皮之下与脂肪层连接，毛皮不易剥离。该层在刮油时可被刮掉。

# 第二节　狐皮的剥制与初加工

## 一、取皮季节与毛皮成熟鉴定

### 1. 取皮季节

狐皮的取皮时间是根据冬皮是否成熟而定的。银黑狐的取皮时间一般在 11 月下旬到 12 月上、中旬，北极狐稍早，成年狐比当年幼狐成熟早些；雄狐早于雌狐；健康的要比过瘦或过肥、患病或营养不良的成熟早些。取皮时应以个体的具体情况而定，成熟一只剥取一只。过早或过晚取皮，毛皮质量都会受到影响。取皮过早，毛皮未完全成熟，毛根在真皮之下与脂肪层连接，刮油时会破坏毛根，绒毛易脱落；取皮过晚，绒毛光泽减退，被毛平齐度降低，影响毛皮质量。

### 2. 毛皮成熟鉴定

为了掌握适当的取皮时间，屠宰前应进行毛皮成熟鉴定。目前，多采用观察活体绒毛特征与试剥观察皮板颜色相结合的方法进行毛皮成熟鉴定。

（1）观察绒毛

观察活体绒毛时，毛皮成熟的狐全身夏毛已脱净，特别是臀部——狐绒毛秋季脱换的最后部位，也是绒毛最后成熟的区域，如果这个部位被毛已换好，说明被毛成熟。成熟的毛皮从外观看，底绒丰厚，针毛直立，绒毛柔软并富有光泽；尾毛蓬松；颈部和腹部的被毛在身体转弯时，出现一条条裂纹（俗称毛裂），颈部尤为显著。

（2）观察皮肤

将狐捉住，用嘴吹开绒毛，观察皮肤颜色。当皮肤为蓝色时，皮板为浅蓝色；当皮肤为浅蓝色或玫瑰色时，皮板为白色。皮板洁白是毛皮成熟的标志。

（3）试剥检查

在同一类的狐群中选出 1～2 只，进行试剥检查。冬毛成熟的狐皮，皮板呈乳白色，皮下组织层松软，形成一定厚度的脂肪层，皮肤易于剥离，去油省力，仅爪尖和尾尖颜色略深，即可将此类狐整群处死剥皮。

## 二、处死方法

在剥皮之前要将狐处死，处死动物的方法很多，以符合国际动物福利与保护法和操作简便易行、死亡迅速、毛皮质量不受损伤和污染为原则。狐体形较大，以药物处死法、心脏注射空气处死法和普通电击处死法等较为实用。

（1）药物处死法

一般常用肌肉松弛剂司可林（氯化琥珀胆碱）处死。剂量为每千克体重 0.5～0.75mg，皮下或肌内注射。注射后 3～5min 即死亡。死亡前动物无痛苦、不挣扎，因此不损伤和污染毛皮。残存于体内的药物无毒性，不影响尸体的利用。

（2）心脏注射空气处死法

一人用双手保定狐，术者用左手抓住狐的胸腔心脏位置，右手拿注射器，在心脏跳动最明显处穿刺心脏，如见血液向针管内回流，即可注入空气 10～20mL，狐因注射空气使心脏和中枢神经系统等重要器官的血管发生空气栓塞，造成血流中断、功能受损坏而死亡。

（3）普通电击处死法

将连接 220V 火线（正极）的电击器金属棒插入狐肛门内，待狐前爪或吻唇接地时，通电源，狐立即僵直，5～10 s 即死亡。

## 三、取皮技术

处死后的尸体，应置于洁净的盘中或木架上，切勿扔在地面上，以免污染毛皮；也不要将尸体堆积在一起，避免闷板脱毛，一般在处死狐后半小时，待血液凝固后再剥皮。剥皮过早，易出血沾染毛皮；剥皮过晚，则尸体冷凉而造成剥皮困难。

狐皮按商品规格要求，剥成筒皮。筒皮要求皮形完整，保持动物的鼻、眼、口、耳、后肢、尾部完整无缺。具体步骤如下。

### 1. 挑裆

如图 8-1 所示，用挑裆刀从一侧后肢掌心开始，沿后肢内侧长短毛交界处，向上挑至距肛门 1cm 处，再从另一侧后肢掌心，用同法挑至距肛门 1cm 处。再由肛门后缘沿尾部腹面正中挑至尾的中部，去掉肛门周围无毛区。挑裆时，必须严格按长短毛分界线挑正，否则会影响毛皮长度和美观。在距肛门左、右 1cm 处向肛门后缘挑开时，挑刀应紧贴皮肤，以免挑破肛门腺。挑裆时如遇尾部有伤疤，可沿伤疤处挑开。

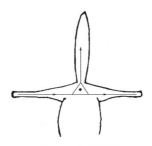

图 8-1　挑裆示意

### 2. 剥皮

挑裆后，先用锯末洗净挑开处的污血。然后，剥离后肢，剥到脚掌前缘趾的第一关节时，用刀将足趾剥出，剪断趾骨，使爪留在皮上，并能被皮包住。接着，剥至尾部 1/3 处时，抽出尾骨，将尾皮挑开至尾尖。然后，将两后肢一同挂在固定钩上（倒挂）作筒状向下翻剥。

边剥皮边撒锯末或麸皮。公狐尿道口处可在靠近皮肤处剪断。翻出前肢，也在趾骨端剪断，使前爪留在皮上。剥至头部时要注意保持耳、眼、鼻、唇部皮张完整，剥头部时注意勿割破血管，不要把耳孔、眼孔和嘴角割大。

## 四、毛皮初加工

### 1. 刮油和修剪

刚剥下来的鲜皮，皮板上附着油脂、血污和残肉等，必须在刮除以后，才能上楦、干燥。剥下的皮张应立即刮油，放置过久，脂肪干燥则不易刮净。

① 手工刮油　将狐皮毛向里套在粗胶管或光滑的圆形木楦上，用刮油刀或电工刀由后向前将皮板上的油脂、血污、残肉一段一段地刮掉。刮油时，持刀要平稳，用力要均匀，以免损伤毛囊或毛皮，刮到公狐尿道口和母狐乳房处时，因皮板薄，要轻刮，总之要把皮板上的脂肪全部刮净，而且不要损伤毛皮。边刮边撒锯末，搓洗手指，谨防油脂浸染毛皮。四肢、尾部边缘和头部的脂肪难以刮净，可用剪刀贴皮肤慢慢修理剪掉。

② 机器刮油　利用刮油机，可以提高工作效率。机器刮油由2人操作，一人刮油，另一人上皮。刮油人员站在刮油机左后侧，左手固定皮筒，右手握刀，从前向后刮，严禁一个部位刮两次。机器刮油时脂肪易氧化，污染毛皮，所以每刮一张皮，应擦净滚筒，再套另一张皮。

刮过油的皮张，其头部、尾部、四肢等部位的脂肪、筋膜和残肉不易刮净，需用剪刀贴皮肤慢慢剪掉，注意千万不能撕拉，防止真皮层受损而脱毛，影响毛皮质量。

### 2. 洗皮

手工操作时，用杂木锯末或玉米芯粉反复多次洗搓皮板上的油脂，再将皮板翻过来搓洗被毛上的油脂和各种污物。洗的方法是：先逆毛搓洗，再顺毛洗，遇到血污或缠结毛要反复洗，直到洗干净为止。锯末要用水拌湿到用手攥不出水的程度。洗完后将锯末抖掉，或用小木棍敲掉，使毛皮达到清洁、光亮、美观的程度，千万不要用麸皮或松树锯末洗皮。

大量洗皮时，可采用转鼓和转笼洗皮。先将皮板朝外放进装有半湿锯末的转鼓里。转动几分钟后，将皮取出，翻转皮筒，使毛朝外，再放入转鼓中重新洗皮。再将洗完的毛皮放进不放锯末的转笼里去掉锯末。转鼓和转笼的速度控制在18～20r/min，运转5～10min 即可。

### 3. 上楦

洗好的狐皮必须及时上楦干燥。上楦干燥的目的是使原皮符合商品要求，防止干燥时收缩和褶皱，防止出现发霉掉毛等现象。上楦前要按皮张的长度选定楦板规格，然后按下列步骤操作。楦板的规格是有严格要求的，规格见表8-1、表8-2。

表 8-1　狐皮楦板规格

| 距楦板顶端长度/cm | 楦板宽度/cm |
| --- | --- |
| 0 | 3.0 |
| 5 | 6.4 |
| 20 | 11.0 |
| 40 | 12.4 |
| 60 | 13.9 |
| 90 | 13.9 |
| 105 | 14.4 |
| 124 | 14.5 |
| 150 | 14.5 |

表 8-2　芬兰纯繁育狐和改良狐狐皮楦板规格

| 距楦板顶端长度/cm | 楦板宽度/cm | 楦板厚度/cm |
| --- | --- | --- |
| 0 | 3.0 | |
| 15 | 12.0 | 2 |
| 180 | 16.5 | |

（1）套皮

先用报纸包裹楦板，或用滑石粉擦拭楦板，将皮张毛朝外套入楦板，将头部及两耳拉正，两前腿自然下垂于胸前。

（2）固定

① 固定背面　将两耳拉平，拉长头部到最大限度，再拉臀部，将皮张长度拉到接近最高档尺寸时，用小钉或图钉固定皮张，再将尾拉至横宽，使尾长缩短 1/3，然后固定在楦板上。固定背面时，头部要摆正，使皮左右对称。

② 固定尾部　两手按住尾部，从尾根开始横向伸展，尾部皮板拉直展平后用图钉固定。

③ 固定腹面　将腹部皮肤拉至与背部皮张平齐，展平两后肢，平行靠紧，固定于楦板上。固定皮张时，注意拉伸长度，不要为达大尺码而任意硬拉，避免造成绒毛空疏而使皮张降级等。

**4. 干燥**

干燥可分为一次性上楦干燥和二次性上楦干燥两种方法。一次性上楦干燥是将狐皮毛朝外固定在楦板上，进行一次性干燥。一次性上楦干燥要注意防止腋下、四肢等部位闷板脱毛。二次性上楦干燥是在第一次上楦时，毛朝里，待干燥到 6～7 成时，将皮筒卸下，再毛朝外进行第二次上楦，至全干为止。二次性上楦的方法干燥快，比较安全，即使不用风干机，也不易闷板脱毛和腐烂变质。缺点是费工费时，而且干燥程度不易掌握，容易出现折板。

将上好楦的皮张，移放在具有控温、调湿设备的干燥室中，将每张上好楦的毛皮分层放置在风干机的吹风烘干架上，并将气嘴插入皮张的嘴上，让干气流通过皮筒。在温度 18～25℃、相对湿度 55%～65%、每个气嘴吹出的空气为每分钟 0.29～0.36m³ 的条件下，狐皮 24～36h 即可风干。

没有风干机时，可采用因地制宜的烘干方法——自然干燥法，即采用二次性上楦的方法，将狐皮置于温度 25～30℃ 的室内烘干架上让其自然干燥。如果用火炕、电暖气等升温，切记不要将皮张靠近热源，避免损坏毛皮。应设昼夜值班人员维持室内温度，经 2～3d 后皮张即可干燥。当皮张的四肢、足垫、腋下等部位达到九成干时，要及时下楦。下楦过早，不易保持皮形，且易发霉、掉毛；下楦过晚，易撕裂皮张，造成下楦困难。从干燥室卸下的皮张还应在常温下吊起来，在室内继续干燥一段时间。皮张的干燥切忌在高温下烘烤或于强烈日光下照射，更不能靠近强热源如火炉等，以免皮板胶化而影响鞣制和利用价值。

**5. 下楦和整理**

皮张干燥好后可以下架并运到下楦间下楦板。皮张下楦板时，先把各部位图钉去净，然后将楦板往铺有橡胶的案面上磕碰，使皮张脱落；或者将鼻尖用夹子夹住，两手握住楦板后端抽出楦板。下楦时不能用力过猛，以防把鼻端扯裂。

一次性上楦通过标准干燥室干燥的皮张，下楦后可以直接进行等级评价。二次性上楦的皮张易褶皱，被毛不平顺，影响毛皮的美观。因此，干燥好的狐皮，要再用锯末搓洗一次，先逆向（从后部向头部）搓洗，再顺毛搓洗。遇有血污、油脂或毛缠结，须细心用排针制作的针梳梳开，用清洁锯末反复搓洗，抖掉锯末，最后使整张狐皮蓬松、光亮、灵活美观，然后分级归类，再进行等级评价。

# 五、狐皮的防腐

经过初加工的狐皮如不能及时出售或加工成商品，那么就需要很好地进行防腐保管，即保证皮张的质量和商品价值，做好鲜皮的防腐工作。

造成皮张腐败的原因是细菌和酶的作用，而且常常是它们共同作用的结果。在狐的鲜皮上，常存在多种细菌。当温度在 25～30℃、pH 为 7.0 左右时，细菌很快繁殖，鲜皮会出现细菌所致的腐败。另外，当 pH 为 4.0～4.5、温度为 40℃ 左右时，酶的作用能引起皮张的自身发酵，使鲜皮质量受到损害。

根据鲜皮腐败的原因，通常采取以下防腐方法。

**1. 干燥防腐法**

此法实质上是除去生皮中的水分，使细菌无繁殖条件，从而达到防腐的目的。用这种方法干燥处理的皮张称为甜干皮或淡干皮。具体方法见"干燥上楦"。干燥好的狐皮要再用锯末清洗一次。

**2. 撒盐法**

将清理过的生皮毛面向下，平铺于工作台上，把盐均匀撒在皮板上，用盐量为皮质量的 30% 左右。皮张厚的地方要多撒些盐，有褶皱、弯曲的地方要拉平，然后每两张为一层（板对板），堆成 1～1.5m 高的皮堆，放置两周时间后，再一张一张地将皮从堆上取下来，抖去没溶化的食盐，最后将皮张卷起存放。

**3. 盐水浸泡法**

将生皮放在 25% 的食盐水中浸泡，经一昼夜后取出，沥水 2h，进行堆积，堆积时再撒皮质量 25% 的盐。盐水浸泡时，为保证盐浸质量，可每过 6h 换一次旧盐水溶液，并保持 15℃ 的温度，在加食盐时，再加入盐质量 4% 的碳酸钠，可防止出现盐斑。

**4. 盐干法**

生皮反复用盐脱水干燥（一般盐腌 12d 左右，放盐量为皮质量的 20%～25%），可连续重复几次，直到皮干燥为止。这种方法防腐力强，并能避免生皮在干燥时产生硬化、断裂等缺损。

这种方法运用于南方较热的地方，好处是用盐干法处理的生皮，经反复用盐脱水，皮张质量可减轻 50%，储存时间也会延长。

**5. 酸盐法**

用食盐 85%、氯化铵 7.5%、铝明矾 7.5% 的混合剂，将该混合剂均匀地撒在生皮的板面上，并轻轻地揉搓，然后毛面向外，折叠成形，堆积 7d 后，再抖去料剂包装储存。

场内技术人员对生产的毛皮应根据商品规格及毛皮质量（成熟程度、针绒毛完整性、有无残缺等）初步验等分级，然后分别用包装纸包装后装箱待售。箱的大小以皮长为限，严禁放到麻袋中。保管期间要严防虫害、鼠害。

# 六、狐皮质量检验方法

狐皮种类繁多，其板形、质量、用途及其价值相差较大，所以在检验其质量时，有不同的要求和方法。狐皮是大毛细皮，具有毛长绒厚、灵活光润、针毛带有多色节、张幅大、皮板薄等特点。可根据皮张的生产季节、绒毛和皮板的质量确定其等级。

**1. 狐绒毛质量**

检验大毛细皮的绒毛质量，主要是以毛足绒厚、绒毛略空疏或略短薄、绒毛空疏或短薄三个级别来表示，特征如下。

（1）毛足绒厚

绒毛长密，蓬松灵活，轻抖即晃，口吹即散，并能迅速复原。毛峰平齐无塌陷，色泽光润，尾粗大，底绒足。

（2）绒毛略空疏或略短薄

绒毛略短，手抖时显平伏，欠灵活，光泽较弱，中背线或颈部的绒毛略显塌陷。尾巴略短、较小；或针毛长而手感略空疏，绒毛发黏。

（3）绒毛空疏或短薄

针毛粗短或长而枯燥，颜色深暗，光泽差，多趴伏在皮板上。绒毛短稀，或绒毛长而稀少，黏合现象明显，手感空疏，尾巴较细。

**2. 狐皮板品质**

狐皮板品质主要是根据皮张的生产季节、种类和原产动物生前的健康状况等因素来鉴定。不同季节，狐皮的特点不同。板质良好者为冬皮和早春皮；板质较弱者为晚春皮和早秋皮；板质差者为夏皮或体况差、患病狐的皮。

（1）冬皮

冬皮针毛长而稠密，光泽油润，绒毛丰厚而灵活，毛峰平齐，尾毛粗大，皮板薄韧、有油性、呈白色。

（2）秋皮

早秋皮针毛粗短、颜色深暗，光泽弱，绒毛短稀，尾很细，皮板呈青黄色。晚秋皮绒毛略粗短，光泽较弱，背部和后颈部绒毛短空，臀部皮板呈青灰色。

（3）春皮

早春皮毛长软而略弯，光泽较差，底绒有黏合现象，皮板微显红。晚春皮针毛枯燥，毛峰带勾，底绒稀疏，黏合现象严重。

（4）夏皮

夏皮针毛长、稀疏而粗糙（手感带沙性），光泽差，绒毛极少。皮板发硬而脆弱，无油性。

# 第九章　狐疾病的防治措施

随着养殖规模化程度的不断提高，传染病发病急、发病率高、死亡率高的特点越发明显，疾病已成为影响狐养殖业健康发展和经济效益的重要因素。犬瘟热、细小病毒病、链球菌病等在一些地区狐养殖场呈现群发性特征，发病率较高。由于饲料不新鲜引起的狐发病死亡也屡见不鲜，流产、死胎及不发情等问题也是狐养殖场的常见困扰。

# 第一节　病毒性疾病

## 一、犬瘟热

犬瘟热是由犬瘟热病毒引起的一种急性、高度接触性传染病，以双相热型、白细胞减少、急性鼻炎、支气管肺炎、严重的胃肠炎和神经症状为特征，是当前狐养殖业危害最大的疫病之一，给狐养殖业造成了巨大的经济损失。

【病原】犬瘟热病毒属于副黏病毒科麻疹病毒属。对环境的抵抗力较弱，易被光和热灭活，对乙醚、三氯甲烷、甲醛、苯酚、季铵盐消毒剂、氢氧化钠和紫外线敏感。对低温干燥有较强抵抗力，气温越低，存活时间越长。在室温下，组织或分泌物中的病毒可存活 3h，在 −70℃或冻干条件下可长期存活。

【流行特点】犬瘟热病毒的宿主广泛，犬科、鼬科和浣熊科、猫科动物均易感。主要传染源是患病动物及健康带毒动物，病毒存在于患病动物和健康带毒动物的鼻液、泪液、血液、肝、脾、胸水、腹水等中，通过眼鼻分泌物、唾液、尿液和粪便向外排毒，也能通过飞沫、空气经呼吸道传染。还可以通过黏膜、阴道分泌物传染。部分患病动物愈后仍可长时间向外排毒。本病无明显的季节性，全年均可发生，主要在 8～11 月份流行，呈散发、地方流行或爆发，其流行速度极快，可在几天之内迅速蔓延并波及全群，然后再从近至远水平传播形成地方性流行甚至大流行。一般在流行该病时，貉最先感染，其次是银黑狐、北极狐和水貂。幼龄兽、青年兽先感染，老龄兽抵抗力强，常于流行中后期陆续发病，死亡率达 90％以上。凡患过犬瘟热或注射过该疫苗的母狐所产的仔狐，在哺乳期不易患本病，因此时期仔狐从母狐乳中得到抗体，从而获得坚强的被动免疫。该病流行的原因多与疫苗免疫失败有关。

【临床症状】其典型临床症状为双相热型，即体温两次升高，达 40℃以上，两次发热之间间隔几天无热期。

患病初期，病狐精神萎靡，食欲不振或缺乏。眼、鼻流出浆液性或脓性分泌物，有时混有血丝，发臭。病情恶化，鼻镜、眼睑干燥甚至龟裂，厌食，常有呕吐和肺炎发生。部分病例发生腹泻，粪呈水样，或带血、有恶臭。病狐消瘦，脱水，脚垫和鼻过度角质化。有的病例会出现神经症状，犬瘟热的神经症状因病毒侵害中枢神经系统的部位不同而有所差异：或呈现癫痫、转圈；或共济失调、反射异常；或颈部强直、肌肉痉挛。但本病常见的神经症状是咬肌群反复节律性的颤动。病狐出现惊厥症状后，一般以死亡转归（即最终死亡）。孕狐感染该病可发生流产、产死胎和幼狐成活率下降等症状。

【病理变化】病狐尸体外观眼睑肿胀，眼、鼻呈卡他性或化脓性炎症。胃肠黏膜呈卡他性炎症，胃覆盖以黏稠呈红褐色液体，常见有出血和边缘不整齐的糜烂和溃疡。小肠有卡他性炎症病灶，大肠的病变在直肠黏膜上可见有无数点状或带状弥漫性出血。肝呈暗樱桃红色，充满血液。急性病例脾脏微肿大，呈暗红色；慢性病例脾缩小。肾被膜下有点状出血，切面纹理消失，膀胱黏膜充血，常带有点状和条状出血。心肌扩张，肌肉松弛，呈红色，有浅灰色病灶，心外膜下有出血点。脑膜血管显著充血、水肿或无可见变化。

【诊断】根据流行病学特点、临床症状以及病理变化可对本病作出初步诊断。确诊需进行实验室检测，可采用病毒分离鉴定、RT-PCR、ELISA以及胶体金试纸条等检测方法。

【防控措施】该病是农业部发布的《一、二、三类动物疫病病种名录》中的三类动物疫病。根据《中华人民共和国动物防疫法》第三十一条规定：从事动物疫病监测、检测、检验检疫、研究、诊疗以及动物饲养、屠宰、经营、隔离、运输等活动的单位和个人，发现动物染疫或者疑似染疫的，应当立即向所在地农业农村主管部门或者动物疫病预防控制机构报告，并迅速采取隔离等控制措施，防止动物疫情扩散。其他单位和个人发现动物染疫或者疑似染疫的，应当及时报告。《中华人民共和国动物防疫法》第四十一条规定：发生三类动物疫病时，所在地县级、乡级人民政府应当按照国务院农业农村主管部门的规定组织防治。

该病无特效疗法，即使在感染初期使用犬瘟热高免血清，效果也一般，多数病例愈后不良。本病一旦出现神经症状，病死率可达90%以上，治疗意义不大，所以本病重在预防。

感染犬瘟热的狐，需立即严格隔离，离临床健康狐越远越好，然后对全群假定健康群（临床无症状的狐）立即进行紧急接种，剂量比正常接种量提高2倍，同时全群口服抗生素药控制继发感染，可选用广谱抗菌药，如庆大霉素、恩诺沙星、氟苯尼考等口服或肌注。使用抗病毒药控制病毒繁殖，使用能激活免疫系统的免疫增强剂进行辅助治疗及黄芪注射液、卡介苗等。对初期发生犬瘟热病例，选用高免血清皮下多点或静脉注射，结合使用免疫球蛋白、干扰素和转移因子。每天对笼舍、地面进行一次大消毒，选用过氧乙酸和百菌消喷雾消毒，地面撒生石灰；死亡的狐做深埋或焚烧处理，禁止剥皮。当流行停止后，对笼舍、场地及一切污染的用具应进行一次彻底消毒。

## 二、细小病毒性肠炎

细小病毒性肠炎是一种急性、烈性、高致病性、高度接触性传染病。该病由肠炎细小病毒引起，以胃肠黏膜炎症、坏死和白细胞高度减少为主要特征，表现为急性肠炎，剧烈腹泻，粪便混有许多脱落的肠黏膜、纤维蛋白和肠黏液的管状物。该病又称为传染性肠炎或泛白细胞减少症。

【病原】肠炎细小病毒属于细小病毒科细小病毒属。该病毒对外界环境和各种理化因素有较强的抵抗力。自然条件下，病毒在被污染的器具和笼舍上可保存毒力长达 1 年。在 pH 3～9 和 56℃ 的条件下，病毒可稳定存活 1h。病毒对甲醛、漂白粉、紫外线等较为敏感，煮沸、0.2% 过氧乙酸和 4% 氢氧化钠均能将病毒杀死。

【流行特点】在自然条件下，犬科、鼬科以及猫科动物对本病均易感。该病常呈地方性和周期性流行，传播迅速，全年均可发生，主要发生于 5～10 月份，有明显的季节性。初春开始流行时，临床症状不典型，死亡较少，传播较缓慢，呈地方流行性。经过一段时间后，病毒毒力增强变为急性感染，一般初夏感染率和病死率最高。由于本病毒抵抗力强且带毒动物排毒时间长，一旦发生，则很难彻底根除，会反复发病。该病的主要传染源是病狐、带毒狐及感染本病的猫。耐过动物能获得较长时间的免疫力，并且会带毒、排毒至少 1 年。病毒大量存在于患病动物的肝、脾、肺及肠道里，并从各种分泌物、尿液和粪便中排出，污染器具、饲料、饮水、环境及人，通过直接和间接接触经呼吸道和消化道传播，使易感动物感染。

【临床症状】病狐以呕吐、腹泻和排血便为主要症状。一般幼狐先发病，1 周内育成狐、成年狐和种狐相继出现相同症状。早期病狐被毛凌乱粗糙，精神沉郁，体温升高到 40℃ 以上，饮水剧增；之后出现剧烈呕吐、腹泻，先排出腥臭、混有黏液的土黄色或灰白色软便，再为暗红色或咖啡色稀便，最后是番茄汁样的水样血便，恶臭难闻；后期病狐严重腹泻、脱水、虚弱消瘦，多因衰竭而死亡。

【病理变化】病狐主要特征为出血性肠炎和非化脓性心肌炎。病死狐消瘦，皮肤无弹性；肠道内有水样且混有血液的内容物，肠黏膜充血、出血甚至脱落坏死；腹腔内有淡黄色积液；心肌松弛；肝脏肿大、质脆。

【诊断】根据流行病学特征、临床症状和病理变化，尤其是在粪便内发现有柱状，呈灰白色、红黄色或灰褐色等多种颜色的黏液管套，可作出初步诊断。确诊需送实验室诊断，也可使用细小病毒快速检测试纸条检测。

【防控措施】该病是农业部发布的《一、二、三类动物疫病病种名录》中的三类动物疫病。养殖场发生该病或疑似该病时应及时上报（参照犬瘟热）。

目前，国内外无特效药物治疗该病。因此应以预防为主，加强平时的饲养管理，严格实施兽医卫生综合措施，定期进行免疫接种。

**1. 疫苗免疫接种**

预防细小病毒性肠炎的发生，免疫接种是最有效的途径。目前，我国制造的病毒性肠炎灭活疫苗免疫期为 6 个月，为了从根本上预防本病，对健康狐必须每年 2 次（分窝后的仔狐和种狐在 7 月份 1 次，留种狐在 12 月末或翌年初 1 次）预防接种病毒性肠炎疫苗。当发生流行时，对全群狐立即进行紧急接种，一般在接种后 7～15d 流行即停止。细小病毒性肠炎疫苗为灭活疫苗，因而对处于潜伏期感染狐（带毒，但未出现症状）注射疫苗后也能起到免疫保护作用，而不会像活疫苗那样紧急接种后将出现一段死亡高峰现象。另外，要加强狐养殖场卫生管理，注意防疫工作，不要让野猫、野犬进入狐养殖场。

**2. 对症治疗**

① 对早期发病的狐及时治疗，肌内注射犬用免疫球蛋白注射液，幼狐 1 支/d，成年狐 2 支/d，连续注射 2～3d，可配合抗病毒、抗菌消炎、止血、止呕等药物综合治疗。

② 应用犬五联血清：幼狐 2mL/d、6～8 月龄狐 4～7mL/(次 · d)，8～12 月龄狐 7～9mL/(次 · d)，连用 3d。

③ 补液疗法：连续补液是治好本病的唯一措施。口服补液盐（葡萄糖 20.0g、氯化钠 3.5g、碳酸氢钠 2.5g、氯化钾 1.5 克，加水 1000mL）或应用复方氯化钠加入 5％碳酸氢钠注射液静脉输液。为防止心肌炎，将三磷酸腺苷、辅酶 A、细胞色素 C、磷霉素溶于 5％葡萄

糖溶液中静脉注射，可减少死亡率。根据脱水程度决定补液体量的多少和次数。

④ 抗病毒药：应用血清圆蓝联抗（主要成分为黄芪多糖注射液）0.2mL/kg，1 次/d，连用 3d；犬猫康（复方氟嗪酸注射液）0.2mL/kg，2 次/d，连用 3d；双黄连 0.3mL/kg，2 次/d，连用 5～7d。

⑤ 抗菌消炎药：选用磷霉素钠 30mg/d，连用 3～4d；硫酸庆大霉素 1.5mg/kg，2～3 次/d，连用 3～4d。

⑥ 止吐药：选用溴米因注射液 0.5mL/(kg·d)，肌内注射，以不吐为止；也可口服止吐灵、胃复安。

⑦ 止血药：便血严重时，可肌内注射维生素 K 3.5mL，1～2 次/d，连用 2～3d，或用止血敏 4～6mL/(次·d)，连用 2～3d。

⑧ 止泻药：根据病情，可注射止泻灵 0.5mL/(kg·d)，剂量可适当增减，以不泻为止。也可口服利凡诺（1kg 体重口服 1/3 粒），磷霉素钠等。

患细小病毒性肠炎的毛皮动物于出现症状后的第 3～5d，随粪便大量向外界排毒，因此及时清除粪便并做适当的深埋和生物发酵是十分必要的，对笼舍、地面每天应进行 1 次喷雾消毒。耐过或治愈的狐不可留作种用，应尽快淘汰，若继续饲养必须严格隔离。

## 三、狐传染性脑炎

狐传染性脑炎是由犬腺状病毒引起的一种急性、败血性、致死性、接触传染性疾病，是对狐养殖业危害严重的传染病之一，一般又称狐传染性肝炎。该病以眼球震颤、高度兴奋、感觉过敏、肌肉痉挛等为主要特征，并伴有发热、呕吐、腹泻和便血等症状。

【病原】犬腺状病毒属于腺病毒科哺乳动物腺病毒属。该病毒抵抗力强，对酸、热有一定的抵抗力，对乙醚、氯仿有耐受性。4℃保存 9 个月仍有传染性，室温下可存活 30～40d，37℃可存活 2～9d，60℃ 3～5min 即失去活性。碘酊、苯酚和氢氧化钠是常用的有效消毒剂。病毒对内皮细胞和肝细胞有亲和力，在细胞内形成核内包涵体，在脏器组织中可存活 4～6 个月，在病兽排泄物中能存活几个月。

【流行特点】狐对本病的易感性大，不同品种、性别和年龄的狐均可感染本病。其中3～6月龄狐最易感，1岁龄内狐感染率和死亡率较高，2～3岁成年狐多为散发，老龄狐很少患病。病愈后的狐据说可获得终生免疫。

带毒病狐是主要传染源，其鼻、咽分泌物中带毒。可通过狐打喷嚏、咳嗽散播，并以空气为媒介经呼吸道感染其他狐；也可通过污染的饲料经消化道传染。康复动物肾脏持续带毒，可长期随尿液排毒，因此通过尿液污染环境是本病最常见、最危险的传播途径。寄生虫也能传播本病。此外，本病可垂直传播，母狐通过胎盘、乳汁感染胎儿和幼龄动物。该病无明显的季节性，全年均可发生。但夏秋季由于幼龄狐多、饲养密度大、传播速度快，所以多发。

【临床症状】狐自然感染该病时，潜伏期为10～20d，多突然发生。呈急性经过。临诊上可分为急性、亚急性和慢性3种类型。

① 急性型　大多病例为3～10日龄幼狐。病狐拒食、饮欲增加、流泪流涕、发热、呕吐、腹泻。随后出现神经症状，后期身体麻痹，昏迷死亡。病程短促，多为1d，有的也可长达3～4d。此型一旦发病，难以治疗，死亡率高。

② 亚急性型　病例多见于成年狐。病狐表现为喜卧、精神不佳、食欲不振或废绝、身体虚弱、体温升高、心跳加速、脉搏失常。部分病例出现结膜炎、便血或血尿。病狐精神时好时坏，病程长达1个月左右，最终转为慢性型或死亡。

③ 慢性型　病例多见于老疫区或流行后期。病狐症状不明显，仅见轻度发热，食欲时好时坏，腹泻与便秘交替，贫血，结膜炎，逐渐消瘦，生长发育缓慢，很少死亡。

【病理变化】

① 急性型　剖检病程在1d内的病狐多无明显变化。剖检病程在3～4d的病狐多见各器官出血，常见于脑组织、心内膜和胃肠黏膜；肝脏肿大、充血、出血，呈淡红色或紫红色。

② 亚急性型　病狐口腔、眼睑等可视黏膜苍白或黄染，胸腹部皮下组织有出血点；肝脏肿大；肾脏肿大，表面有出血点；胃肠黏膜上有大小不一的出血点或溃疡灶，有煤焦油样内容物。

③ 慢性型　病狐尸体明显消瘦、贫血，胸腹部皮下组织有散在点

状出血，胃肠黏膜上有出血点和溃疡灶。肝脏脂肪变性，呈土黄色或棕红色，肿大，质硬。

【诊断】根据流行病学、临床症状和病理变化一般可作出初步诊断。确诊需要进行实验室检查。

【防控措施】该病是农业部发布的《一、二、三类动物疫病病种名录》中的三类动物疫病。养殖场发生该病或疑似该病时应及时上报（参照犬瘟热）。

目前，该病尚无特效药物，应以预防为主。

① 预防 加强饲养管理、搞好防疫卫生，还应进行预防接种，是行之有效预防本病的根本办法。每年定期接种两次狐脑炎弱毒疫苗，间隔 6 个月免疫一次，狐接种后 14d 产生免疫力，可有效预防该病的发生。目前这种疫苗与犬瘟热、细小病毒性肠炎疫苗制成二联疫苗，试验结果未发现有弱毒之间的免疫干扰现象。为防止犬传染性肝炎和狐脑炎发生交叉感染，在狐养殖场应注意不要让犬接触狐。当发生狐传染性脑炎时，应将病狐和可疑病狐隔离、治疗，直到取皮期为止。对污染的笼具应进行彻底消毒，地面用 10%～20% 漂白粉或 10% 生石灰消毒。被污染的养殖场到冬季取皮期应进行严格兽医检查，精选种狐。对患过本病或发病同窝幼狐以及与之有过接触的毛皮动物一律取皮，不能留作种用。

② 治疗 初期发热，可用血清进行治疗，以抑制病毒的繁殖扩散；但在病的中后期应用血清治疗，效果不理想。此外，丙种球蛋白也能起到短期的治疗效果，但对急性脑炎病例无效。为防止继发感染可选用乳酸环丙沙星和庆大霉素控制，还可给病狐注射维生素 $B_{12}$，成年狐每只注射量 350～500μg，幼狐每只注 250～300μg，持续给药 3～5d，同时随饲料给予叶酸，每日每只 0.5～0.6mg，持续喂 10～15d。

# 四、狂犬病

狂犬病也称恐水症，俗称疯狗病，是多种家畜、野生动物和人共患的接触性急性传染病，是以中枢神经系统活动障碍为主要特征的急性病毒病。病毒通过咬伤传递给毛皮动物，最终通常以呼吸麻痹而死亡。

【病原】该病是由狂犬病病毒引起的，狂犬病病毒为弹状病毒属嗜神经病毒。该病毒抵抗力不强，对酸、碱、新洁尔灭等消毒剂敏感，在紫外线、X射线下可迅速灭活，在70℃ 15min、100℃ 2min即可被杀死。该病毒在干燥状态下能抵抗100℃ 2~3min，且温度越低保存越久。脑组织中的病毒在4℃下能存活几个月。－70℃下存放的病料在几年内仍具有感染性。

【流行特点】狂犬病几乎可感染所有的恒温动物（又称温血动物）。在笼养条件下的狐，多半由于患病的犬和其他动物跑入养殖场与其接触或被咬伤引起感染；也可能通过接触带病毒污染物（飞沫、尘埃、食物）而感染。本病一年四季均可发生，多呈散发，但以春秋季节发生较多。

【临床症状】狐的狂犬病与犬一样，经过多为狂暴型。病程可分为3期，①前驱期：呈短时间沉郁，不愿活动，不吃食，此时期不易察觉；②兴奋期：攻击性增强，性情反常的凶猛，猛扑各种动物，咬、扒、撕笼内物品，病狐会损伤自己的舌、齿、齿龈，折断下牙，流涎增强，腹泻，有时延长到死亡；③后期：病狐经常反复发作，或狂躁不安，或躺卧呻吟，流涎，腹泻，有的病狐出现下肢麻痹，病程3~6d，随后麻痹增强，表现为后躯摇晃以及后肢麻痹，体温下降，无意识躺卧，在痉挛和抽搐中死亡。

【病理变化】病理变化主要见于胃肠和大脑内。胃肠黏膜充血或出血，在大脑内由于血管被血液高度充盈及扩张而呈现出血，脑室内液体增多，脑组织常发现点状出血。肝呈暗红色，松弛；脾微肿大，有时可能比正常大2~3倍；肾内发现贫血，皮层和髓层界限消失。有的病例肺内出血。

【诊断】根据临床症状出现高度兴奋、食欲反常、后躯麻痹，并有过野犬窜入狐养殖场内的事实，可初步怀疑为本病。如果在脑组织中检查出包涵体是最准确的确诊指标。

【防控措施】该病是农业部发布的《一、二、三类动物疫病病种名录》中的二类动物疫病。根据《中华人民共和国动物防疫法》第三十一条规定：从事动物疫病监测、检测、检验检疫、研究、诊疗以及动物饲养、屠宰、经营、隔离、运输等活动的单位和个人，发现动物染疫或者疑似染疫的，应当立即向所在地农业农村主管部门或者动物疫病预防控制机构报告，并迅速采取隔离等控制措施，防止动物疫情扩散。其他单位和个人发现动物染疫或者疑似染疫的，应当及时报告。

《中华人民共和国动物防疫法》第三十九条规定：发生二类动物疫病时，应当采取下列控制措施：（一）所在地县级以上地方人民政府农业农村主管部门应当划定疫点、疫区、受威胁区；（二）县级以上地方人民政府根据需要组织有关部门和单位采取隔离、扑杀、销毁、消毒、无害化处理、紧急免疫接种、限制易感染的动物和动物产品及有关物品出入等措施。

本病目前无治疗方法。一旦发现狐被犬咬伤，在未出现典型临床症状时，可以强制接种狂犬病疫苗；当出现症状时，则无法救治，只有扑杀以消灭传染源。对死亡于狂犬病的尸体，禁止取皮。对可疑患病的尸体一律烧毁。另外狐养殖场的工作人员要进行狂犬病疫苗的接种。

## 五、自咬症

自咬症是肉食性长尾毛皮动物的一种常见疾病，狐、貂、貉均可发生，一般呈慢性经过，定期兴奋，在兴奋时自咬身体的某一部位，自咬的部位因个体不同而有所差异，通常是咬尾部、臀部、后肢和腹部，一般每个个体自咬的位置固定，总是咬同一部位，咬尾的病狐不咬腿和腹部，同样咬腿的病狐也不咬尾。自然感染病例以蓝狐和紫貂最敏感，水貂次之，银黑狐不敏感。本病在国内外广泛流行。

【病因】目前，国内外对自咬症病因没有定论。有人认为自咬症与微生物、营养缺乏，外界环境刺激有关；有人认为自咬症是风湿病；有人认为是由狐肛门腺堵塞所致；有人认为是由外寄生虫活痒螨引起的；有人认为是一种恶癖或精神病。

【流行特点】自咬症无明显季节性，一年四季均可发生。成年狐在春季交配期、产仔期易发作；幼狐多发生在 8～10 月份，潜伏期为 20 天到几个月，仔狐从 30～45 日龄即可感染发病。自咬症的发生与遗传有关，患病康复狐的后代，患自咬症的概率大大增加。本病感染途径及发病机理还没有研究清楚。

【临床症状】狐发生自咬症多呈急性、反复发作，患病狐发病初期发作期短，间歇期长；后期发作期长，而间歇期短。慢性病例主要是咬断针毛和绒毛，啃秃尾巴，患部被咬破结痂，感染化脓，一般不造成死亡，但会严重影响狐的生长发育和毛皮质量。急性病例表现为神经高度兴奋，在笼内转圈，疯狂追咬自己的尾部、臀部、腹部，并发出刺耳的尖叫声，严重时咬住患处不松嘴，咬断尾巴、咬烂皮肤和肌肉、撕破腹壁，使肠管脱落，继发感染而死亡。

【病理变化】自咬死亡的病狐尸体一般比较消瘦，后躯皮毛污秽不洁，自咬部位有外伤，有的皮毛残缺不全，内脏器官多数呈败血症样变化，实质脏器充血、淤血或出血。脑的变化较明显，血管充盈，脑实质有空泡变性和弥漫性脑膜脑炎变化，即海绵脑变化。

【诊断】根据典型临床症状即可确诊。

【防控措施】对自咬症的治疗还没有特异疗法，先对外伤进行处理，咬伤部位用双氧水涂擦，去掉污物和痂皮，再涂以碘酊或龙胆紫。咬伤部位还要注意防蝇，喷洒低浓度的防虫药物，以防苍蝇产卵生蛆。为防止继续咬伤，用纤维板制成脖套，套在其颈部，用以挡住头部，使其不能回头自咬躯体后部，直到取皮季节。另外在狐养殖过程中尽量减少外界刺激，对已发生自咬症的公、母种狐及其家族彻底淘汰取皮，不再留作种用。

# 第二节 细菌性疾病

## 一、狐阴道加德纳菌病

狐阴道加德纳菌病是我国近年来发现的人、畜及毛皮兽共患的细菌性传染病，是导致狐繁殖失败的主要病因之一。能导致母狐阴道炎、子宫颈炎、子宫内膜炎，公狐睾丸炎、附睾炎，引起母狐流产和空怀，公狐性功能减退、死精、精子畸形等。1987年，我国首次分离得到阴道加德纳菌并报道了该病。该病在我国发病呈上升趋势，应引起重视。

【病原】加德纳菌无菌膜、芽孢和鞭毛。对各种消毒药敏感，对磺胺类药物耐药，对庆大霉素、红霉素、氨苄青霉素敏感。分离得到的细菌多呈革兰氏阴性，呈多形态性，有球杆状、杆状，大小（0.6～0.8）$\mu m\times$（0.7～2.0）$\mu m$，呈单个、短链、长链或"八"字形排列。通过对30株狐阴道加德纳菌进行药敏试验，结果证明：该菌对氯霉素、氨苄青霉素、红霉素及庆大霉素100％敏感；对磺胺类、金黏菌素、多黏菌素不敏感。

【流行特点】感染狐是本病的主要传染源。传播方式主要是通过交配，传染途径主要经生殖道或外伤，也可通过接触传染，如通过狐养殖场工具（抓狐钳、手套等）和饮食用具传染。患病动物尿、粪污染的饲料和饮水也是传播途径之一，妊娠母狐可垂直传播给胎儿。银黑狐、北极狐、彩狐、赤狐、貉及水貂均易感，以北极狐最为敏感。母狐比公狐感染率高；成年狐较幼龄狐感染率、空怀率和流产率高；老狐养殖场较新建狐养殖场感染率高；配种后期感染率明显上升，最高可达群的50％以上。

【临床症状】本病有明显的季节性，多在春季交配期发生。

狐感染加德纳菌后，主要引起泌尿、生殖系统症状。母狐感染本病主要表现为阴道炎、子宫炎、卵巢囊肿、尿道感染、膀胱炎、肾周围脓肿等，因此造成空怀和流产。发病狐养殖场在配种后不久，于母狐妊娠后20～45d出现妊娠中断，表现为流产或胎儿吸收，流产前征兆为母狐外阴流出少量污秽不洁的恶露，流产后1～2d内体温升高、精神不振、食欲减退，随后恢复正常。病情严重时，表现为食欲减退，精神沉郁，狐卧在笼内一角，其典型特征是尿血（葡萄酒样），后期体温升高，妊娠狐排出煤焦油样死胎、烂胎，最后败血而死。发病规律明显，以后每年重演，病势逐年加剧，狐群空怀率逐年升高。公狐感染常发生包皮炎、前列腺炎、有死精及畸形精子等，表现为食欲减退、消瘦、性欲减退或丧失交配能力，个别公狐发生睾丸炎和关节炎。因此，本病严重影响繁殖力，给狐养殖场造成重大损失。

【病理变化】病变主要发生在生殖和泌尿系统，其他系统无明显变化。死亡的母狐阴道黏膜充血肿胀，子宫颈糜烂，子宫内膜水肿、充血和出血，严重时子宫黏膜脱落，卵巢常发生囊肿，膀胱黏膜出血。死亡的公狐包皮肿胀和前列腺肿大。

【诊断】根据症状、病变主要见于泌尿、生殖系统的特征可作出初步诊断。

引起狐繁殖失败的因素较多，如狐阴道加德纳菌、铜绿假单胞杆菌、沙门菌、布鲁氏菌等感染，其流行特点和临床症状有着很大的区别。另外，妊娠期饲养管理不当等因素也可引发本病，应注意鉴别。

【防控措施】预防：阴道加德纳氏菌佐剂灭活疫苗是预防狐感染本病的最有效制品。该疫苗安全，免疫期为6个月，保护率达90%以上，每年定期免疫2次，可控制该菌感染。对检疫为阳性的狐，因已经感染阴道加德纳菌，此时注射疫苗无效，通常对检疫阳性狐采取隔离饲养，至冬季取皮淘汰。

治疗：

① 氟苯尼考　每千克体重20mg，口服，1次/d。

② 氨苄青霉素　每千克体重30mg，口服，2次/d。

该病为人兽共患病，应对流产狐阴道流出的污秽物，污染的笼舍、地面及时做好消毒，污染物要深埋或无害化处理，同时注意自身保护，不可直接用手触摸。

## 二、巴氏杆菌病

巴氏杆菌病又称出血性败血症，是畜禽和野生动物多发的细菌性、出血性、败血性人兽共患传染病，呈世界性分布，已给狐养殖业带来了巨大的经济损失。

【病原】狐巴氏杆菌病的病原均为多杀性巴氏杆菌，革兰氏染色阴性，碱性亚甲蓝具有明显的两极染色特征。本菌的抵抗力不强，在直射阳光和干燥的情况下可迅速死亡；56℃15min、60℃10min可被杀死；煮沸立即被杀死；一般消毒药在几分钟或十几分钟内可将其杀死；在生理盐水中迅速死亡，但在尸体内可存活1～3个月，在厩肥中亦可存活1个月。

【流行特点】多杀性巴氏杆菌对许多动物和人均有致病性，紫貂、银黑狐、北极狐、貉等都可感染。养殖场常因投喂病禽及被污染的肉类饲料副产品而使兽群染病，以兔、禽类副产品最危险。带菌的禽、兔进入养殖场，或混养在一个养殖场内，是本病发生的重要原因，因此切忌狐、兔、鸡混养。

各年龄段均可发病，一般幼狐易发。本病无明显的季节性，但以气候突变、阴雨潮湿的季节发病较多。

【临床症状】狐巴氏杆菌感染潜伏期为 1～5d，临床上常见最急性型、急性型和慢性型 3 种，其中以最急性型和急性型较多。一般病程为 12h 到 2～3 昼夜，个别有达 5～6d 者。死亡率为 30％～90％，病流行初期死亡率不高，经 4～5d 后显著增加。呈最急性经过的病例临床上往往见不到任何症状而突然死亡。最急性型和急性型表现为发病突然，体温升高，精神委顿，食欲减退或废绝，饮水量增加，缩颈闭眼，尾巴无力而下垂，呈瞌睡状，依笼坐立或站立，呕吐，腹泻，血痢。呼吸困难，病重狐呈犬坐状，可以听到有喘鸣音，出现急性纤维素性胸膜肺炎以及支气管肺炎，最终多呈败血症或出现神经症状、痉挛和不自觉咀嚼运动，常在抽搐中死亡。慢性型常表现为典型的鼻炎症状，鼻分泌物增多，由浆液性发展成为黏液或化脓性，并出现咳嗽、打喷嚏、精神沉郁、食欲下降。

【病理变化】巴氏杆菌感染最急性型主要是败血症变化，黏膜、浆膜、实质器官和皮下组织大量出血。急性型除具有败血症表现外，主要是出现纤维素性肺炎，出血性肠炎，肝、肾变性。慢性型表现为尸体消瘦，贫血，内脏器官有不同程度的坏死，肺部较明显，胸腔有积液和纤维素沉着。濒死狐剥皮后，全身多处黏膜和皮下组织有大量出血点。颈部咽喉坚硬、发热、红肿，并延至耳根，周围结缔组织有大量出血点。浆膜层有渗出性浆液性水肿。心脏内外膜均有出血点，冠状沟脂肪也可见有针尖状出血点。全身多处淋巴结肿大出血，切面有红色珠状液体渗出。肝表面有点状出血，背面肿胀明显，腹面发生大面积脂肪变性坏死，坏死处呈淡黄色，切面有淡红色液体溢出。肾脏被膜下有针尖状出血点，肠系膜淋巴结肿大，甲状腺也肿大。

【诊断】根据流行特点和病理变化可以作出初步诊断。进一步确诊需进行细菌分离鉴定并进行动物实验。

【防控措施】预防：加强养殖场的卫生防疫工作，改善饲养管理，特别是喂兔肉加工厂的下杂物，仔猪、羔羊和禽类加工厂的下杂物（鸭肝、鸡肝等），这些动物的巴氏杆菌病最多，最易引起动物发病。所以，均应认真加温蒸煮、熟喂，不得马虎。当阴雨连绵或秋冬季节交替的时候，一定要加强饲养管理，注意食具和小箱内的卫生。切忌狐和兔、鸡、鸭、猪、狗等混养在一个场地里，以防相互传染造成损失。对死亡动物剖检，必须在指定场所进行，不许在养殖区内剖检动物。诊断出有传染病的可疑动物被隔离后，不应再归回原动物群内。每年可定期注射巴氏杆菌病疫苗，能收到预防本病的效果。

治疗：即发病早期使用抗菌药物，如用青霉素、头孢、阿米卡星等药物拌料均有一定的疗效。还可以肌内注射氟苯尼考等药物。严重脱水的可补液补糖，为预防酸中毒可用碳酸氢钠。

## 三、大肠杆菌病

大肠杆菌病是由大肠杆菌引起的一种肠道传染病。主要侵害幼狐，常呈现败血症，伴有下痢、血痢，并侵害呼吸器官或中枢系统。成年母狐患本病常引起流产和死胎，是对幼龄狐危害较大的细菌性传染病之一。

【病原】大肠杆菌是中等大小杆菌，无芽孢，有鞭毛，有的菌株可形成荚膜，革兰氏染色阴性。大肠杆菌对热的抵抗力较强。本菌对一般消毒剂敏感，对磺胺类药物及抗生素等极易产生耐药性。

【流行特点】饲喂患大肠杆菌病动物的肉和内脏或被大肠杆菌污染的肉类、饮水和奶类饲料，是本病发生的主要原因。患病动物的粪尿常含有大肠杆菌，容易感染同窝其他个体。天气骤变、圈舍潮湿、饲养管理不良、饲料质量低劣引起狐消化不良时易发生该病，如不及时治疗可造成大批死亡。

本病主要通过消化道、呼吸道感染，交配或被污染的输精管等也可经生殖道造成传染。老鼠粪便常含有致病性大肠杆菌，可通过污染饲料、饮水而造成传播。

本病多发于春至秋初，主要发生于密集化狐养殖场，幼龄狐多发，特别是断奶前后的狐；成年狐亦能发生，在配种前会出现一定数量的发病母狐。潮湿、通风不良的环境，过冷、过热或温差过大，有毒有害气体长期存在，营养不良（特别是维生素的缺乏）以及病原微生物（如支原体及病毒）感染所造成的应激等均可促进本病的发生。

【临床症状】自然感染病例潜伏期变化很大，其时间长短取决于狐的抵抗力、大肠杆菌的数量和毒力，以及饲养管理状况。北极狐和银黑狐的潜伏期一般为 2～10d。

病狐无眼眵，鼻液正常，鼻镜稍干，食欲减退或废绝。精神沉郁，眼球深陷，脱水明显，腹部膨胀，被毛粗乱无光泽，肛门周围被稀便污染；呆立，有的病狐颤抖，虚弱不能站立，体温升高，但四肢发凉。腹泻，病初有的排黄绿色稀便；后期有的排水样便，有的粪中带有血液或脱落的肠黏膜，气味腥臭，呈灰色或灰褐色，带黏液，有的粪便如煤焦油样，全身脱水，皮肤弹性下降，眼眶下陷，迅速消瘦，很快死亡。

【病理变化】可见到病死狐尸体肛门周围、尾部、会阴部及后肢上的毛污秽且潮湿，并且常黏着在一起。尸体消瘦，心包常有积液，心内膜下有点状或带状出血，心肌呈淡红色。肺脏颜色不一致，常有暗红色水肿区，切面流出淡红色泡沫样液体。胃肠道主要为卡他性或出血性炎症病变，肠管内常有黏稠的黄绿色或灰白色液体；肠壁变薄，黏膜脱落，布满出血点。肠系膜淋巴结肿大、充血或出血，切面多汁。肝脏呈土黄色，出血，个别病例瘀血肿大，有的有出血点。脾脏、肾脏肿大、出血。胸腔器官肉眼病变不明显，个别见肺脏出血。腹腔内有大量橘黄色积液，有恶臭味。胃内容物呈煤焦油样，胃黏膜充血、出血。十二指肠、结肠、盲肠内均有不同程度的出血、充血和炎性病变，内容物为煤焦油样。

【诊断】临床症状、流行病学和病理解剖上的变化只能作为初步诊断的依据，最后确诊有待于细菌学检查。细菌学检查应采用未经抗生素治疗的病例材料，否则会影响检出结果。可以从心脏、血液、实质脏器和脑中分离纯培养。同时必须做动物实验，检查其毒力情况。因为往往易与非致病性大肠杆菌混同。

【防控措施】该病是农业部发布的《一、二、三类动物疫病病种名录》中的三类动物疫病。养殖场发生该病或疑似该病时应及时上报（参照犬瘟热）。

预防本病应从增强机体抵抗力和减少致病菌数量等方面加强管理。要不断改善饲养管理条件，先除去不良饲料，使母狐和仔狐吃到新鲜、易消化、营养全价的饲料，以增强机体抵抗力。同时要加强防疫，把住饲料关，对来源不明的饲料要经过高温处理后才能饲喂狐。在仔狐育成期添加抗生素类饲料或乳酸菌对预防本病也有良好效果。

特异性治疗，可用仔猪、犊牛和羔羊大肠杆菌病高免血清治疗1～2月龄的患病仔狐。用高免血清加新霉素治疗的处方如下：高免血清200mL、新霉素50万IU、维生素$B_{12}$ 2000μg，维生素$B_1$ 30～60mg，上述合剂对1～5日龄的病仔狐皮下注射0.5mL，日龄较大的仔狐皮下注射1mL或1mL以上。用链霉素20～100mg、新霉素25mg、土霉素25mg，口服，每千克体重按上述量服药。

## 四、沙门菌病

沙门菌病由肠炎沙门菌、猪霍乱沙门菌、鼠伤寒沙门菌等引起，以发热，下痢，消瘦，肝、脾肿大为特征。

【病原】沙门菌无荚膜和芽孢，为革兰氏阴性、两端钝圆的短杆菌。冷冻对于沙门菌无杀灭作用，在－25℃可存活10个月左右。不耐热，55℃ 1h、60℃ 15～30min即可被杀死。在水中可生存2～3周，在粪便中可存活1～2个月，在腌肉中可存活2～3个月，在牛乳和肉类食品中可存活数月。沙门菌对大多数抗菌药物敏感，但对青霉素不敏感。对化学消毒药抵抗力不强，常规消毒药即可杀死该菌。

【流行特点】主要是由饲喂了被沙门菌污染的肉类饲料和饮水而引起感染，鼠类也在本病传播中起到一定作用。常成窝或成群发病，短时间内波及全群动物，死亡率较高。当毛皮动物机体抵抗力下降时，易暴发本病。本菌主要通过消化道和呼吸道传播，另外自然交配或人工授精也是该病水平传播的重要途径，同时也可通过子宫感染垂直传播。此外，当机体抵抗力下降时，隐性感染的病菌可被激活，使狐发生内源性感染。

本病一年四季均可发生，一般于6～9月份多发，常呈地方性流行。饲养管理条件差、天气恶劣、仔狐处于换牙及断奶期、长途运输或并发其他疾病，都可引发和加重病情。该病主要侵害1～3月龄的幼狐。成年狐如饲喂沙门菌污染的饲料，可引发严重疾病，导致妊娠狐发生流产。

【临床症状】狐自然感染的潜伏期为8～20d，平均14d；人工感染的潜伏期为2～5d。

① 急性发病狐 体温可达41～42℃。临床上以精神沉郁、食欲废绝、下痢、粪便恶臭或带血、脱水、消瘦等为主要症状。妊娠母狐发生流产；出生时外表正常的仔狐，出生后不久便开始发病，往往在2～3周内出现下痢或死于败血症。病程长的狐腕关节和跗关节可能肿大，有的伴有支气管炎和肺炎等。

② 亚急性和慢性发病狐 主要表现为胃肠功能紊乱，体温升高。临床上以精神沉郁、呼吸浅而急、食欲减退、被毛蓬乱无光、眼窝下陷、后肢常呈海豹式拖地为主要特征。有的病例出现化脓性结膜炎、黏液性鼻漏、咳嗽。病狐下痢并很快消瘦，粪便呈水样，混有大量胶状黏液，个别混有血液，有的病狐还出现呕吐症状。后期出现后肢不全麻痹，在高度衰竭后，于7～14d死亡。慢性发病狐，于3～4周死亡。

【病理变化】病狐均出现黏膜黄疸，皮下组织、骨骼肌、腹膜和胸腔器官也常见黄疸。回肠和大肠黏膜发红呈颗粒状，稍肿，肠壁增厚并形成褶皱，表面覆盖灰黄色坏死物。肝脏肿大，呈土黄色，小叶纹理展平，切面黏稠外翻。胆囊肿大，充满黏稠胆汁。脾脏明显肿大，体积为正常的6～10倍，切面多汁。肝门及肠系膜淋巴结肿大，触摸柔软，呈灰色或灰红色。膀胱空虚，黏膜上有散在出血点。

【诊断】根据临床症状、病理变化可作出初步诊断，确诊需将分离菌与沙门菌AFO多价血清做平板凝集试验。

【防控措施】搞好卫生，消灭苍蝇和鼠类，防止其他动物进入狐养殖场；加强饲养管理，增强机体抵抗力。幼狐育成期必须饲喂质量好的鱼肉饲料，日粮营养全面平衡，饲料最好煮熟后饲喂，不可频繁换料。定期在饲料中添加抗生素类药物。一旦发现疑似症状，及时更换新鲜饲料，防止疾病扩散。

该病的治疗可以参照大肠杆菌病的治疗措施。

# 五、魏氏梭菌病

魏氏梭菌又称产气荚膜梭菌，是一种分布极广的条件性致病菌，当机体抵抗力下降时，即可引起狐发生魏氏梭菌病，以肠毒血症为主要特征。

【病原】魏氏梭菌在土壤、饲料、粪便及畜禽肠道中均可生存。一般可分为 A、B、C、D、E、F 6 个型，引起狐魏氏梭菌病的主要为 A 型。此菌为革兰氏阳性的粗短杆菌，单个或成对存在，菌落圆整。繁殖体对不良环境和消毒剂敏感。部分菌有芽孢，位于菌体的中央或一端。芽孢对干燥、热、消毒剂具有很强的抵抗力。

【流行特点】该病常呈散发流行，春、秋季多发，气候剧变也易诱发本病。在饲养管理较好的狐养殖场很少发病，卫生条件差的狐养殖场发病严重，特别是双层笼饲养或一笼多狐。本病主要经消化道感染。发病初期，出现个别死亡病例，病原体随粪便排出体外，污染周围环境，毒力不断增强，1~2 个月内可大批发病，幼龄狐易感，成年狐偶有发病。

【临床症状】潜伏期为 12~24h，流行初期一般无任何临床症状而突然死亡。病程稍长时，患病狐食欲减退，很少活动，呕吐，粪便多为绿色液体，有的呈血便，常发生肢体麻痹或呈昏迷状态，死亡率高，常在 90% 以上。

【病理变化】甲状腺肿大并有点状出血。肝脏肿大，呈黄褐色或黄色。胃黏膜出血，幽门部有小溃疡。肠系膜淋巴结肿大，有出血点，切面多汁。肠道出血、黏膜脱落。肠内容物呈褐色，混有黏液和血液。肠道内充满气体或充血，似血肠样。

【诊断】根据流行病学、临床症状、病理变化可作初步诊断，确诊需进行实验室检查。此菌在牛乳培养基中可大量产气，形成"暴烈发酵"现象。

【防控措施】该病是农业部发布的《一、二、三类动物疫病病种名录》中的二类动物疫病。养殖场发生该病或疑似该病时应及时上报（参照狂犬病）。

预防：动物性饲料煮熟后不可堆放，要均匀摊开，蔬菜类要洗净后再饲喂。做好环境卫生消毒，笼舍定期用 2%~3% 氢氧化钠溶液消毒，粪便和其他污物进行生物发酵消毒，地面常用 15% 新鲜漂白粉溶液喷洒消毒。

# 六、李氏杆菌病

狐的李氏杆菌病是以败血症经过，并伴有内脏器官和中枢神经系统病变为特征的急性传染病，对狐养殖场危害很大。

【病原】本病的致病菌是李氏杆菌。本菌为两端钝圆、平直或弯曲的小杆菌，染色呈革兰氏阳性。本菌为需氧或兼性厌氧性菌。李氏杆菌具有较强的抵抗力，秋冬时期，在土壤中能保存 5 个月以上。在冰块内可保存 5 个月至 3 年，在燕麦内可保存 10 个月，在肉骨粉内可保存 1～7 个月，在皮张内可保存 62～90d，在尸体内可保存 1.5～4h 不失活力。本菌对高温的抵抗力也比较强，100℃经 15～30min，70℃经 30min 死亡；用琼脂培养基特制的菌液，在 60～70℃经 5～10min，55℃经 1h 死亡；2.5％石炭酸 5min，2.5％氢氧化钠溶液 20min，2.5％甲醛铬液 20min，75％酒精 75min 即被杀死。在 0.25％石炭酸防腐液内可存活 1 年以上。

【流行特点】本病为人、畜共患的散发性传染病。狐易感，特别是幼狐更易感。本病的主要传染源是病兽，通过被污染的饲料和饮水，以及直接饲喂带有李氏杆菌病的畜禽肉及其副产品等均可致病。本病经消化道感染。维生素缺乏、寄生虫及其他使机体抵抗力下降的不良因素，都是引发本病的诱因。本病虽无季节性，但多发生在夏季。

【临床症状】幼龄病狐主要表现为精神沉郁与兴奋交替出现。当外界条件恶劣时，便会出现临床症状，表现为食欲减退，甚至拒食；兴奋时，常表现出不协调性，不断转圈，四处冲撞，伴有不时尖叫声，同时出现撕咬自身，主要是臀部、尾部及身体一侧，严重者会将腿、臀部肌肉全部咬去，直至露出骨骼，咬伤部位出现化脓和脓汁流出的现象。有些病狐竖起耳朵、头顶在铁笼上部，瞪眼，臀部夹紧，作痛苦状，并发出有节奏的尖叫声。病狐对周围环境很敏感，极轻微的响动便会受到惊吓，引起进一步的撕咬、转圈和不时尖叫。这种情况在早上喂食前很严重。病程一般为 5～7d，个别病狐可拖延至 40d。成年病狐除上述症状外，有的咳嗽、呼吸困难，呈现腹式呼吸，病程 7～10d。

【病理变化】以败血症及脑膜炎的变化为主，肺有化脓性卡他性肺炎，气管黏膜充血、出血；心脏肿大，心外膜有出血点，心包内有纤

217

维性凝块的淡黄色心包液；甲状腺肿大，出血呈黑色；肝脏肿大，有弥散性米粒大小干酪样坏死灶；脾肿大，有出血点；全身多处淋巴结肿大、出血，切面多汁；脑膜和脑实质血管充血、水肿，脑脊髓液增多混浊，脑实质软化和水肿，在硬脑膜下有点状出血和小脓灶。

【诊断】根据流行病学、临床症状、病理变化和实验室检验结果，可确诊。但要与巴氏杆菌病、脑脊髓膜炎及犬瘟热等病相区别。

【防控措施】该病是农业部发布的《一、二、三类动物疫病病种名录》中的三类动物疫病。养殖场发生该病或疑似该病时应及时上报（参照犬瘟热）。

预防：对于早期患病狐采取治疗有一定成效，中晚期疗效不佳。主要采取预防措施，畜肉及其副产品必须经动检部门检疫后，确认无李氏杆菌的肉类和副产品才能饲喂。可疑饲料要煮熟后再饲喂。由于李氏杆菌病是条件性传染病，一定要加强饲养管理，保持笼舍和地面环境清洁卫生，以增强狐的抵抗力。

治疗：发病初期的病狐用头孢菌素 100mg/kg，肌内注射，2～3次/d；新霉素每只病狐 10 万～15 万 IU，每天 2 次，连用 3～5d，肌内注射；氨苄青霉素每只病狐 5 万～10 万 IU，每天 2 次，连用 3～5d，肌内注射；樟脑磺酸钠每只 0.5～1mL；对咬伤部位用 1％高锰酸钾溶液或 5％过氧化氢溶液清洗。

# 第三节　寄生虫病

## 一、弓形虫病

弓形虫病是由一种刚地弓形体的原虫所引起的人、畜和野生动物共患的寄生虫病。目前本病在世界各国广泛传播，感染率逐年上升。在狐之间可引起地方流行，给狐养殖业带来巨大的经济损失。

【病原】弓形虫为细胞内寄生虫，属于原虫动物型等孢球虫的一种。它具有双宿主的生活周期，分两相发展，即等孢球虫相和弓形体相。前者在宿主肠内，后者在宿主组织细胞内。关键阶段是卵囊，在宿主（猫）体内寄生，随粪便排出体外，这种卵囊被同种宿主（猫）吞食后，寄生在肠内，按等孢球虫相的周期发育。如果卵囊被狐等异种宿主所吞食，即按典型弓形体相的周期发育，在吞噬细胞内形成假囊，在组织内特别是在脑和肌肉内，形成有抵抗性的包囊，在假囊和包囊内，都以囊内裂殖方式繁殖，产生滋养体。假囊和包囊的滋养体不同、前者核在正中，后者核在末端。包囊呈隐性感染，滋养体则引起活动性感染。

弓形体相的滋养体，长 $4\sim7\mu m$，宽 $2\sim4\mu m$，一端尖，另一端钝圆，形状为月牙形或半月形，有时为梭形。

弓形体相的滋养体对外界因素（光线、温热、干燥及化学药品等）的抵抗力不强。在肌肉组织内，当温度 $2\sim4℃$ 时，存活 $8\sim14d$；当温度 $50\sim60℃$ 时，存活 $5\sim15min$。更高温度时，几秒钟内死亡，煮沸立即被杀死。对酸性环境敏感，一般于胃液 $30min$ 内死亡。一般消毒药于普通浓度下在 $10\sim20min$ 使之破坏。

【流行特点】家畜和家禽的胴体和内脏是狐的感染来源，健康狐可以通过与患病狐的接触，经正常黏膜或损伤黏膜及空气飞沫途径而感染，也可通过子宫内感染。狐通过饲料经消化道感染的可能性最大，利用未经处理的患有弓形虫病动物的肉及副产品饲喂狐是最经常的感染途径。此外，狐饲料被患有弓形虫病的动物粪尿污染，也可发生感染。先天感染也可通过母体胎盘，发生于妊娠的任何时期，当妊娠初期感染时，可能导致胎儿吸收、流产和难产；当妊娠后期感染时，可产生弱胎，在仔狐哺乳期发生急性弓形虫病。

【临床症状】不同病例潜伏期不同，$7\sim10d$ 或几个月都有。弓形虫病呈现不同类型，可侵害胃肠道、呼吸道、中枢神经系统及眼等。急性经过 $2\sim4$ 周死亡，慢性经过可持续数月转为带虫免疫状态。

成年狐患病后，体温升高至 $41\sim42℃$，呈稽留热、精神沉郁、食欲不振或废绝、心跳快而弱、可视黏膜苍白或黄染、结膜发炎、流脓性眼屎、视觉障碍、鼻腔流浆液性鼻液。部分狐突发急性胃肠炎，呕吐、腹痛和剧烈腹泻，初粪稀如水，继而转为黏液性，严重者发生出血性腹泻，体质迅速衰竭，最后因脱水、休克而死亡。有的呼吸困难，咳嗽，胸腹等无毛或少毛处皮肤暗红；有的表现为极度兴奋，眼球突出，运动失调，后肢不全麻痹或完全麻痹等神经症状，死亡之前神经兴奋，沿笼子旋转并发出叫声。母狐患病在妊娠早期发生流产，或晚期早产。公狐患病不能正常发情，表现为不能正常交配，偶尔发现有严重病狐恢复完全健康状态，但不久又因神经混乱而死。患病母狐所产的仔狐，在出生后4～5d死亡。这样的仔狐常出现体躯变形、多数头盖骨增大，并转归死亡。

【病理变化】除中枢神经系统外，主要脏器和组织均有眼观病变。剖检可见横纹肌色淡或黄染，有的头部皮下水肿。胃空虚，仅有少量黏液，胃肠黏膜充血、肿胀、出血，有溃疡或灰白色坏死灶。肺充血、肿胀、间质增宽，有小出血点和灰白色病灶，切面流出大量带泡沫液体。脾肿胀呈暗红色，胆囊肿大，充满浓稠的胆汁。肾肿大、坏死并有出血点。膀胱内无尿，黏膜上有点状出血。黏膜、皮下脂肪或肌内、浆膜可见轻微的黄疸。全身淋巴结肿大，切面湿润多汁，并伴有粟粒大灰黄色坏死灶和出血点。有的狐心包积液、胸腹腔液体增多。

【诊断】根据临床症状、流行病学和病理解剖是不能作出弓形虫病正确诊断的，本病的确切诊断还必须依靠实验室检查。可将病理材料切成数毫米的小块，并用滤纸除去多余水分后，放载玻片上按压，使其均匀散开和迅速干燥，然后用甲醇固定10min。以吉姆萨液染色40～60min，干燥、镜检，可发现月牙形或半月形弓形体。此外，用组织切片方法也可检出弓形体和弓形体的包囊及假囊。

【防控措施】该病是农业部发布的《一、二、三类动物疫病病种名录》中的二类动物疫病。养殖场发生该病或疑似该病时应及时上报（参照狂犬病）。

预防：加强饲养管理，定期消毒，加强饲料和饮水的保存，严防被猫粪尿污染，严禁用被污染的饲料和腐败变质的肉、奶、蛋等动物制品饲喂狐。肉类饲料应煮熟后饲喂；防猫，灭鼠、蝇及各种昆虫。严格处理好流产胎儿及排泄物，病死动物尸体采用焚烧、深埋或高温处理，加强消毒工作，有条件的将地表水改为地下水，全养殖场管道给水。

## 二、螨虫病

螨虫病是由疥螨科的螨类寄生虫寄生于狐体表的寄生虫病，以接触性传染为主，引起狐剧痒，其特征是侵害皮肤并伴发高度的痒觉、脱毛及皮肤上出现结痂。

【病原】螨虫病的病原体是不完全变态的节肢动物，发育过程包括卵、幼虫、若虫和成虫四个阶段。螨虫钻进狐表皮、挖凿隧道，虫体在其中发育繁殖。在隧道中，每隔一定距离有小孔与外界相通，既是通气孔，也是螨虫出入通道。雌虫在隧道内产卵，并于2～3d孵化为幼虫，幼虫爬到皮肤表面后，在毛间的皮肤上开凿小穴，在里面蜕变为若虫，再钻入皮肤，形成窄而浅的穴道，并在其中蜕变为成虫。螨虫从幼虫到成虫仅需要6～8d。

螨虫在外界温度11～20℃时能保持生活力10～14昼夜；在寒冷温度下（－10℃）经20～25min死亡；直射阳光下3～8h死亡；于干燥环境中当温度50～80℃时，30～40min内死亡；在水内加热至80℃时几秒内死亡。

【流行特点】猫、犬及患病动物是主要的传染源，可通过直接接触或间接接触传播，如密集饲养，污染的笼舍、食盆、产箱及工作服、手套等均可传播。秋冬阴雨天气，有利于螨虫发育，发病较重。春末夏初换毛期，通气改善，皮肤受光照充足，仅有少数螨虫潜伏在耳壳、腹股沟部等被毛深处，这种带虫动物没有明显症状，但到了秋季，螨虫又重新活跃起来，引起病情复发，成为最危险的传染源。

【临床症状】

① 疥螨　剧痒为主要症状，感染越重，痒感越强烈。先是脚掌部皮肤，后蔓延到跗关节及肘部。然后扩散到头、尾、颈及胸腹内侧，最后发展为泛化型。其特点是病狐进入温暖小室或经运动后，痒感更加剧烈，不停地咬舐、搔抓、摩擦身体，从而加剧患部炎症，也散布了大量病原。多数病例经治疗愈后良好，但身体皮肤被广泛侵害，食欲丧失的严重病例则中毒死亡。

② 耳痒螨　初期皮肤局部发炎，有轻度痒感，病狐时而摇头，或摩擦、搔抓患部，引起外耳道皮肤发红、肿胀，形成炎性水疱，渗出

液黏附于耳壳下缘被毛，形成痂嵌于耳道内。有时耳痒螨钻入内耳，导致鼓膜穿孔，造成病狐食欲下降，头呈 90°～120°转向病耳一侧。严重病例可延及脑部，出现痉挛或癫痫症状。

【诊断】本病根据特征性临床症状（结痂）较易作出初步诊断。对症状不明显的病狐，需取患部痂皮，检查有无螨虫才可确诊。有条件的狐养殖场，可用手术刀片刮少许痂皮下面的污物，置洁净玻璃皿内，用 10%氢氧化钠溶液浸泡 3～5min，蘸取 1 滴悬浊液滴于载玻片上，用放大镜观察，见到螨虫即可确诊。

癣和螨是狐较常见的疾病。螨属于寄生虫，一般寄生在皮肤的第二层，其寄生处常见到不规则、大块的掉皮。癣属于真菌，绝大部分都是附着在皮肤表面，向四周均匀扩散，呈比较规则的圆形或椭圆形。

此外，钱癣、湿疹、过敏性皮炎及虱也有皮炎、脱毛、落屑、发痒等症状，应注意区别。

【防控措施】预防：严格执行卫生防疫制度，养殖场内严禁饲养其他动物，灭鼠、灭蝇。定期往地面撒生石灰、喷洒氢氧化钠溶液或用火焰喷灯进行消毒。保持笼舍及用具的清洁卫生，不堆积粪便，经常翻晒或更换笼内垫草。从外地购入的狐，隔离饲养经观察无病后才能合群。平时注意观察，发现有挠抓皮肤，出现挠伤、秃斑、流污血、结硬痂等症状时，须立即报告兽医或负责人，及时采取措施。在隔离治疗病狐的同时对全场消毒，用火焰喷灯消毒笼具效果较好。治疗使用的工具器械应严格消毒处理后才能继续使用。患病狐所剪下的痂皮、被毛和病尸必须烧毁或深埋，现场彻底清扫后，用氢氧化钠溶液消毒。

治疗：①发病狐个体治疗。剪毛去痂，在患部用温肥皂水冲刷硬痂和污物，剪去周围 3～4cm 处的被毛收集后焚烧或用杀螨药浸泡。1%伊维菌素皮下注射，每千克体重 0.1mL，隔 1 周注射 1 次，共注射 3 次，同时注意真菌及细菌混合感染的治疗。

② 全群预防性治疗。1%伊维菌素皮下注射，每千克体重 0.1mL，隔 1 周注射 1 次，共注射 3 次。

## 三、蛔虫病

狐蛔虫病是临床上常见的一种线虫病。该寄生虫主要寄生于狐的小肠和胃内，主要引起幼狐发病，可引起幼狐生长缓慢、消瘦、贫血和间断拉稀等，病情严重时可引起幼狐死亡。

【病原】本病的病原体是蛔虫，其成虫呈淡黄色，长而圆，两头尖，具有狭长的颈翼膜；雄虫长 2～4cm，雌虫长 3.2～5.5cm；虫卵呈长圆形至椭圆形，大小（68～85）$\mu m$×（64～72）$\mu m$；外膜厚，有明显麻点状的小泡状结构；主要寄生于肠道。狐主要是吃了含有蛔虫的饲料或饮了被虫卵污染的水而感染，或者仔狐养在一起，其中有患蛔虫病者，经接触相互感染而发病。

【流行特点】当成年狐食入被虫卵污染的饲料和饮水后，虫卵在狐肠内孵出幼虫，幼虫在小肠内逸出，进而钻入肠壁内发育后返回肠腔，经 3～4 周发育为成虫。

另一部分幼虫钻入肠壁进入血管，随血液到达狐体内各个器官，形成包囊，保持活力，但不发育；当母狐妊娠后，幼虫被激活，经胎盘移行到胎儿体内，在胎儿出生后 3 周左右，幼狐肠道内可发现成熟的蛔虫。另外，幼狐在吮乳的过程中也可被感染，幼虫在小肠中直接发育为成虫。

【临床症状】患病狐精神萎靡，食欲减退，身体虚弱，消瘦无力，腹部胀满，消化不良，下痢和便秘交替进行，毛蓬乱无光泽，可视黏膜苍白，呈现贫血症状；严重时可出现呕吐、腹泻、抽搐等症状。有时可看到吐出或便出蛔虫。病情严重的狐，常因蛔虫过多造成肠梗阻而死亡，剖检可见到肠内蛔虫阻塞成团。

【病理变化】病狐皮下脂肪很少，肌肉颜色浅，血液稀薄如水，全身淋巴结肿大，肺部有出血点，胃内空虚可见黑色焦油状物，十二指肠、空肠内可见有成熟的蛔虫，严重者胃内也可见到成虫。

【诊断】通过解剖，于胃、十二指肠内发现成熟的蛔虫即可确诊。对可疑病例可采用饱和盐水漂浮法或水洗沉淀法，检查病狐粪便，发现虫卵也可确诊。

【防控措施】母狐于配种前 3～4 周，口服盐酸左旋咪唑，每千克体重 15mg，1 次/d，连用 3d；幼狐于 35 日龄时，口服丙硫苯咪唑，每千克体重 10mg，混入饲料中，1 次/d，连用 3d；对于发病狐群，可采用中西医结合的方法驱虫，早晨饲喂丙硫苯咪唑，每千克体重 10mg，晚上饲喂中成药驱虫散，每千克体重 0.5g，拌料内服，连用 3d，效果良好。

# 第四节　中毒性疾病

## 一、肉毒梭菌中毒

肉毒梭菌广泛分布于自然界中，主要存在于腐败变质的肉类、鱼类等饲料中。肉毒梭菌属于梭状芽孢杆菌属，在厌氧环境中可分泌较强的神经毒素，是目前已知化学毒素和生物毒素中毒性最强的毒素之一。动物食入含有肉毒梭菌毒素的肉类饲料可引起急性致死性中毒，以运动中枢神经麻痹和延脑麻痹症状为特征。

【临床症状】临床可表现不同的类型，潜伏期为数小时至 10d，多为最急性型和急性型，动物饲喂了含毒饲料后可大批发病死亡。

① 最急性型　喂食后 5～7h，部分动物突然发病，肌肉出现进行性麻痹，呼吸、吞咽困难，眼球突出或斜视，瞳孔散大，很快死亡。死前口吐白沫，粪尿失禁，排血样稀便、血尿。死亡率为 100%。

② 急性型　临床上多见动物表现为共济失调，常侧卧，下颌麻痹而下垂，有的舌脱出口外，吞咽困难，流涎，呼吸加快，排粪失禁，有腹痛。最后心脏麻痹，窒息死亡。

③ 慢性型　舌和喉轻度麻痹，肌肉松弛无力、不能站立，容易卧倒，起立困难，粪便干燥或稀薄，病程可持续 10d 以上。

【病理变化】胃肠黏膜充血、出血，有卡他性炎症；肺充血、水肿；肝脏、肾脏充血、瘀血，呈暗紫色；脑膜充血；心内外膜有点状出血。

【防控措施】肉类饲料不宜在 10℃左右室温内堆放时间过长，冰冻饲料不宜融化时间过长，特别在夏季应尤其注意，防止饲料被肉毒梭菌污染。一旦饲料被肉毒梭菌污染，高温不能使其毒素灭活，应立即停喂已变质或疑似变质的饲料，及时清理、清洗绞肉设备。鸡肠、鱼、肉在饲喂前，用0.3%高锰酸钾浸泡3～5min，沥干水分后，用清水冲洗一遍。向饲料中拌入葡萄糖，每50kg饲料1kg，并按照临床使用量加入氟苯尼考、多西环素。另外，添加一定量的复合维生素B，在饲料临近饲喂时加入维生素C。按时给动物免疫接种类毒素疫苗，可以在一定程度上减少该病发生时的死亡率。

本病常突然发病死亡，一般无特效药可用。在未确定毒素类型的情况下，可用多价抗毒素血清治疗，静脉或肌内注射。对症疗法：用5%碳酸氢钠液或0.1%高锰酸钾液灌肠、洗胃。

## 二、食盐中毒

食盐是毛皮动物不可缺少的营养物质，但日粮中食盐过多也会引起不良反应甚至发生中毒。北极狐等毛皮动物对食盐较敏感。

【病因】饲料配方或加工操作失误，造成食盐添加量过大，或食盐颗粒过大、搅拌不匀。

【临床症状】病狐初期极度口渴、大量饮水；慢慢发展为呕吐、流涎、呼吸急促、全身无力，严重的口吐带有血丝的泡沫；也有的表现为高度兴奋，原地打转，尾巴高高翘起，排尿失禁，伴有癫痫和嘶哑的尖叫，继而四肢痉挛，体温下降，于昏迷状态下死亡。

【病理变化】尸僵完全。口腔内有少量食物及黏液，肌肉呈暗红色。胃肠黏膜充血、出血，肠系膜淋巴结水肿、出血。肺气肿，心内外膜有点状出血。脑膜血管扩张、充血、瘀血，组织有大小不一的出血点。

【防控措施】拌料均匀，严格掌握食盐用量标准。日粮中的总含盐量不应超过0.5%。鱼粉用量应少于混合饲料的10%，供应充足的饮水。

目前尚无特效解毒药。发现食盐中毒后，立即停喂、更换饲料，同时给予多次少量饮水，每日5～7次，每次500～1000mL。在解救时，可用溴化钾、硫酸镁等缓和兴奋和痉挛，同时静脉注射葡萄糖酸钙注射液，帮助恢复电解质平衡；为缓解脑水肿、降低颅内压，可静脉注射 25％山梨醇 10mL，每日 2 次，连用 3d。体温降低时，根据病情可肌内或静脉注射樟脑磺酸钠注射液 0.5～1.0mL（0.05～0.10g），每日 2 次；也可注射安钠咖 0.1～0.2g，每日 1 次。

## 三、霉菌毒素中毒

霉菌毒素中毒就是动物采食了发霉的饲料而引起的中毒性疾病。主要临床特征为急性胃肠炎和神经症状。

【病因】用于饲喂毛皮动物的植物性饲料包括玉米、豆饼、高粱、小麦麸皮等。饲料若保管不当，如存放于气温高、湿度大、通风不良的地方，曲霉菌、白霉菌、青霉菌会大量繁殖，产生毒素，可引起水貂、银黑狐、北极狐、貉、海狸鼠、麝鼠、毛丝鼠等中毒。其中，以黄曲霉毒素引起的中毒最为严重。

【临床症状】病狐食欲减退，精神沉郁，反应迟钝，可视黏膜黄染、呼吸急促，心跳加快。耳后、胸前和腹侧皮肤有紫红色瘀血斑、抽搐、口吐白沫、癫痫发作。粪便呈黄色糊状，混有大量黏液。严重者混有血液或呈煤焦油状，尿液黄色混浊。有的病狐鼻镜干燥，流涎，少数呕吐。病程一般 2～5d，最后因心力衰竭而死亡。急性病例未见任何症状而突然死亡。

【病理变化】尸体血液凝固不良，皮肤、皮下脂肪、浆膜及黏膜有不同程度的黄染，耳根部尤为明显；腹腔、胸腔积有大量黄色污秽液体；肝肿大、质脆，呈黄绿色或砖红色，被膜下有点状出血；病程长者肝硬化，胆囊扩张，胆汁稀薄；胃肠黏膜充血、出血、溃疡、坏死，内容物呈煤焦油状，肠内有暗红色凝血块；肾脂肪囊黄染，有点状出血；膀胱黏膜出血、水肿；心包积液，心脏扩张；脑及脑膜充血、出血。

【防控措施】该病尚无特效药物，可对饲料原料进行常规的霉菌毒素测定。当狐发生中毒时，应立即停喂霉变饲料，饮葡萄糖、绿豆水解毒。同时用 25％～50％葡萄糖溶液与维生素 C 混合，静脉注射，排毒保肝，每日 1 次，直至痊愈。

# 第五节　营养性疾病

## 一、维生素 A 缺乏症

维生素 A 缺乏症是以引起上皮细胞角质化为特征的一种营养缺乏性疾病。

【病因】饲料中维生素 A 不足；储存过久、腐败变质等使日粮中的维生素 A 遭到破坏；消化道疾病影响维生素 A 的吸收。

【临床症状】主要表现为皮肤和黏膜角质化、繁殖功能下降。当维生素 A 不足时，2～3 个月出现临床症状。早期表现为共济失调，抽搐，头向后仰，沿笼转圈，应激反应增强，受到微小刺激便高度兴奋。幼狐出现腹泻症状，粪便中混有大量黏膜和血液；有的出现肺炎症状，生长迟缓，换牙缓慢。

【防控措施】保证日粮中维生素 A 的供给量，注意饲料中蔬菜、鱼和肝的供给，以预防本病。治疗时，可在饲料中添加需要量 5～10 倍的维生素 A。

## 二、维生素 E-硒缺乏症

维生素 E 和硒是动物体内不可缺少的，两者协同作用，共同抗击氧化物对组织的损伤，两种物质的缺乏症状基本相似。

【病因】饲料中维生素 E、硒含量不足，或不饱和脂肪酸含量过高、酸败，患肝脏疾病等，均会影响动物机体对维生素 E 的贮存和吸收，从而导致发病。

【临床症状】缺乏维生素 E 时，母狐表现为发情期拖延、不孕和空怀增加；产出的仔狐精神萎靡、虚弱、无吸乳能力，死亡率增高；公狐表现为性欲减退。营养好的狐脂肪黄染、变性，多于秋季突然死亡。

【防控措施】根据毛皮动物的不同生理时期提供足量的维生素 E，在饲料不新鲜或患肝病时，要加量补给维生素 E。治疗主要是补充维生素 E，同时补硒。

群体治疗：可按维生素 E 每 100kg 饲料 10～15mg、硒每 100kg 饲料 0.022mg 的量拌料，连用 5～7d。也可长期饲喂。

个体治疗：维生素 E 1000IU，每天 2 次，连用 2～3d，同时应用 0.2％亚硒酸钠 1mL，每隔 3～5d 内注射 1 次，共用 2～3 次。

## 三、B 族维生素缺乏症

B 族维生素属于水溶性维生素。毛皮动物所需要的 B 族维生素主要包括硫胺素（维生素 $B_1$）、核黄素（维生素 $B_2$）、泛酸（维生素 $B_3$）、吡哆素（维生素 $B_6$）、生物素（维生素 $B_7$）、烟酸（维生素 PP）、叶酸（维生素 $B_{11}$）、胆碱等。

【病因】日粮中 B 族维生素含量不足或被破坏，以及肠道疾病均可导致本病发生。

【临床症状】患病狐厌食，消瘦，被毛粗糙、易脱落脱色，腹泻或便秘，贫血，运动失调，抽搐，死亡。

维生素 $B_1$ 缺乏以肌肉萎缩、组织水肿、心脏扩大及胃肠症状为主要特征，表现为后肢瘫痪、运动失调、昏迷。

维生素 $B_2$ 是参与能量代谢的酶系统组成成分，冬季常发生核黄素不足，能量释放困难，从而引起各项功能下降。表现为被毛粗乱、脱毛、流泪、流涎及脂溢性皮炎。

维生素 $B_6$ 缺乏时，易患皮炎、鼻端和爪出现疮痂、结膜炎。表现为运动失调、瘫痪，最终死亡。

维生素 $B_7$ 在动物体内易被某些氨基酸复合体转化为不能被吸收的形式，导致缺乏，表现出脱毛、皮炎、痉挛等临床症状。

维生素 $B_{11}$ 缺乏时，发生巨红细胞性贫血，生长缓慢。

维生素 $B_{12}$（抗恶性贫血维生素）缺乏时，表现为贫血、消瘦。幼狐发育停滞，出现腹泻或便秘等，血液稀薄，肝脏变黄变脆，肝细胞坏死，脂肪变性。

胆碱缺乏时，表现为被毛粗糙、四肢无力、衰竭死亡。

【防控措施】供给全价配合饲料。有 B 族维生素缺乏症状时，应及时添加复合维生素 B，连用 3～5d。同时查明原因，及时更改饲料配方。

## 四、钙磷代谢障碍

钙磷代谢障碍是引起佝偻病的原因之一。

【病因】食物中钙磷比例失调或维生素 D 缺乏，影响钙的吸收与利用。另外，妊娠期、哺乳期及正在生长发育的仔狐对钙需求量大，也易发生钙缺乏症。

【临床症状】最典型表现是两前肢肘外向呈"O"形腿，最先发生于前肢骨，接着是后肢骨和躯干变形，肋骨和软骨结合处变形、肿大、呈念珠状。仔狐佝偻病表现为头大，腿短、弯曲，腹部增大下垂。有的仔狐肌肉松弛，关节疼痛，多用后肢负重，呈现跛行。病狐抵抗力下降，易感冒或感染传染病。

【防控措施】合理调整饲料中的钙磷比例，对处于妊娠期、哺乳期的母狐及正在生长发育的仔狐及时补充维生素 D 及含钙物质。

治疗常用维生素 D 油剂或鱼肝油，每日剂量为狐 1500～2000IU，持续 2 周。

## 五、维生素 C 缺乏症

仔狐缺乏维生素 C 时，常引起"红爪病"。

【病因】哺乳期，母狐体内维生素 C 缺乏或者合成量不足。

【临床症状】1 周以内的仔狐患红爪病，表现为四肢、尾部水肿，皮肤高度潮红，趾垫肿胀变厚。一段时间以后，趾间溃疡、龟裂。妊娠期母狐若严重缺乏维生素 C，则仔狐在胚胎期或出生后发生脚掌水肿，并逐渐严重，于出生后第二天脚掌伴有轻度充血，此时尾端变粗、皮肤潮红。患病仔狐常头向后仰，到处乱爬，发出尖叫，精力衰竭。仔狐不能吮吸母乳，导致母狐乳腺硬结，表现为不安、拖拉甚至咬死仔狐。

【防控措施】保证饲料中维生素种类齐全、数量充足。饲喂不新鲜的蔬菜时，补加一定量的维生素 C，每日每只 20mg 以上。维生素 C 一定要用凉水调匀，防止高温分解。

母狐产仔后，及时检查，发现红爪病及时治疗。可以用滴管给仔狐经口投喂 3%～5% 维生素 C 溶液，每日每只 1mL，每日 2 次，直至肿胀消除。病情严重者，可皮下注射 3%～5% 维生素 C 溶液，一次 1～2mL，每天 1 次，连续注射 3d，隔 3d 后，再注射一个疗程。

# 第六节　产科病

## 一、流产

【病因】引起流产的原因有很多，如饲料营养不全、霉烂变质，妊娠母狐患病，母狐体内环境异常及机械性因素等均可引起流产。其中，饲料不新鲜或腐败是主要原因。环境中有较大刺激，如存在大量有害物质、强光、高音等会引发大批流产。卵子异常、染色体异常、孕酮分泌不足或黄体功能减退是早期流产的重要原因。妊娠后期，如果母体激素出现异常，则会发生自发性流产。大肠杆菌、葡萄球菌、布鲁菌及狐阴道加德纳菌等感染，某些病毒感染（如犬瘟热、细小病毒感染、传染性肝炎等）和肿瘤等也能导致流产。机械性流产（粗暴捕捉、惊扰）在狐养殖业实践中并不多见。有时只是看到阴道流出分泌物而看不到流产的过程及排出的胎儿，流产狐经常吃掉胎儿。

【临床症状】狐多发生隐性流产，即妊娠前期胚胎自体溶解而被母体吸收。一些母狐整个胚胎死亡（全隐性流产）；另一些母狐部分胚胎死亡，而其余正常发育（不全隐性流产）。一般隐性流产几乎无症状，有个别母狐表现若干天食欲减退或完全拒食，狐流产后往往在小室或笼内看不到胎儿，但能看到血迹，个别狐也能看到残缺不全的胎儿。一般从母狐的外阴部流出恶露，1～2d 后见到红黑色的膏状粪便。发生不全隐性流产时，触诊子宫可摸到比相应期胚胎小得多、硬固无蠕动的死亡胚胎。妊娠中、后期发生的流产多为早产或小产，即流出不足月的活胎或死胎。流产的母狐精神不好，食欲减退，在笼内或地面上可看到死胎或弱的活胎。流产后，母狐阴道内不断排出脓性分泌物。

【诊断】临床上很多病原微生物，如沙门菌、葡萄球菌、狐阴道加德纳菌、布鲁菌、肺炎球菌等，均能够引发妊娠母狐流产，必要时可进行病原分离鉴定。对病因不详的自发性流产母狐须进行全面检查，查明营养状况、有无内分泌疾病或其他疾病；仔细触诊腹壁，确定子宫内是否还存有胎儿。

【防控措施】预防本病主要是加强饲养管理。在整个妊娠期，保证饲料全价、新鲜、组成稳定。另外，要防止妊娠母狐应激，养殖场要保持安静，防止意外惊动。

对已发生流产的母狐，要防止子宫炎和自身中毒。可以肌内注射青霉素 10 万～20 万 IU，每日 2 次；为了提高其食欲，可以注射复合维生素 B 注射液 0.5～1.0mL。

对不完全流产的母狐，要进行保胎治疗。可以肌内注射复合维生素 E 注射液、孕酮（1%黄体酮）0.3～0.5mL。

对已经确认为死胎者，可以先注射催产素 1.0～2.0mL，产出死胎后，再按照上述方法治疗。

## 二、难产

【病因】狐发生难产有以下几种原因：雌激素、脑垂体后叶素及前列腺素分泌失调；妊娠前期饲料营养不合理，使母狐体况过肥或营养不良；年老体弱狐；初产狐；患子宫内膜炎；胎儿过多或过大；死胎、畸形、胎儿水肿；产道狭窄；胎势、胎位异常。

【临床症状】多数病例会在超出预产期时发病，表现为不安，不断出入产箱内外，呼吸急促；努责、排便，并发出痛苦的呻吟；有的从阴道流出血样分泌物，后躯活动不灵活，母狐时而回视腹部，不断舔舐外阴部；也有的胎儿前端露出外阴，久产不下；母狐体力衰竭，精神萎靡，严重者昏迷。

【诊断】已到预产期，母狐表现为不安，并有临产表现，却不见胎儿娩出，时间超过 24h，则视为难产。

【防控措施】当母狐有分娩表现并已超过 12h，可先行催产。狐肌内注射脑垂体后叶素或催产素 1IU，间隔 20～30min，可重复注射 1次；在使用催产素 2h 之后，胎儿仍不能娩出时，则应采取人工助产或进行剖宫产。

助产时，首先用 0.1%高锰酸钾或新洁尔灭溶液做外阴消毒，然后用甘油或豆油做阴道润滑处理，用开膛器撑开阴道，然后用长嘴疏齿止血镊子将胎儿拉出。若助产无效，则应剖宫产取胎，以挽救母狐和胎儿生命。

## 三、不孕

不孕是成年母狐不发情或发情后经多次配种难以受孕的一类繁殖障碍性疾病。另外，在生产上未孕母狐称为空怀。

【病因】不孕主要包括先天性不孕和后天获得性不孕两种。生殖器官发育异常或者畸形可引起先天性不孕。后天获得性不孕有很多原因：营养性因素，如营养过剩、维生素缺乏等；管理因素，如运动不足、卫生条件差等；繁殖技术因素，如配种不及时、人工授精时精液质量不合格等；环境气候因素，光照、气候的变化可能会影响卵泡的发育；疾病性因素，如产后护理不当或出现影响生殖功能的其他疾病等，导致母狐不孕。

【防控措施】找到不孕的原因，调查其在狐群中发生和发展的规律，制订计划，并采取有效措施，消除不孕。

① 搞好养殖场卫生，并保证养殖场周围环境良好。养殖场应避风向阳、冬暖夏凉、地势平坦、排水良好等，这是避免母狐不孕的重要条件之一。

② 加强母狐的饲养管理。在饲养上必须满足母狐的营养需要，肥胖的母狐减少精料饲喂量，增加运动；对于营养不足的母狐，要加强饲养。

③ 及时诊断治疗各类产科疾病。如卵泡囊肿、卵巢肿大，可肌内注射青霉素每千克体重 10 万 IU，2 次/d，连用 2～3d，待囊肿消除、卵巢正常、卵泡发育成熟将要排卵时，方可交配。如果发生持久黄体，可注射前列腺素 30mg，促使黄体溶解消退，再注射促卵泡激素，待卵泡生长发育成熟后，方可交配。

④ 要避免助产不当造成继发感染引起的不孕。

## 四、乳腺炎

乳腺炎又名乳房炎，是乳腺受到物理、化学、微生物刺激而发生的一种炎性病变。临床表现为乳房肿大、质硬、化脓、乳汁变性等症状。

【病因】多数是由病原微生物感染乳腺而引起的。在毛皮动物中，乳腺炎主要由葡萄球菌和链球菌引起，并且常呈混合感染。机械性损伤、乳汁积滞、应激等也可诱发本病。

【临床症状】母狐精神不安，食欲减退，不愿进小室，并且拒绝给仔狐喂乳，有的母狐会把仔狐叼出小室，不去护理；严重时精神沉郁，喜饮水。仔狐常发出尖叫声，发育迟缓，被毛蓬乱，消瘦，直至病死、饿死。

触诊患病狐乳房红肿、发热，乳房基部常形成纽扣大小的硬结，有的乳房有伤痕、破溃、化脓，并且流出黄红色脓汁。对于慢性病例，乳房常发生结缔组织增生、乳房硬肿。

【诊断】根据母狐不愿护理仔狐，仔狐腹部不饱满、发育迟缓，可以怀疑为乳腺炎。对母狐进行乳房检查可确诊。

【防控措施】预防：消灭病原，加强饲养管理，提高狐的自身抵抗力。首先，产前要进行严格消毒。对食槽、笼具、饮水器等要彻底消毒，产房内的垫草、粪便、废弃物应进行无害化处理。其次，保证舍内安静，避免机械性损伤。另外，要经常注意观察母狐的哺乳行为和产仔情况，发现异常要及时处理。在乳腺炎高发的泌乳期，要按"多投精喂，保持安静，供足饮水"的方式来加强护理。

治疗：将待哺乳仔狐分散给其他健康母狐，防止仔狐食用变质乳后患病死亡。乳腺炎难以治愈，个别散发病例，应尽快淘汰出种狐行列。如需治疗可参考以下方案：在炎症初期，乳房红肿、硬结尚未化脓时，每日多次按摩患病狐乳房，挤出乳汁；对于有硬结的，应采用先冷敷后热敷的方式促进炎性物质的吸收。为快速消炎、控制感染，可肌内注射青霉素、链霉素等消炎药物。如果乳房已经感染化脓，则不可按摩，可以用0.1%普鲁卡因5mL、青霉素或链霉素20万IU，在炎症周围健康部位进行点状封闭。当局部化脓破溃时，先切开排脓，然后用0.1%～0.3%雷佛奴耳、过氧化氢、利凡诺等洗创液洗涤局部，再涂以消炎药物。同时肌内注射抗生素，一般狐每次注射40万IU青霉素，每日2次，连用3～5d。对于乳房坏死者，应切除坏死组织，涂以消炎软膏。对拒食的母狐，可静脉、皮下或腹腔注射5%～

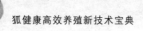

10％葡萄糖 100～200mL，维生素 C 和复合维生素 B 各 0.5～1.0mL，每天 1 次，进行辅助治疗。

## 五、子宫内膜炎

【病因】狐在交配或产后，可由于细菌感染而致病，一般交配次数较多的狐，感染的概率高。母狐产仔时产程过长或难产时，也易造成感染。

【临床症状】交配后患此病的种狐，多发生在交配后的 7～15d。病初表现为食欲减退或不食，精神不振，外阴部流出少量脓性分泌物。严重时，流出大量带有脓血的黄褐色分泌物，并污染外阴部周围的被毛。产后患子宫内膜炎的母狐，一般多于产后 2～4d 出现拒食、精神极度不振、鼻镜干燥、行为不安等症状。患病母狐产的仔狐虚弱，发育落后，并常常发生腹泻。经腹壁检查子宫时，子宫扩大、敏感，收缩过程缓慢。常从阴道内排出浆液性或化脓性分泌物，有时混有血液。患有子宫内膜炎的狐，如得不到及时治疗，死亡率较高。本病个别病例呈轻微经过，无显著临床症状。个别呈不良经过的病例，常并发脓毒败血症。

【防控措施】预防本病发生要加强狐养殖场的卫生管理，在配种前和产仔前，要对笼舍用火焰喷灯消毒，配种前对种公狐的包皮及母狐的外阴部用 0.1％高锰酸钾或 0.3％利凡诺清洗一次，以消除感染源。产仔母狐小室的垫草要保持干燥、清洁，出现母狐难产要及时助产。

治疗：每只每日可肌内注射青霉素 40 万 IU，每日 2 次。重患病狐可先用 0.1％高锰酸钾溶液或 0.3％利凡诺溶液清洗阴道和子宫后，再用上述药物治疗。产后患本病的母狐，也可静脉注射氯化钙 3mL 或催产素等。

# 第七节　　内科病

## 一、感冒

感冒是由于气候突然变化，动物机体被寒冷侵袭而引起的以鼻流清涕、羞明流泪、呼吸加快为特征的急性发热性疾病,分为普通感冒和流行性感冒。

【病因】主要是由于秋末冬初或寒冷季节的气温骤变、饲养管理不当、粪尿污染、通风不良、被毛浸湿受寒、长途运输等应激因素造成的。普通感冒是由多种病毒引起的一种呼吸道常见病,流行性感冒的病原是流感病毒。

【流行特点】以幼狐和老龄狐多发,青壮年狐一般不发生,该病常发于早春或秋末,温度骤变、空气干燥或其他原因导致狐抵抗力下降时也容易诱发。患病狐的呼吸道分泌物为该病主要传染源,健康狐可经直接接触、采食污染的食物和空气传染。

【临床症状】临床上与犬瘟热初期症状相似。主要表现为呼吸道发生感染,由于被侵害的部位不同,临床上可出现急性鼻炎、急性咽喉炎和急性气管炎等。病狐体温升高,精神沉郁,不愿活动,食欲减退或废绝,鼻镜干燥、龟裂,结膜潮红,四肢稍发凉,咳嗽流鼻涕,呼出气体发热,采食量减少,喜饮水,喜卧少动。有的病狐从鼻孔中流出浆液性鼻涕,咳嗽,呼吸浅表加快;有的出现呕吐,病情重者卧于一角,卷缩成团。

【诊断】依据临床症状可以判断,但要注意与狐犬瘟热相鉴别。其主要区别是:犬瘟热除侵害呼吸系统外,尚侵害消化系统,出现腹泻和便血,而感冒无此症状;犬瘟热为双相热型,即体温出现升高,中间出现无热期,而感冒一般是持续性发热;感冒经抗生素、病毒唑、感康及安痛定治疗后容易治愈,犬瘟热经抗生素治疗后仅能缓解消化系统和呼吸系统症状,不能治愈,并伴随很高的死亡率。此外犬瘟热在发病过程中,尚出现严重的化脓性结膜炎和鼻炎,皮屑、肛门和脚垫肿胀及产生特殊的异味等都是感冒所不具备的症状。如再结合犬瘟热疫苗免疫状况及对死亡狐实验室检查更易区别。

【防控措施】加强饲养管理,科学调配饲料,保持狐的体质,增强抗病能力。对患病狐进行对症治疗,用抗病毒药物和中药治疗,防止继发细菌感染,辅以抗菌药物。同时要注意防寒保暖,饲喂新鲜鱼、肉块或乳、蛋等。

治疗常用安痛定 1~2mL、青霉素 40 万~80 万 IU、复合维生素

B 1～2mL，肌内注射，一日一次，必要时可静脉注射 5％～10％ 葡萄糖溶液 20～40mL。

## 二、肺炎

【病因】狐的肺炎往往是由于感冒、气管炎等呼吸道疾病引起的继发细菌感染——支气管发炎导致肺炎，另外某些物理和化学因素的刺激也会引起肺炎。由于治疗不及时，饲养管理粗放，可能造成较大损失。

【临床症状】急性肺炎病程急，往往来不及治疗，绝食 1～2d，很快就会死亡，慢性肺炎病狐精神沉郁，呼吸急促、短而浅，呈腹式呼吸，体温升高（39～41℃），鼻镜干燥，有时咳嗽，粪便干燥，喜饮不食，有时发生畏寒战栗，浑身哆嗦，治疗及时大多可痊愈。

【病理变化】呈急性经过的尸体，营养良好。肺充血、淤血，尤其以尖叶最重，切面呈暗红色，有血液流出。心脏扩张，心腔有大量血液。支气管黏膜充血，气管黏膜有水肿感。

【诊断】主要根据临床症状，如精神沉郁、隅居一角、呆立、呼吸困难、鼻镜干燥、体温升高等作出初步诊断。对仔狐诊断比较困难，要靠剖检来确诊。

【防控措施】用青霉素 40 万～80 万 IU、安痛定 1～2mL，肌内注射，每日 1～2 次，连用 3d，并补给 5％～10％ 葡萄糖溶液 20mL，皮下注射维生素 C 或复合维生素 B，一日一次。同时要加强防寒保温措施，防止感冒，在治疗肺炎期间，应精心护理，补给新鲜、全价、易消化的饲料等。

## 三、支气管炎

狐患感冒、受异物刺激及其他传染病继发感染等而发生支气管炎症，是支气管黏膜表层或深层的炎症。在临床上以咳嗽、流鼻液与不定型热为特征。各品种、性别、年龄的狐均可发病，尤以幼狐和老龄狐多发。通常在早春和晚秋，狐因受到气温剧烈变化的影响而患病。根据病程，可分为急性支气管炎和慢性支气管炎两种。

【病因】受寒感冒是引起急性支气管炎的主要原因。受到寒冷侵袭的狐机体抵抗力降低，支气管黏膜防卫功能减退，内外源非特异性细菌大量繁殖，进而诱发本病。狐吸入氨气、硫化氢及尘埃、霉菌孢子等，也可引起急性支气管炎。另外，急性支气管炎还可继发某些传染病，如犬瘟热；某些寄生虫病，如弓形虫病，以及邻近器官自发炎症。急性支气管炎得不到及时治疗或治疗不当时，有可能转化为慢性支气管炎。长期患肺结核、肺气肿、心脏瓣膜疾病等，也可引起慢性支气管炎。

【临床症状】急性支气管炎的主要症状是咳嗽。发病初期，由于炎性渗出物的数量还较少，病狐表现为干、短、疼地咳嗽，3～4d后，炎性渗出物增多，狐咳嗽变得湿润并延长，疼痛亦减轻，但经常发作，常咳出痰液。痰液多为黏液，呈灰白色，有时带有黄色，由两鼻孔流出。由于气管黏膜亦存在炎症，气管的敏感性增高，触诊喉头或气管，可诱发持续性咳嗽。听诊时可听到呼吸音粗糙，肺前区可听到干啰音（发病初期）和湿啰音（发病中后期）；病狐全身症状轻微，体温比常温升高0.5～1℃，呼吸次数增多。当发生毛细支气管炎时，病狐全身症状加重，体温比常温升高1～2℃，呼吸急速，严重时呈现呼气性呼吸困难，精神萎靡、嗜睡、食欲大减。经X射线检查，仅见肺纹理较粗，但无炎性病灶。后期营养不良，多发生卡他性肺炎。慢性支气管炎多由急性支气管炎转化而来，病程较长，常持续数日甚至数年，症状时轻时重。急性支气管炎病狐表现为高烧、高度沉郁、战栗、呼吸急促、食欲减退、频频发咳。开始时为干性痛咳，后变为湿咳。当细支气管发炎时，呈干性弱咳。鼻孔流出浆液、黏或脓性鼻涕。一般轻症经2～3周治疗可痊愈，严重病例可致死亡或转为慢性。当病狐受到寒冷刺激时，咳嗽加重，早、晚尤甚，由于病程较长，病狐食欲不佳，身体较为消瘦。

【诊断】依据受寒病史及上述症状，再经X射线检查，即可作出诊断。

【防控措施】为预防本病，应改善饲养管理，饲喂新鲜易消化的全价饲料，注意通风，保持场内安静。

药物治疗时，急性支气管炎应以消除病因、杀菌消炎、止咳、平喘、祛痰为治疗原则，必要时也可使用抗过敏药物。首先消除致病因素，将病狐置于温暖通风、空气清新湿润的环境中，给予营养全面且易于消化的食物。杀菌消炎可选用青霉素 80 万～100 万 IU，肌内注射，每天 2 次；氢化可的松 2～5mg，口服，每天 2 次。当病狐支气管内分泌物黏稠不易咳出时，可给其内服祛痰剂，如氯化铵 0.2～0.5g，内服，每天 2 次；人工盐 2～5g，内服，每天 2 次；远志酊 2～5mL，内服，每天 2 次。当病狐咳嗽过于严重并伴有疼痛表现时，要进行止咳（注意，当咳嗽较轻且有痰液时，不要进行止咳，因为咳嗽本身是动物的一种保护性反应，利于呼吸道内异物如痰液的排出），可使用复方甘草合剂 2～5mL，内服，每天 2 次；复方樟脑酊 0.5～1mL，内服，每天 2 次；枇杷止咳糖浆 5～10mL，内服，每天 2 次。

对于慢性支气管炎的治疗，除使用上述方法外，还应加强饲养管理，饲喂给病狐营养丰富且易于消化的食物，以增强其抗病力，促进机体康复。慢性支气管炎治疗的时间较长，在使用青霉素等抗生素药物的同时，可使用兴奋性祛痰药，即使用松节油、松馏油、克辽林、氯化铵等药物。

## 四、尿结石

尿结石是由尿中无机盐析出后在尿路、膀胱内形成的结石，其体积逐渐增大，引起尿路、膀胱黏膜发炎、出血、增厚，此病影响公、母狐的正常发育，给狐养殖场造成一定的经济损失。

【病因】饲料中添加微量元素过量，每天给狐补水不足，特别是冬季，有的狐养殖场根本就不给狐补水，使添加的微量元素在狐的肾脏、膀胱、输尿管中形成结石，往往继发肾结石。有的狐养殖场饲料调制过干，使机体酸碱平衡和保护性胶体遭到破坏，维生素 D 过多等也可诱发尿结石。

尿结石形成的机制是先由脱落上皮细胞、红细胞、白细胞等形成结石的核，然后在周围逐渐沉积无机盐或有机物而形成结石。结石一旦形成会影响黏膜的正常生理功能，阻塞尿道，造成尿滞留和尿分解，如果结石在尿道中不及时排除会造成肾脏和膀胱发生炎症。维生素 A 不足时，会引起表皮角质化，随后尿道黏膜脱落，膀胱发生炎症，以及尿滞留和尿分解，也可促使尿结石的形成。

【临床症状】本病是慢性病，发病初期没有明显的症状，随疾病的发展，病狐表现为精神不安、频频排尿，尿液常常浸湿尿道口周围的绒毛。膀胱部触诊时，表现疼痛感，腹围明显增大。呈急性经过时，突然拒食；慢性经过时，表现为食欲不振、拒食、身体逐渐消瘦。病狐严重时，走路蹒跚，后肢勉强做短步移动，趴于笼内；后期表现为不安，被毛蓬乱，不断尖叫，病狐被毛常被粪便污染，肛门部尤为明显，常从肛门排出稠度不均匀的液状粪便，粪便呈绿色、黄绿色、褐色或黄白色，多数病例粪便中有未消化的凝乳块，并混有血液、气泡和黏液，出现下痢症状，随后很快死亡。

【病理变化】剖检病狐，可见肾脏、膀胱内有大小不同（如黄豆粒大、玻璃球大）、数量不等、质地坚硬的灰白色或淡黄色结石块，用手摸结石块掉白色和灰色粉末，有时在病狐的尿道中也可以发现结石。表现为肾增大，呈囊肿状，被膜下有点状出血，肾盂扩张，充满黏稠的尿液，并伴有出血现象。在结石的周围可见出血、溃疡灶。病程长，膀胱充血严重，膀胱增厚，后期膀胱腐烂，病狐消瘦，心脏衰竭而死亡。

【诊断】尿结石没有固定的症状，如果没有堵塞尿道，诊断困难，根据病狐行为的观察、尿液的检查结果及化学反应的分析，即可确诊。对于远离兽医室的狐养殖场，没有检测尿液的仪器，可通过触摸膀胱，感觉膀胱的大小及内部有无结石存在诊断。

【防控措施】为防止尿结石的发生，在饲料调制时不能过干，保证供给狐丰富的维生素，尤其是饲料中要有足够的维生素 A，每天添加的微量元素要适量，日粮中每天每只加氯化铵 2g，加服 1 周，使尿变为酸性。饲料中尽量少加动物骨质饲料，因为骨质是形成结石最有利的条件，保证每天足够的饮水。对发现及时、症状较轻的狐，应饲喂液体饲料，同时投服利尿剂，如呋塞米、氯噻酮等及消炎药物如青霉素、链霉素、乌洛托品等进行治疗。对药物治疗效果不明显或完全阻塞尿道的病狐，可进行手术治疗。用含量为 75% 的磷酸，按饲料量的 0.8% 投给，用水稀释后混入饲料中搅拌均匀。对结石数量较少的，应采用呋塞米片或注射液，片剂按每千克体重 1～2mg 口服，注射液按每千克体重注射 0.2mL，必要时，可穿刺排尿。纠正酸中毒，可用

0.9%生理盐水 15mL、5%碳酸氢钠注射液 15mL 静脉滴射。对抗高血钾用 10% 葡萄糖注射液 40mL、10% 葡萄糖酸钙注射液 2mL 静脉注射。

## 五、尿湿症

尿湿症是临床上表现泌尿障碍的一种病，广泛分布于世界许多养狐国家，给狐养殖场带来很大的经济损失。尿湿症为细菌性病原的疾病，由链球菌、葡萄球菌和铜绿假单胞菌引起。尿湿症与遗传因素有关，主要发生于 8～9 月份，饲料腐败、氧化变质及维生素 $B_1$ 不足均能诱发和促进该病的发生。

【病因】发病原因主要有 3 个方面。一是饲喂维生素 D 超量。一些养殖户认为补充维生素会均衡狐生长发育所需营养，投喂鱼肝油、维生素 D 丸等会促进母狐发情，提高产仔率等，因而造成盲目饲喂，最终导致维生素 D 含量超过个体生长需求。过多的维生素 D 会使动物出现恶心、呕吐、腹泻、多尿；血清及尿中钙、磷浓度增高，使钙沉积在肺、肾等，最终导致肾功能减退而出现"尿湿症"。二是由于胃肠疾病引起胃肠功能紊乱，使血中钙、磷浓度增高，从而导致尿湿症。三是由其他疾病引起的泌尿系统疾病，如尿道炎、膀胱炎（肾盂肾炎等均可导致不同程度的尿湿症）。

【临床症状】病狐多表现为营养不良，可视黏膜苍白，尿频，尿液淋漓、会阴部、腹部、后肢内侧及尿道口周围被毛高度浸湿，之后上述被毛胶着。皮肤逐渐变红及显著肿胀，不久在浸湿部出现脓疱，脓疱破溃形成溃疡。当病程继续发展时，被毛脱落，皮肤变硬、粗糙，以后在皮肤和包皮上出现坏死性变化。坏死扩延侵害后肢内侧及腹部皮肤，常常发生包皮炎，包皮高度水肿，排尿口闭锁，使尿液滞留于包皮囊内，病狐重度疼痛。

【病理变化】会阴部被毛湿润胶着成硬固的小束，很多地方被毛脱落。在脱毛部皮肤变肥厚，触摸硬固，有时发生坏死。肺内常出现不同程度出血和肺炎病灶。肝变硬呈泥土色及轻度松弛。脾轻度肿胀，偶尔发现有坏死灶。淋巴结特别是肠系膜淋巴结肿胀增大，有时表面发现点状出血。肾增大，有时包膜肥厚，肾表面颜色不一，在褐红色底上见有淡黄色区域、有时有斑点状出血，肾盂扩张，含有污灰色脓汁或血样液体。输尿管肥厚，经常发现有化脓性膀胱炎，膀胱内很少有结石。

【诊断】泌尿障碍是提供诊断的充分依据。为进一步确诊，需采用实验室检查。采取新排出的尿液、脓疱或坏死性溃疡物，将其培养于陈肉汤内，大部分病例可分离出混合微生物，即链球菌、铜绿假单胞菌等，即可确诊。

【防控措施】一是改善病狐的饲养管理，停喂腐败变质的饲料，换上易消化和富含维生素成分的饲料，给予清洁、足够的饮水。

二是采用醋酸溶液，每日每只狐饲喂 5～10mL，连续 7～10d；或采用氯化铵制剂，每日每只狐饲喂 1～3mL，连续 7～10d。

重症者可投给乌洛托品解毒利尿，采用青霉素、土霉素、链霉素等抗生素治疗，可以收到良好的效果。

# 附录

## 附录1　一、二、三类动物疫病病种名录

中华人民共和国农业部公告

第 1125 号

为贯彻执行《中华人民共和国动物防疫法》，我部对原《一、二、三类动物疫病病种名录》进行了修订，现予发布，自发布之日起施行。1999 年发布的农业部第 96 号公告同时废止。

特此公告

附件：一、二、三类动物疫病病种名录

二〇〇八年十二月十一日

附件：

### 一、二、三类动物疫病病种名录

**一类动物疫病（17 种）**

口蹄疫、猪水疱病、猪瘟、非洲猪瘟、高致病性猪蓝耳病、非洲马瘟、牛瘟、牛传染性胸膜肺炎、牛海绵状脑病、痒病、蓝舌病、小反刍兽疫、绵羊痘和山羊痘、高致病性禽流感、新城疫、鲤春病毒血症、白斑综合征。

**二类动物疫病（77 种）**

多种动物共患病（9 种）：狂犬病、布鲁氏菌病、炭疽、伪狂犬病、魏氏梭菌病、副结核病、弓形虫病、棘球蚴病、钩端螺旋体病。

牛病（8 种）：牛结核病、牛传染性鼻气管炎、牛恶性卡他热、牛白血病、牛出血性败血病、牛梨形虫病（牛焦虫病）、牛锥虫病、日本血吸虫病。

绵羊和山羊病（2 种）：山羊关节炎脑炎、梅迪-维斯纳病。

猪病（12 种）：猪繁殖与呼吸综合征（经典猪蓝耳病）、猪乙型脑炎、猪细小病毒病、猪丹毒、猪肺疫、猪链球菌病、猪传染性萎缩性鼻炎、猪支原体肺炎、旋毛虫病、猪囊尾蚴病、猪圆环病毒病、副猪嗜血杆菌病。

马病（5 种）：马传染性贫血、马流行性淋巴管炎、马鼻疽、马巴贝斯虫病、伊氏锥虫病。

禽病（18 种）：鸡传染性喉气管炎、鸡传染性支气管炎、传染性法氏囊病、马立克氏病、产蛋下降综合征、禽白血病、禽痘、鸭瘟、鸭病毒性肝炎、鸭浆膜炎、小鹅瘟、禽霍乱、鸡白痢、禽伤寒、鸡败血支原体感染、鸡球虫病、低致病性禽流感、禽网状内皮组织增殖症。

兔病（4 种）：兔病毒性出血病、兔黏液瘤病、野兔热、兔球虫病。

蜜蜂病（2 种）：美洲幼虫腐臭病、欧洲幼虫腐臭病。

鱼类病（11 种）：草鱼出血病、传染性脾肾坏死病、锦鲤疱疹病毒病、刺激隐核虫病、淡水鱼细菌性败血症、病毒性神经坏死病、流行性造血器官坏死病、斑点叉尾鮰病毒病、传染性造血器官坏死病、病毒性出血性败血症、流行性溃疡综合征。

甲壳类病（6 种）：桃拉综合征、黄头病、罗氏沼虾白尾病、对虾杆状病毒病、传染性皮下和造血器官坏死病、传染性肌肉坏死病。

**三类动物疫病（63 种）**

多种动物共患病（8 种）：大肠杆菌病、李氏杆菌病、类鼻疽、放线菌病、肝片吸虫病、丝虫病、附红细胞体病、Q 热。

牛病（5 种）：牛流行热、牛病毒性腹泻/黏膜病、牛生殖器弯曲杆菌病、毛滴虫病、牛皮蝇蛆病。

绵羊和山羊病（6 种）：肺腺瘤病、传染性脓疱、羊肠毒血症、干酪性淋巴结炎、绵羊疥癣、绵羊地方性流产。

马病（5 种）：马流行性感冒、马腺疫、马鼻腔肺炎、溃疡性淋巴管炎、马媾疫。

猪病（4 种）：猪传染性胃肠炎、猪流行性感冒、猪副伤寒、猪密螺旋体痢疾。

禽病（4 种）：鸡病毒性关节炎、禽传染性脑脊髓炎、传染性鼻炎、禽结核病。

蚕、蜂病（7 种）：蚕型多角体病、蚕白僵病、蜂螨病、瓦螨病、亮热厉螨病、蜜蜂孢子虫病、白垩病。

犬猫等动物病（7 种）：水貂阿留申病、水貂病毒性肠炎、犬瘟热、犬细小病毒病、犬传染性肝炎、猫泛白细胞减少症、利什曼病。

鱼类病（7 种）：鲴类肠败血症、迟缓爱德华氏菌病、小瓜虫病、黏孢子虫病、三代虫病、指环虫病、链球菌病。

甲壳类病（2 种）：河蟹颤抖病、斑节对虾杆状病毒病。

贝类病（6 种）：鲍脓疱病、鲍立克次体病、鲍病毒性死亡病、包纳米虫病、折光马尔太虫病、奥尔森派琴虫病。

两栖与爬行类病（2 种）：鳖腮腺炎病、蛙脑膜炎败血金黄杆菌病。

# 附录2 人畜共患传染病名录

## 中华人民共和国农业部公告
## 第1149号

根据《中华人民共和国动物防疫法》有关规定，我部会同卫生部组织制定了《人畜共患传染病名录》，现予发布，自发布之日起施行。

附件：人畜共患传染病名录

二〇〇九年一月十九日

**附件：**

### 人畜共患传染病名录

牛海绵状脑病、高致病性禽流感、狂犬病、炭疽、布鲁氏菌病、弓形虫病、棘球蚴病、钩端螺旋体病、沙门菌病、牛结核病、日本血吸虫病、猪乙型脑炎、猪Ⅱ型链球菌病、旋毛虫病、猪囊尾蚴病、马鼻疽、野兔热、大肠杆菌病（O157：H7）、李氏杆菌病、类鼻疽、放线菌病、肝片吸虫病、丝虫病、Q热、禽结核病、利什曼病。

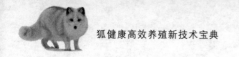
# 附录3 不得对一类疫病发病动物采取治疗措施

## 中华人民共和国农业部公告
## 第 1246 号

依照《中华人民共和国动物防疫法》《重大动物疫情应急条例》《兽药管理条例》以及一类动物疫病防治技术规范规定，发生口蹄疫、高致病性禽流感等陆生动物疫病时，应当采取封锁、隔离、扑杀、销毁、消毒、无害化处理、紧急免疫接种等强制性措施，不得对发病动物采取治疗措施。兽药产品的质量标准、规程、标签和说明书不得标注对一类动物疫病具有治疗的功效。

特此公告

中华人民共和国农业部
二○○九年八月三日

# 参 考 文 献

[1] 安铁洙,宁方勇,刘培源. 毛皮动物生产配套技术手册[M]. 北京:中国农业出版社,2013.

[2] 白秀娟. 养狐手册[M]. 北京:中国农业大学出版社,1999.

[3] 白秀娟. 简明养狐手册[M]. 北京:中国农业大学出版社,2002.

[4] 白秀娟. 经济动物生产学[M]. 北京:中国农业出版社,2013.

[5] 陈溥言. 兽医传染病学[M]. 北京:中国农业出版社,2008.

[6] 陈之果,刘继忠. 图说养狐关键技术[M]. 北京:金盾出版社,2006.

[7] 费荣梅,景松岩,宋晓东. 蓝霜狐不同生长期皮肤组织超微结构观察[J]. 东北林业大学学报,2000,28(2):35-38.

[8] 冯强,荆丽珍,隋昶生,等. 褪黑激素在毛皮动物养殖应用中的研究进展[J]. 饲料工业,2008,29(07):51-52.

[9] 高明,李小平,李亚龙. 狐养殖新技术问答[M]. 石家庄:河北科学技术出版社,2013.

[10] 葛东华. 银黑狐养殖实用技术[M]. 北京:中国农业科技出版社,2000.

[11] 韩静. 狐的人工养殖技术[M]. 天津:天津科技翻译出版公司,2012.

[12] 韩盛兰,李华周,冯立新,等. 高效新法养狐[M]. 北京:科学技术文献出版社,2010.

[13] 华裕,华树芳. 毛皮动物高效健康养殖关键技术[M]. 北京:化学工业出版社,2009.

[14] 金春光,王波. 皮肉兼用狐狸的养殖与产品加工技术[M]. 北京:科学技术文献出版社,2011.

[15] 李光玉,杨福合. 狐貉貂养殖新技术[M]. 北京:中国农业科学技术出版社,2006.

[16] 李明义. 养狐学[M]. 北京:科学出版社,2015.

[17] 李维克. 外源性褪黑激素对蓝狐、蓝霜狐及乌苏里貉毛皮性状影响的研究[D]. 哈尔滨:东北林业大学,2009.

[18] 李忠宽. 特种经济动物养殖大全[M]. 北京:中国农业出版社,2001.

[19] 林厚坤,赵晋,李美荣,等. 毛皮加工及质量鉴定[M]. 北京:金盾出版社,2007.

[20] 刘古山,姚春阳,李富金. 毛皮动物疾病防治实用技术[M]. 北京:中国科学技术出版社,2017.

[21] 刘国世. 经济动物繁殖学[M]. 北京:中国农业大学出版社,2009.

[22] 刘建柱,马泽芳. 特种经济动物疾病防治学[M]. 北京:中国农业大学出版社,2011.

[23] 马永兴,付志新,张军. 狐狸养殖与疾病防治技术[M]. 北京:中国农业大学出版社,2009.

[24] 马泽芳,崔凯,高志光. 毛皮动物饲养与疾病防制[M]. 北京:金盾出版社,2013.

[25] 马泽芳,崔凯,王利华,等. 狐狸高效养殖关键技术有问必答[M]. 北京:中国农业出版社,2017.

[26] 马泽芳,崔凯. 貂狐貉实用养殖技术[M]. 北京:中国农业出版社,2014.

[27] 马泽芳. 狐狸高效养殖关键技术[M]. 北京:中国农业出版社,2019.

[28] 朴厚坤,王树志,丁群山. 实用养狐技术[M]. 北京:中国农业出版社,2006.

[29] 朴厚坤,李元刚,阎新华,等. 科学养狐问答[M]. 北京:中国农业出版社,2002.

[30] 朴厚坤,王树志,丁群山,等. 实用养狐技术[M].2版. 北京:中国农业出版社,2004.

[31] 钱国成,魏海军,刘晓颖. 新编毛皮动物疾病防治[M]. 北京:金盾出版社,2006.

[32] 秦绪伟. 毛皮动物分窝断奶期注意事项[J]. 山东畜牧兽医,2016,37(05):49-50.

[33] 覃能斌,孙海峡,刘春龙. 实用养狐技术大全[M]. 北京:中国农业出版社,2006.

[34] 佟煜仁,籍玉林. 毛皮兽养殖技术问答[M]. 北京:金盾出版社,2006.

[35] 佟煜仁,张志明. 毛皮动物毛色遗传及繁育新技术[M]. 北京:金盾出版社,2009.

[36] 佟煜仁. 毛皮动物饲养员培训教材[M]. 北京:金盾出版社,2008.

[37] 佟煜仁,南国梅. 怎样提高养狐效益[J]. 北京:金盾出版社,2008.

[38] 佟煜仁,潭书岩. 狐标准化生产技术[M]. 北京:金盾出版社,2009.

[39] 汪恩强,金东航,黄会岭. 毛皮动物标准化生产技术[M]. 北京:中国农业大学出版社,2003.

[40] 王立泽,高明. 一起银黑狐营养性贫血病的诊治[J]. 特种经济动植物,2009.

[41] 王振勇,闫建柱. 特种经济动物疾病学[M]. 北京:中国农业出版社,2009.

[42] 王忠贵. 家庭高效养狐新技术[M]. 北京:科学技术文献出版社,2003.

[43] 邢秀梅,任二军. 蓝狐养殖简单学[M]. 北京:中国农业科学技术出版社,2015.

[44] 熊家军. 特种经济动物生产学[M]. 北京:科学出版社,2011.

[45] 徐峰,李经才. 褪黑激素的抗应激作用[J]. 沈阳药科大学学报,1996(31):18-23.

[46] 徐俊宝,蔡辉益,赵秀桓. 特种动物维生素营养需要及注意事项[J]. 中国饲料,1994(10):29-31.

[47] 许军营,佟向阳,齐彩艳,等. 应用银黑狐精液改良蓝狐配种技术的研究与效果[J]. 黑龙江畜牧兽医,2003(10):54-55.

[48] 闫新华. 珍贵毛皮动物养殖技术[M]. 长春:吉林出版集团有限责任公司,2007.

[49] 杨童奥. 银黑狐和蓝狐杂交一代公狐不育机制的初步研究[D]. 北京:中国农业科学院,2016.

[50] 余四九. 特种经济动物生产学[M]. 北京:中国农业大学出版社,2003.

[51] 张少忱,金爱莲. 埋植褪黑激素对貂、貉促进毛皮生长效应的试验研究[J]. 动物学杂志,1997,32(2):35-38.

[52] 郑庆丰. 科学养狐技术[M]. 北京:中国农业大学出版社,2009.

[53] 周爱民,袁育康,范桂吞,等. 褪黑素的免疫调节作用[J]. 西安医科大学学报,2001,22(5):122-124.

[54] 周战江,王旭鹏,工耀平,等. 埋植褪黑激素对银狐精液生产和品质的影响[J]. 经济动物学报,2003,7(3):13-17.

[55] 胡锐,邹兴淮,张志明,等,日粮中添加复合酶制剂818A对蓝狐生长发育的影响[J]. 经济动物学报,2000,4(2):1-4.